大数据创新人才培养系列

机器学习
与大数据技术

MACHINE LEARNING
AND BIG DATA

◎ 牟少敏 著

人 民 邮 电 出 版 社
北 京

图书在版编目（CIP）数据

机器学习与大数据技术 / 牟少敏著. -- 北京 : 人民邮电出版社, 2018.6（2021.1重印）
（大数据创新人才培养系列）
ISBN 978-7-115-48771-1

Ⅰ. ①机… Ⅱ. ①牟… Ⅲ. ①机器学习②数据处理 Ⅳ. ①TP181②TP274

中国版本图书馆CIP数据核字(2018)第187605号

内 容 提 要

机器学习、大数据技术是计算机科学与技术的重要研究内容。本书比较全面地论述了机器学习与大数据技术的基本概念、基础原理和基本方法，力求通俗易懂，深入浅出。本书的主要内容包括聚类、遗传算法、粒子群算法、人工神经网络和支持向量机等常见的机器学习算法，重点讲解了深度学习常见的模型、大数据相关内容和大数据技术的具体应用、常见的图像处理技术、Python 语言的编程基础，以及基于 Python 的科学计算和机器学习算法，并配有大量的源代码。书中介绍了作者近年来取得的部分相关研究成果，涉及机器学习、大数据技术等多个领域。

本书适合计算机科学与技术、数据科学与技术的研究生和本科生使用，也可供从事农业大数据等领域的相关人员参考。

◆ 著　　　　牟少敏
责任编辑　张　斌
责任印制　沈　蓉　彭志环

◆ 人民邮电出版社出版发行　　北京市丰台区成寿寺路 11 号
邮编　100164　　电子邮件　315@ptpress.com.cn
网址　http://www.ptpress.com.cn
北京虎彩文化传播有限公司印刷

◆ 开本：787×1092　1/16
印张：13.25　　　　2018 年 6 月第 1 版
字数：353 千字　　　2021 年 1 月北京第 6 次印刷

定价：49.80 元

读者服务热线：(010)81055256　印装质量热线：(010)81055316
反盗版热线：(010)81055315

前言 FOREWORD

机器学习是近 20 多年来兴起的涉及计算机科学与技术、概率论与数理统计和认知科学等多领域交叉的学科，主要研究机器模仿人类的学习过程，以进行知识和技能的获取。作为人工智能领域中一个重要的组成部分，机器学习广泛运用于数据挖掘、计算机视觉、自然语言处理，以及机器人研发等领域。

本书是作者在多年讲授“机器学习”和“大数据技术”课程，以及长期从事机器学习和农业大数据研究工作的基础上编写的。全书共分 9 章，第 1 章简要介绍机器学习、大数据、人工智能和图像处理技术的基础知识，第 2 章和第 3 章主要介绍机器学习和深度学习的理论与方法，第 4 章和第 5 章主要介绍大数据和农业智能的相关知识，第 6 章主要介绍图像处理与分析技术，第 7 章是作者近年来取得的与机器学习、大数据和图像处理技术相关的部分科研成果，第 8 章和第 9 章主要介绍机器学习和大数据的编程基础。

本书的编写得到了王秀美、林中琦、曹旨昊、苏婷婷、孙肖肖、郭嘉和张烁的大力支持和帮助，在此表示感谢。

本书吸收当前微课版教材优点，在书中放置了二维码，读者可以通过扫描二维码获取部分编程源码，以方便使用。

由于作者水平有限，写作时间仓促，书中难免存在错误，敬请读者批评指正。

牟少敏

2018 年 3 月于山东农业大学

目录 CONTENTS

01

第1章　绪论

目前，云计算、物联网、大数据、机器学习、人工智能、芯片技术和移动网络等新一代信息技术不断涌现，掀起了新一轮技术革命和产业革命的浪潮，新一代信息技术受到了政府、学术界、媒体和企业的广泛关注，同时也带来了巨大的市场机遇，具有广阔的应用前景。

人工智能不是一个新名词，在 1956 年达特茅斯会议上计算机专家约翰·麦卡锡首先提出了“人工智能”的概念。1980 年美国卡耐基·梅隆大学设计并实现了具有知识库和推理功能的专家系统；1997 年 IBM 公司的“深蓝”战胜了国际象棋世界冠军卡斯帕罗夫；2016 年谷歌公司的“阿尔法狗”（AlphaGO）战胜了韩国棋手李世石和我国的围棋天才柯洁。这些里程碑式的标志使得人们对人工智能未来的发展充满了渴望和期待。

人工智能至今尚没有一个统一的定义。专家和学者们从不同的角度出发，给出了各自的定义：畅销书《人工智能》的作者伊莱恩·里奇（Elaine Rich）认为人工智能是研究如何利用计算机模拟人脑从事推理、规划、设计和学习等思维活动，协助人类解决复杂的工程问题；麻省理工学院教授温斯顿（Winston）认为人工智能是那些使知觉、推理和行为成为可能的计算的研究；加州大学伯克利分校教授斯图尔特·罗素（Stuart Russell）则把人工智能定义为：像人一样思考的系统，像人一样行动的系统。

机器学习的发展可以追溯到 1950 年，其发展过程大体经历了 3 个重要时期，即推理期、知识期和学习期。1970 年前称为推理期，主要标志是让机器具有简单的逻辑推理能力；1970 年后称为知识期，主要标志是 1965 年斯坦福大学教授费根鲍姆（E. A. Feigenbaum）等人研制了世界上首个专家系统。20 世纪 80 年代至今称为学习期，主要标志是让机器从样本中学习。1983 年，美国加州理工学院霍普菲尔德（J. J. Hopfield）教授提出了著名的 Hopfield 反馈神经网络；1986 年，斯坦福大学教授鲁姆哈特（D. E. Rumelhart）等人提出了 BP 神经网络；1995 年，美国工程院院士瓦普尼克（Vapnik）教授提出了基于统计学习理论的支持向量机，产生了以支持向量机为代表的核机器学习方法，如核聚类和核主分量分析等。深度学习是机器学习和人工智能的一个重要组成部分，来源于人工神经网络研究和发展，最早由加拿大多伦多大学的辛顿（Geoffrey E. Hinton）教授于2006年提出，辛顿通过pre-training较好地解决了多层网络难以训练的问题。深度学习近年来在图像识别和语音识别上取得了突破性的进展，深度学习的成功主要归功于3大因素，即大数据、大模型和大算力。深度学习的优越性能将人工智能推向了新的高潮。

目前，大数据背景下机器学习的研究又成为人们研究和关注的热点。传统机器学习的分类算法很难直接应用到大数据环境下，不同的分类算法面临着不同的挑战。大数据环境下的并行分类算法的研究成为一个重要的研究方向。目前，针对并行机器学习的研究方法主要有：基于多核与众核的并行机器学习、基于集群或云的并行机器学习、基于超算的机器学习和基于混合体系结构的并行机器学习。

“数据仓库之父”比尔·恩门（Bill Inmon）早在20世纪90年代就经常提起大数据。自2008年9月国际著名的期刊《自然》（*Nature*）出版了大数据专刊以来，大数据的处理、分析和利用已经成为各行各业和科研人员关注的焦点。美国把大数据视为“未来的新石油”，我国将大数据上升为国家战略，大数据产业正在逐步地进入成熟期。目前，大数据几乎是家喻户晓，成为当今非常热门的话题。从电视上经常可以看到有关大数据的新闻，比如：中央电视台将大数据分析技术应用于新闻报道中，推出了两会大数据、春运大数据等相关栏目。

当今世界是一个“数据为王”的时代，数据的重要性已经引起各个国家政府、企业和科研人员的高度重视，大数据背后的价值也在发挥着重要的作用。IBM智力竞赛机器人沃森（Watson）收集了2亿页知识文本数据，并采用并行处理集群，利用大数据处理技术进行数据分析，可在1秒内完成对大量非结构化信息的检索。目前，软硬件技术与行业需求正在极大地推动大数据的发展。

大数据首先要有数据，因此大数据的采集技术是非常重要的。物联网技术、电商平台等各种采集技术和方法为大数据的采集提供了有力的支撑。另外，数据采集的完整性、准确性和稳定性，决定了数据采集的质量及数据是否能真实可靠地发挥作用。例如：传统农业田间数据的采集有时必须采用人工手段来进行，由于环境的复杂性等原因，往往存在数据采集不完整和不准确等问题。利用物联网技术进行农业数据的采集具有实时性、多样性和可靠性，又如：农业小气候站采集的气象数据具有实时性、多样性和可靠性的特点，为农业的辅助决策提供较为准确的依据。

研究大数据不仅仅是各种数据的采集和存储，更重要的是如何利用好大数据，通过分析和挖掘海量数据，发现其内在有价值和有规律的知识，并服务于各个领域。大数据的分析挖掘技术又为机器学习的发展和应用提供了广阔的空间。

目前，深度学习成为机器学习热点的同时，又为人工智能的发展提供了巨大的发展空间，例如：利用深度学习感知、识别周围环境，以及各种对车辆有用的信息，使得无人驾驶汽车成为可能；微软和谷歌利用深度置信网络，将语音识别的错误率降低了20%～30%。

深度学习在云计算和大数据背景下取得实质性进展，云计算为深度学习提供了平台。云计算平台服务的优点：搭建快速、操作简捷、智能管理、运行稳定、安全可靠和弹性扩展。国内云计算平台有很多，如著名的阿里巴巴公司和百度公司等。

物联网（Internet of Things）的概念是由麻省理工学院自动识别（MIT Auto-ID）中心阿什顿（Ashton）教授1999年提出的，其原理是利用各种传感设备，如射频识别装置、红外感应器、全球定位系统、激光扫描器等种种装置与互联网结合起来从而形成的一个巨大网络。《传感器通用术语》

（GB7665—87）对传感器的定义是："能感受规定的被测量并按照一定的规律转换成可用信号的器件或装置，通常由敏感元件和转换元件组成"。通俗地讲，物联网就是物与物相连的互联网。目前，各种传感器广泛地应用到我们的衣食住行等日常生活中，如湿度传感器、气体烟雾传感器、超声波传感器和空气质量传感器等。传感器正在朝着微型化、智能化、多功能化和无线网络化的方向发展。与发达国家相比，我国自主传感器核心技术仍需不断提高，高端传感器芯片以进口为主，市场竞争较为激烈。

当前，新一代信息技术革命已经成为全球关注的重点。同时，新产品、新应用和新模式不断涌现，改变了传统经济发展方式，极大地推动了新兴产业的发展壮大。这也给研究计算机技术的专业人员和企业带来新的机遇和挑战，这就需要加速学科深度交叉和融合，需要学术界和企业界深度交叉和融合，需要充分利用各行各业大数据，学习和研究人工智能、深度学习和大数据等新技术的基本概念、基本思想、基本理论和技术，掌握常用的相关开发工具，需要挖掘大数据背后的价值，发现规律、预测趋势，并辅助决策。

大数据必须和具体的领域、行业相结合，才能真正地为政府和企业决策提供帮助，才能产生巨大的实用价值和应用前景。本书以农业为应用背景，重点研究机器学习、深度学习、图像处理技术，以及大数据技术在农业领域中的应用。

1.1 机器学习

1.1.1 概述

机器学习简单地讲就是让机器模拟人类的学习过程，来获取新的知识或技能，并通过自身的学习完成指定的工作或任务，目标是让机器能像人一样具有学习能力。

机器学习的本质是样本空间的搜索和模型的泛化能力。目前，机器学习研究的主要内容有3类，分别是模式识别（Pattern Recognition）、回归分析（Regression Analysis）和概率密度估计（Probability Density Estimation）。模式识别又称为模式分类，是利用计算机对物理对象进行分类的过程，目的是在错误概率最小的情况下，尽可能地使结果与客观物体相一致。显然，模式识别的方法离不开机器学习。回归分析是研究两个或两个以上的变量和自变量之间的相互依赖关系，是数据分析的重要方法之一。概率密度估计是机器学习挖掘数据规律的重要方法。

机器学习与统计学习、数据挖掘、计算机视觉、大数据和人工智能等学科有着密不可分的联系。人工智能的发展离不开机器学习的支撑，机器学习逐渐成为人工智能研究的核心之一。大数据的核心是利用数据的价值，机器学习是利用数据挖掘价值的关键技术，数据量的增加有利于提升机器学习算法的精度，大数据背景下的机器学习算法也迫切需要大数据处理技术。大数据与机器学习两者是互相促进、相互依存的关系。

1.1.2 评价准则

评价指标是机器学习非常重要的一个环节。机器学习的任务不同，评价指标可能就不同。同一种机器学习算法针对不同的应用，可以采用不同的评价指标，每个指标的侧重点不一样。下面介绍常用的机器学习评价指标。

1. 准确率

样本分类时，被正确分类的样本数与样本总数之比称为准确率（Accuracy）。与准确率对应的是错误率，错误率是错分样本数与总样本数之比。

显然，准确率并没有反映出不同类别错分样本的情况。例如：对于一个二类分类问题，准确率并不能反映出第一类和第二类分别对应的错分样本的个数。但是，在实际应用中，因为不同类别下错分样本的代价或成本不同，往往需要知道不同类别错分样本的情况。例如：在医学影像分类过程中，未患有乳腺癌被错分类为患有乳腺癌，与患有乳腺癌被错分类为未患有乳腺癌的重要性显然是不一样的。另外，数据分布不平衡时，样本占大多数的类主导了准确率的计算等情况，这就需要求出不同类别的准确率。

2. 召回率

召回率（Precision-Recall）指分类正确的正样本个数占所有的正样本个数的比例。它表示的是数据集中的正样本有多少被预测正确。

3. ROC 曲线

ROC（Receiver Operating Characteristic）曲线是分类器的一种性能指标，可以实现不同分类器性能比较。不同的分类器比较时，画出每个分类器的 ROC 曲线，将曲线下方面积作为判断模型好坏的指标。ROC 曲线的纵轴是“真正例率”（True Positive Rate，TPR），横轴是“假正例率”（False Positive Rate，FPR）。ROC 曲线下方面积（The Area Under The ROC Curve，AUC）是指 ROC 曲线与 x 轴、点（1，0）和点（1，1）围绕的面积。ROC 曲线如图 1-1 所示。显然，$0 \leqslant AUC \leqslant 1$。假设阈值以上是阳性，以下是阴性，若随机抽取一个阳性样本和一个阴性样本，分类器正确判断阳性样本的值高于阴性样本的概率。在图 1-1 示例中，有 3 类分类器，AUC 值分为 0.80、0.78 和 0.80，AUC 值越大的分类器正确率越高。

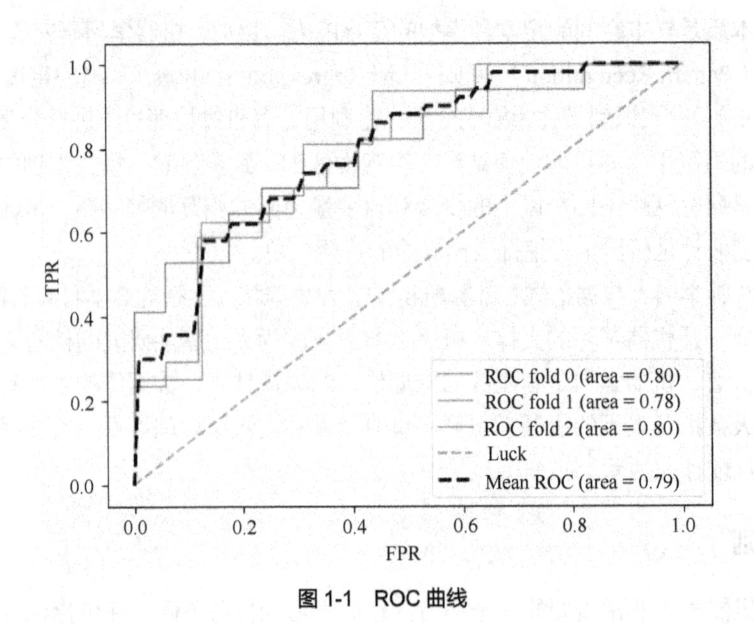

图 1-1 ROC 曲线

4. 交叉验证

交叉验证（Cross-Validation）的基本思想是将数据分成训练集和测试集。在训练集上训练模型，然后利用测试集模拟实际的数据，对训练模型进行调整或评价，最后选择在验证数据上表现最好的模型。

交叉验证法的优点是可以在一定程度上减小过拟合，还可以从有限的数据中获取尽可能多的有效信息。常用的交叉验证的方法如下。

（1）*K* 折交叉验证

K 折交叉验证的基本思想：将数据随机地划分为 *K* 等份，将其中的 *K*-1 份作为训练集，剩余的 1 份作为测试集，计算 *K* 组测试结果的平均值作为模型精度的估计，并作为当前 *K* 折交叉验证下模型的性能指标。

K 折交叉验证实现了数据的重复利用。一般情况下，*K* 的取值为 10。针对不同的应用场景，可以根据实际情况确定 *K* 值，数据量或样本数较大时，*K* 的取值可以大于 10。数据量或样本数较小时，*K* 的取值可以小于 10。

（2）留一交叉验证

留一交叉验证（Leave One Out Cross Validation）的基本思想：假设有 *N* 个样本，将每一个样本作为测试样本，其他 *N*-1 个样本作为训练样本，得到 *N* 个分类器和 *N* 个测试结果。用这 *N* 个结果的平均值来衡量模型的性能。留一交叉验证是 *K* 折交叉验证的特例。

5. 过拟合与欠拟合问题

机器学习过程中，模型对未知数据的预测能力称为泛化能力（Generalization Ability），是评估算法性能的重要评价指标（Evaluation Metrics）。泛化指的是训练模型对未知样本的适应能力。优秀的机器学习模型其泛化能力强。

过拟合（Over-fitting）是由于训练模型中涉及的参数过多，或参加训练的数据量太小等原因，导致了微小的数据扰动都会产生较大的变化或影响，造成了模型对已知数据预测精度很高，而对未知数据预测精度较低的现象，即测试样本输出和期望的值相差较大，也称为泛化误差较大。

通常情况下，解决过拟合问题的方法有以下两种。

（1）利用正则化来控制模型的复杂度，改善或减少过度拟合的问题。

（2）根据实际问题增加足够的训练数据。

欠拟合（Under-fitting）是模型在训练和预测时，其准确率都较低的现象。产生的原因可能是模型过于简单，没有充分地拟合所有的数据。解决欠拟合问题的方法是优化和改进模型，或采用其他的机器学习算法。

1.1.3 分类

根据机器学习算法的学习方式，机器学习分为以下 3 种。

1. 有监督学习

有监督学习（Supervised Learning）是利用一组已知类别的样本调整分类器的参数，使其达到所要求性能的学习过程，也称为有老师的学习。有监督学习的过程是：首先利用有标号的样本进行训练，构建相应的学习模型。然后，再利用这个模型对未知样本数据进行分类和预测。这个学习过程与人类认识事物的过程非常相似。常用有监督学习的算法有：贝叶斯分类、决策树和支持向量机等。

2. 无监督学习

无监督学习（Unsupervised Learning）是对无标号样本的学习，以发现训练样本集中的结构性知识的学习过程，也称为无老师的学习。无监督学习事先并不需要知道样本的类别，而是通过某种方法，按照相似度的大小进行分类的过程。它与监督学习的不同之处在于，事先并没有任何训练样本，而是直接对数据进行建模。常用无监督学习的算法有：聚类算法和期望最大化算法。

3. 半监督学习

半监督学习（Semi-Supervised Learning）是有监督学习和无监督学习相结合的学习，是利用有类标号的数据和无类标号的数据进行学习的过程。其特点是利用少量有标号样本和大量无标号样本进行机器学习。在数据采集过程中，采集海量的无标号数据相对容易，而采集海量的有标号样本则相对困难，因为对无标号样本的标记工作可能会耗费大量的人力、物力和财力。例如，利用计算机辅助医学图像分析和判读的过程中，可以从医院获得海量的医学图像作为训练数据，但如果要求把这些海量图像中的病灶都标注出来，则是不现实的。现实世界中通常存在大量的未标注样本，但有标记样本则比较少，因此半监督学习的研究是非常重要的。

此外，根据算法的功能和形式可把机器学习算法分为：决策树学习、增量学习、强化学习、回归学习、关联规则学习、进化学习、神经网络学习、主动学习和集成学习等。

1.1.4 常用工具

1. WEKA

WEKA 是一款常用的、开源的机器学习和数据挖掘工具，主要功能有数据预处理、分类、回归和关联规则等。WEKA 内集成了决策树和贝叶斯分类等众多机器学习算法，是数据分析和挖掘的技术人员常用的工具之一。

2. Python 语言

Python 是一种面向对象的编程语言，由荷兰人吉多•范罗苏姆（Guido van Rossum）发明，最早的公开发行版诞生于 1991 年。Python 提供了大量的基础代码库，极大地方便了用户进行程序编写。Python 语言在数据挖掘和分析、机器学习和数据可视化等方面发挥了巨大的作用。目前，Python 是最热门的人工智能和机器学习的编程语言。

3. Matlab

Matlab 是美国 MathWorks 公司出品的一款商用软件，是科研工作者、工程师和大学生必备的数据分析工具之一，主要用于科学计算，如数值计算、数据分析、数据可视化、数字图像处理和数字信号处理等。

4. R 语言

R 语言是一种为统计计算和图形显示而设计的语言环境，是贝尔实验室开发的 S 语言的一种实现。它提供了有弹性的、互动的环境分析，也提供了若干统计程序包，以及一系列统计和图形显示工具，用户只需根据统计模型，指定相应的数据库及相关的参数，便可灵活机动地进行数据分析等工作。目前，R 语言在数据挖掘和分析、机器学习和数据可视化方面发挥了巨大的作用。

5. 深度学习框架

深度学习的发展离不开高性能的框架与硬件的支持。随着半导体工艺和微电子等技术的飞速发展，支持深度学习的硬件环境也在飞速发展，出现了以多核 CPU（Central Processing Unit）、高性能图形处理器 GPU（Graphics Processing Unit）、APU（Accelerated Processing Unit）等处理器为代表的高性能并行计算系统，为深度学习分析和挖掘奠定了硬件基础。目前，深度学习大都使用 GPU 在各种框架上进行模型训练，深层神经网络在 GPU 上运算的速度要比 CPU 快一个数量级。

随着深度学习研究和应用的不断深入，各种开源的深度学习框架不断涌现，目前常用的深度学习框架有 Caffe、TensorFlow、Theano、Torch 和 CNTK 等。下面简单介绍几种常用的深度学习框架。

（1）Caffe

Caffe 是一种被广泛使用的开源深度学习框架，由加州大学伯克利分校的贾扬清开发。Caffe 是首个主流的工业级深度学习工具，运行稳定，代码质量高，适用对稳定性要求高的生产环境。目前在计算机视觉领域 Caffe 依然是最流行的工具包，并且有很多扩展。Caffe 最开始设计时的目标只针对图像，没有考虑文本、语音等数据，因此对卷积神经网络的支持非常好，但对时间序列 RNN、LSTM 等的支持不是特别充分。许多研究人员采用 Caffe 做人脸识别、位置检测和目标追踪等，很多深度学习的论文也都是使用 Caffe 来实现其模型的。

（2）TensorFlow

Google 公司开源的 TensorFlow 框架是相对高阶的机器学习库，用户可以方便地用它设计各种神经网络结构，是理想的深度学习开发平台。TensorFlow 使用了向量运算的符号图方法，使指定新网络变得比较容易，但是不支持双向 RNN 和 3D 卷积。TensorFlow 移植性高，一份代码几乎不经过修改就可轻松地部署到有任意数量 CPU 或 GPU 的 PC、服务器或者移动设备上。TensorFlow 框架针对生产环境高度优化，产品级的高质量代码和设计可以保证其在生产环境中稳定运行。

（3）Theano

Theano 由 Lab 团队开发并维护，是一个高性能的符号计算及深度学习库。Theano 因其出现时间早，一度被认为是深度学习研究和应用的重要标准之一。Theano 专门为处理大规模神经网络训练的计算而设计，其核心是一个数学表达式的编译器，可以链接各种可以加速的库，将用户定义的各种计算编译为高效的底层代码。

（4）Torch

Torch 是一个高效的科学计算库，含有大量的机器学习、计算机视觉、信号处理和网络的库算法。Torch 对卷积网络的支持非常好，通过很多非官方的扩展支持大量的 RNN 模型。

（5）CNTK

CNTK 是由微软公司推出的开源深度学习工具包，性能优于 Caffe、Theano、TensoFlow，支持 CPU 和 GPU 两种模式。

各种框架的底层语言和操作语言的比较，详见表 1-1 所示。

表 1-1　各种深度学习框架的比较

框架名称	底层语言	操作语言
Caffe	C++	Python，C++，Matlab
TensorFlow	C++，Python	Python，C++
Theano	Python，C	Python

续表

框架名称	底层语言	操作语言
Torch	C，Lua	C，Lua，C++
Keras	Python	Python
MXNet	C++，Python	Python，C++
CNTK	C++	C++，Python

1.2 大数据

大数据迅速发展成为当今科技界和企业界甚至世界各国政府关注的热点。《自然》（*Nature*）和《科学》（*Science*）等国际顶尖学术期刊相继出版专刊探讨大数据带来的机遇和挑战。美国把大数据视为“未来的新石油”，一个国家拥有数据的规模和运用数据的能力将成为综合国力的重要组成部分，对数据的占有和控制将成为国家间和企业间新的争夺焦点。“大数据时代”已然来临。

迄今为止并没有公认的关于“大数据”的定义。一般认为大数据是指无法在一定时间内用常规软件工具对其内容进行抓取、管理和处理的数据集合。从宏观世界角度看，大数据是融合物理世界、信息空间和人类社会三元世界的纽带。从信息产业角度看，作为新一代信息技术重要组成部分的大数据已成为经济增长的新引擎。从社会经济角度看，大数据已成为第二经济的核心和支撑。第二经济是指处理器、传感器和执行器等，以及运行在其上的经济活动。

相较于传统数据，人们将大数据的特征总结成“4V”，即数据量大（Volume）、多样性（Variety）、价值密度低（Value）和高速度（Velocity）。大数据的主要难点并不在于数据量大，因为通过对计算机系统的扩展可以在一定程度上缓解数据量大带来的挑战。大数据真正难点来自数据多样性和高速度。数据类型多样使得系统不仅要处理结构化数据，还要处理文本和视频等非结构化数据。在金融分析、航空航天等行业，数据处理速度要求非常高，时间就是效益。传统的数据处理算法无法满足快速响应的需求，因此迫切需要新型算法的支持。为了应对大数据面临的挑战，以 Google 为代表的互联网企业近几年推出了各种不同类型的大数据处理系统，推进了深度学习、知识计算和可视化等技术在大数据背景下的发展。

1.3 人工智能

人工智能（Artificial Intelligence，AI）定义为：一门融合了计算机科学、统计学、脑神经学和社会科学的综合性学科，其目标是希望计算机拥有像人一样的智力，可以替代人类实现识别、认知和决策等多种能力。

在发展过程中，人工智能主要形成了 3 大学术流派，即符号主义（Symbolicism）、连接主义（Connectionism）和行为主义（Actionism）。

（1）符号主义又称逻辑主义或计算机学派。符号主义最早在 1956 年提出“人工智能”的概念，学派的代表人物有纽厄尔（Newell）和西蒙（Simon）等。符号主义认为，人工智能起源于数学逻辑，人的过程就是符号操作的过程，通过了解和分析人的认知过程，让计算机来模拟实现人所具有的相应功能。符号主义的发展大概经历了 2 个阶段：推理期（20 世纪 50～70 年代）和知识期（20 世纪 70 年代以后）。在“推理期”，人们基于符号知识表示，通过演绎推理技术取得了很大的成就；在“知识期”，人们基于符号表示，通过获取和利用领域知识来建立专家系统，在人工智能走向工程应用中取得了很大的成功。

（2）连接主义又称仿生学派或生理学派。连接主义认为，人工智能源于仿生学，特别是对人脑模型的研究，人的思维基元是神经元，而不是符号处理过程。20 世纪 60～70 年代，连接主义（尤其是对以感知机（Perceptron）为代表的脑模型的研究）出现过热潮，由于受到当时的理论模型、生物原型和技术条件的限制，脑模型研究在 20 世纪 70 年代后期至 80 年代初期落入低潮。直到霍普菲尔德（Hopfield）教授在 1982 年和 1984 年发表 2 篇重要论文，提出用硬件模拟神经网络以后，连接主义再次焕发生机。1986 年，鲁梅尔哈特（Rumelhart）等人提出多层网络中的反向传播算法（BP）算法。进入 21 世纪后，连接主义卷土重来，提出了“深度学习”的概念。

（3）行为主义又称进化主义或控制论学派。行为主义认为，人工智能源于控制论，早在 20 世纪 40～50 年代，控制论思想就成为时代思潮的重要内容，对早期人工智能工作者有较大的影响。早期的研究工作重点是在研究模拟人在控制过程中的智能行为和作用，例如：对自适应、自寻优、自组织，以及自学习等控制论体系的基础上，进行对“控制论动物”的研制。20 世纪 60～70 年代，基于上述控制论体系的研究取得了一定的进展，为 80 年代出现的智能控制和智能机器人奠定了基础。在 20 世纪末，行为主义以人工智能新学派的面孔出现，麻省理工学院教授布鲁克斯（Brooks）的六足行走机器人是典型代表，该机器人是一个基于感知-动作模式模拟昆虫行为的控制系统，被认为是新一代的“控制论动物”。

20 世纪 80 年代，机器学习成为一个独立的科学领域，各种机器学习技术百花初绽。费根鲍姆等人在著名的《人工智能手册》一书中，把机器学习分为机械学习、示教学习、类比学习和归纳学习。机械学习将外界的输入信息全部存储下来，等到需要时原封不动地取出来；示教学习和类比学习就是“从指令中学习”和“通过观察和发现学习”；归纳学习就是“从样例中学习”。80 年代后研究最多的就是归纳学习，它包括：监督学习、无监督学习、半监督学习、强化学习等。

归纳学习有两大主流：符号主义学习和连接主义学习。前者代表算法有决策树和基于逻辑的学习，后者代表算法有基于神经网络的学习。

20 世纪 90 年代中期，统计学习闪亮登场，并迅速占据主流舞台，代表性技术是支持向量机，以及更一般的“核方法”。目前所说的机器学习方法，一般认为是统计机器学习方法。

人工智能的“智能”之处主要体现在计算智能、感知智能和认知智能 3 个方面。计算智能是机器可以智能化存储和运算的能力，感知智能是使机器具有像人类一样的“听、看、说、认”的能力，认知能力是使机器具有思考和理解的能力。推动人工智能发展的 3 大要素是数据资源、核心算法和计算能力。当前人工智能领域技术主要包括语言识别、机器人、自然语言处理、图像识别和专家系统等。

人工智能、机器学习和深度学习三者之间是包含关系，人工智能的研究最早包含了机器学习，或者说机器学习是其核心组成部分，人工智能与机器学习密不可分。目前，人工智能的热点是深度学习，深度学习是机器学习的一种方法或技术。深度学习在图像识别和语音识别中识别精度的大幅提高，加速了人脸识别、无人驾驶、电影推荐、机器人问答系统和机器翻译等各个领域的应用进程，逐步形成了“人工智能+”的趋势。

1.4 图像处理技术

照片、视频等各种数字图像是机器学习和大数据技术重要的应用对象之一。图像处理就是对输入的原始图像进行某种线性或非线性的变换，使输出结果符合某种需求。图像处理技术的基本内容有图像变换、图像增强、图像去噪、图像压缩、图像复原、图像分割和二值图像处理，还有常用的小波变换、傅里叶变换和图等模型等。图像的理解与分析是对原始图像进行特征的选择和提取，对原始图像所包含的知识或信息进行解读和分析的过程。图像处理技术是计算机视觉的基础。计算机视觉通过图像分析和对场景的语义表示的提取，让计算机模拟人眼和人脑进行工作。计算机视觉的发展离不开机器学习的支持，随着深度学习的不断发展，图像识别精度的大大提高，计算机视觉领域的发展前景非常广阔。

02

第2章　机器学习的理论与方法

学习是人类区别于低级动物，自身所具有的重要智能行为。机器学习则是研究机器模仿人类的学习过程，进行知识和技能获取，其应用十分广泛。例如数据挖掘、计算机视觉、自然语言处理、语音和手写识别，以及机器人研发等各个领域。本章主要介绍机器学习的理论，并阐述了几种常用的机器学习算法。

2.1　回归分析与最小二乘法

在有监督学习任务中，若预测变量为离散变量，则称其为分类问题；而预测变量为连续变量时，则称其为回归问题。

回归分析是一种用于确定两种或两种以上变量间相互依赖关系的统计分析方法。按照问题所涉及变量的多少，可将回归分析分为一元回归分析和多元回归分析；按照自变量与因变量之间是否存在线性关系，分为线性回归分析和非线性回归分析。如果在某个回归分析问题中，只有两个变量，一个自变量和一个因变量，且自变量与因变量之间的函数关系能够用一条直线来近似表示，那么称其为一元线性回归分析。

回归分析的基本步骤如下：

① 分析预测目标，确定自变量和因变量；

② 建立合适的回归预测模型；

③ 相关性分析；

④ 检验回归预测模型，计算预测的误差；

⑤ 计算并确定预测值。

最小二乘法又称为最小平方方法，是一种常用的数学优化方法。最小二乘法的原理是通过最小化误差平方和寻找与数据匹配的最佳函数。最小二乘法的应用十分广泛，既可以用于参数估计，也可以用于曲线拟合，以及一些其他的优化问题。

下面以一元线性回归问题为例，来解释最小二乘法的具体用法。

对于一元线性回归模型，假设从总体中获取了n组观察值(x_i, y_i)，$i=1,2,\cdots,n$，其中$x_i, y_i \in \boldsymbol{R}$。那么这$n$组观察值在二维平面直角坐标系中对应的就是平面中的$n$个点，此时有无数条曲线可以拟合这$n$个点。通常情况下，希望回归函数能够尽可能好地拟合这组值。综合来看，当这条直线位于样本数据的中心位置时似乎最合理。因此，选择最佳拟合曲线的标准可确定为：总拟合误差（即总残差）最小。对于总拟合误差，有3个标准可供选择。

（1）用“残差和”表示总拟合误差，但“残差和”会出现相互抵消的问题。

（2）用“残差绝对值”表示总拟合误差，但计算绝对值相对较为麻烦。

（3）用“残差平方和”表示总拟合误差。最小二乘法采用的就是按照“残差平方和最小”所确定的直线。用“残差平方和”计算方便，而且对异常值会比较敏感。

假设回归模型（拟合函数）为：

$$f(x_i) = \beta_0 + \beta_1 x_i \tag{2-1}$$

则样本(x_i, y_i)的误差为：

$$e_i = y_i - f(x_i) = y_i - \beta_0 - \beta_1 x_i \tag{2-2}$$

其中$f(x_i)$为x_i的预测值（拟合值），y_i为x_i对应的实际值。

最小二乘法的损失函数Q也就是残差平方和，即：

$$Q = \sum_{i=1}^{n} e_i^2 = \sum_{i=1}^{n} \left(y_i - f(x_i)\right)^2 = \sum_{i=1}^{n} \left(y_i - \beta_0 - \beta_1 x_i\right)^2 \tag{2-3}$$

通过最小化Q来确定直线方程，即确定β_0和β_1，此时该问题变成了求函数Q的极值问题。根据高等数学的知识可知，极值通常是通过令导数或者偏导数等于0而得到，因此，求Q关于未知参数β_0和β_1的偏导数：

$$\begin{cases} \dfrac{\partial Q}{\partial \beta_0} = 2\sum_{i=1}^{n} \left(y_i - \beta_0 - \beta_1 x_i\right)(-1) = 0 \\ \dfrac{\partial Q}{\partial \beta_1} = 2\sum_{i=1}^{n} \left(y_i - \beta_0 - \beta_1 x_i\right)(-x_i) = 0 \end{cases} \tag{2-4}$$

通过令偏导数为0，可求解函数的极值点，即：

$$\begin{aligned} \beta_0 &= \frac{\sum x_i^2 \sum y_i - \sum x_i \sum x_i y_i}{n\sum x_i^2 - \left(\sum x_i\right)^2} \\ \beta_1 &= \frac{n\sum x_i y_i - \sum x_i \sum y_i}{n\sum x_i^2 - \left(\sum x_i\right)^2} \end{aligned} \tag{2-5}$$

将样本数据(x_i, y_i)，$i=1,2,\cdots,n$代入，即可得到$\hat{\beta}_0$和$\hat{\beta}_1$的具体值。这就是利用最小二乘法求解一元线性回归模型参数的过程。

2.2 聚类

2.2.1 简介

聚类（Cluster Analysis）是将数据集中的所有样本根据相似度的大小进行划分，形成两个或多个类

（簇）的过程。作为一种无监督机器学习方法，聚类经常用于数据挖掘和模式识别。簇是数据集中相似的样本集合。聚类没有训练过程，是一种无监督学习。它同分类的根本区别在于：分类需要有标号的样本进行训练。常用的聚类算法可分为基于划分方法的、基于层次方法的、基于密度方法的、基于网格方法的和基于模型方法的聚类。目前常用的聚类算法是基于层次的聚类和基于划分的聚类。基于层次的聚类主要有：平衡迭代削减聚类法、基于密度的聚类方法和使用代表点的聚类方法等；基于划分的聚类方法主要有：K 均值聚类算法、K 中心点聚类算法和随机搜索聚类算法等。

2.2.2　基本原理

聚类是按照相似性大小，将无标号的数据集划分为若干类或簇的过程。聚类的结果是类内样本的相似度高，类间样本的相似度低。相似性的度量通常采用样本间的距离来表示，距离函数值的大小反映相似的程度。相似度越大，两个样本间的距离函数的值越小；相似度越小，两个样本间的距离函数值越大。

常用的距离计算方法如下。

1. 欧氏距离

欧氏距离（Euclidean Distance）是最常见的距离表示法。

假设 $x=\{x_1,x_2,\cdots,x_n\}$，$y=\{y_1,y_2,\cdots,y_n\}$，则它们之间的距离为：

$$d(x,y)=\sqrt{(x_1-y_1)^2+(x_2-y_2)^2+\cdots+(x_n-y_n)^2}=\sqrt{\sum_{i=1}^{n}(x_i-y_i)^2} \tag{2-6}$$

即两项间的差是每个变量值差的平方和再取平方根，目的是计算其间的整体距离，即不相似性。欧氏距离的优点是计算公式比较简单，缺点是不能将样本的不同属性（即各指标或各变量）之间的差别等同看待，在某些特定的应用背景中不能满足要求。一般的聚类大都采用欧氏距离。

2. 曼哈顿距离

曼哈顿距离（Manhattan Distance）也称为城市街区距离（CityBlock Distance），是在欧氏空间的固定直角坐标系上两点所形成的线段对轴产生的投影的距离总和。

二维平面两点 $a(x_1,x_2)$ 与 $b(y_1,y_2)$ 间的曼哈顿距离定义为：

$$d_{12}=|x_1-x_2|+|y_1-y_2| \tag{2-7}$$

两个 n 维向量 $a(x_{11},x_{12},\cdots,x_{1n})$ 与 $b(x_{21},x_{22},\cdots,x_{2n})$ 间的曼哈顿距离：

$$d_{12}=\sum_{k=1}^{n}|x_{1k}-x_{2k}| \tag{2-8}$$

需要注意的是，曼哈顿距离依赖坐标系统的转度，而非系统在坐标轴上的平移或映射。

3. 明氏距离

明氏距离（Minkowski Distancc）也被称作闵氏距离，可以理解为 N 维空间的距离，是欧氏距离的扩展，两个 n 维变量 $\boldsymbol{a}(x_{11},x_{12},\cdots,x_{1n})$ 与 $\boldsymbol{b}(x_{21},x_{22},\cdots,x_{2n})$ 间的明氏距离定义为：

$$d_{12}=\sqrt[p]{\sum_{k=1}^{n}|x_{1k}-x_{2k}|^p} \tag{2-9}$$

其中 p 是一个变参数。

根据变参数的不同，明氏距离可以表示以下的距离。

（1）当 $p=1$ 时，明氏距离即为曼哈顿距离。

（2）当 $p=2$ 时，明氏距离即为欧氏距离。

（3）当 $p \to \infty$ 时，明氏距离即为切比雪夫距离。

4. 余弦距离

余弦距离（Cosine Similarity）也称为余弦相似度，是用向量空间中两个向量夹角的余弦值作为衡量两个个体间差异的大小的度量。

对于二维空间，其定义为：

$$\cos\theta = \frac{a \cdot b}{\|a\|\|b\|} \tag{2-10}$$

假设向量 $\boldsymbol{a}$ 、$\boldsymbol{b}$ 的坐标分别为 (x_1, y_1) 、(x_2, y_2) ，则：

$$\cos\theta = \frac{x_1 x_2 + y_1 y_2}{\sqrt{x_1^2 + y_1^2} \times \sqrt{x_2^2 + y_2^2}} \tag{2-11}$$

设向量 $\boldsymbol{A} = (\boldsymbol{A}_1, \boldsymbol{A}_2, \cdots, \boldsymbol{A}_n)$ ，$\boldsymbol{B} = (\boldsymbol{B}_1, \boldsymbol{B}_2, \cdots, \boldsymbol{B}_n)$ ，推广到多维：

$$\cos\theta = \frac{\sum_1^n (\boldsymbol{A}_i \times \boldsymbol{B}_i)}{\sqrt{\sum_1^n \boldsymbol{A}_i^2} \times \sqrt{\sum_1^n \boldsymbol{B}_i^2}} \tag{2-12}$$

余弦距离通过测量两个向量内积空间夹角的余弦值来度量它们的相似性。余弦值的范围在[-1，1]之间，值越趋近于 1，代表两个向量的方向越接近，越相似；越趋近于-1，它们的方向越相反，越不相似；越趋近于 0，表示两个向量趋近于正交。余弦距离可以用在任何维度的向量比较中，在高维正空间中采用较多。

2.2.3 常用聚类算法

下面介绍几种常用的聚类算法。

1. *K* 近邻算法（KNN）

K 近邻算法是一种常见的有监督的聚类算法，也是非参数分类的重要方法之一。*K* 近邻算法的优点在于算法原理比较简单，容易理解和实现，不需要先验知识等；缺点在于计算量较大，在处理孤立点或噪声方面精度较低。

（1）*K* 近邻算法基本思想

K 近邻算法的基本思想是针对测试集中的一个样本点，在已经学习并且完成分类的样本空间中找到 *K* 个距离最近的样本点，距离的计算通常采用欧氏距离或明氏距离。如果找到的 *K* 个样本点大多属于某一个类别，则可以判定该样本也属于这个类别。

K 近邻算法的实现主要有以下 3 个要素。

① 数据特征的量化。如果数据特征中存在非数值类型，则需要运用一定的手段量化成数值。若样本中存在颜色这一特征属性，可将颜色转化成灰度值来计算距离；或为了保证参数取值较大时的影响力覆盖参数取值较小时的影响力，通常需要对样本的特征数值进行归一化处理。

② 样本间距离计算公式的选择。常见的距离计算公式有欧氏距离、曼哈顿距离、明氏距离、余弦距离等。不同情况下对公式的选择不同，例如：样本变量为连续型时，通常采用欧氏距离；样本变量为非连续型时，通常采用明氏距离。

③ *K* 值的选择。*K* 为自定义的常数，*K* 值的选择对聚类的结果有很大的影响。通常采用交叉验证法确定 *K* 的取值，且 *K* 的取值一般小于训练样本数的平方根。

（2）K 近邻算法过程

K 近邻算法过程具体描述如下。

① 构建训练集和测试集，使训练集按照已有的标准分成离散型数值类或连续型数值类。

② 根据样本集为离散型或连续型选择适当的距离计算公式，计算测试集中的数据与各个训练集数据之间的距离，并排序。

③ 利用交叉验证法确定 K 的取值，并选择距离最小的 K 个点。

④ 确定 K 个点所在类别的出现频率，选择出现频率最高的类别作为测试集的预测类。

2. **K 均值聚类（K-means）**

K 均值聚类是划分方法中经典的聚类算法之一。其优点是算法简单，聚类效果较好，效率较高，对于处理大数据集有较好的可伸缩性；缺点是 K 值需要事先指定，受孤立点或噪声的影响较大，而且由于算法本身是迭代的，最终得到的结果有可能是局部最优而不是全局最优。

（1）K 均值算法基本思想

K 均值算法的基本思想是将 n 个样本点划分或聚类成 K 个簇，使簇内具有较高的相似度，而簇间的相似度较低。首先确定所要聚类的最终数目 K，并从样本中随机选择 K 个样本作为中心；其次将集合中每个数据点被划分到与其距离最近的簇中心所在的类簇之中，形成 K 个聚类的初始分布；然后对分配完的每一个类簇内对象计算平均值，重新确定新的簇中心，继续进行数据分配过程；迭代执行若干次，若簇中心不再发生变化，且聚类准则函数收敛，则将数据对象完全分配至所属的类簇中；否则继续执行迭代过程，直至聚类准则函数收敛。

（2）K 均值算法过程

K 均值算法具体描述如下。

假设给定的 n 个样本是 $D=\left[x^{(1)},x^{(2)},\cdots,\ x^{(m)}\right]$，每个 $x^{(i)}\in R^n$，其中样本间的距离选择欧氏距离。

输入：n 个样本和簇的数目 K。

输出：K 个簇，且平方误差准则最小。

具体步骤如下。

① 确定所要聚类的最终数目 K，并从样本中随机选择 K 个样本作为中心，即 $\mu_1,\mu_2,\cdots,\mu_k\in R^n$。

② 重复以下过程，直至误差平方和准则函数 E 收敛至某个固定值。

{

对每个样本 i，计算并确定其应属类别：

$$C^{(i)}=\arg\min_j\left\|x^{(i)}-\mu_j\right\|^2 \tag{2-13}$$

对于每一个类 j，重新计算类的簇中心：

$$\mu_j=\frac{\sum_{i=1}^{m}i\left\{C^{(i)}=j\right\}x^{(i)}}{\sum_{i=1}^{m}i\left\{C^{(i)}=j\right\}} \tag{2-14}$$

计算 E，并判断其是否收敛于某个固定的值。

}

其中 K 为确定的值，$C^{(i)}$ 代表样本 i 与 K 个类中距离最近的类，取值为 $[1,K]$，簇中心 μ_j 代表对属于同一个类的样本中心点的预测。

聚类准则函数用于判断聚类质量的高低，一般采用误差平方和准则函数 E 的值变化情况判断是否继续进行迭代过程，E 的值在每次迭代过程中逐渐减小，最终收敛至一个固定的值，则迭代过程结束，否则继续执行迭代过程，直至 E 收敛。

误差平方和准则函数 E 定义如下：

$$E=\sum_{i=1}^{k}\sum_{p\in c_i}\left|p-m_i\right|^2 \tag{2-15}$$

其中，E 是所有样本点的平方误差的总和，p 是某一样本点，m_i 是簇 C_i 的平均值。

3. *K* 中心点聚类（*K*–mediods）

K 中心点聚类算法是对 K 均值聚类的改进，属于基于划分方法的聚类。与 K 均值聚类算法相比，优点是减轻了对孤立点的敏感性，提高了聚类结果的准确率；缺点是算法的复杂性比 K 均值聚类算法高。K 中心聚类算法与 K 均值聚类算法最大的区别在于选择将簇内离平均值最近的对象作为该簇的中心，而不是将簇内各对象的平均值作为簇的中心。

（1）*K* 中心点算法基本思想

K 中心点算法的基本思想如下。

① 确定所要聚类的最终数目 K，并从样本中随机选择 K 个样本作为中心。

② 将集合中每个数据点被划分到与其距离最近的簇中心所在的类簇之中，形成 K 个聚类的初始分布。

③ 反复地利用各簇中的非中心点样本来替代中心点样本，并计算各簇中各中心点样本与非中心点样本的距离之和。

④ 迭代执行若干次，寻找最小距离之和，通过不断更新各距离值来不断调整聚类的结果。

（2）*K* 中心点算法过程

K 中心点算法具体描述如下。

假设给定的 n 个样本是 $D=\left[x^{(1)},x^{(2)},\cdots,\ x^{(m)}\right]$，每个 $x^{(i)}\in R^n$，其中样本间的距离选择欧氏距离。

输入：n 个样本和簇的数目 K。

输出：K 个簇。

具体步骤如下。

① 确定所要聚类的最终数目 K，并从样本中随机选择 K 个样本作为中心，即 $o_1,o_2,\cdots,o_k(o_k\in D)$。

② 对每个样本 p，计算并确定其应属类别，使得其欧氏距离 M 最小。

$$M=\sum_{i=1}^{k}\sum_{p\in C_i}(p-o_k)^2 \tag{2-16}$$

③ 调整聚类中心，随机选取一个非簇中心样本 o_{random} 代替 o_m $(1\leqslant m\leqslant k)$，重新分配所有剩余样本 p，使得

$$M'=\sum_{i=1}^{k}\left[\sum_{\substack{p\in C_i\\ i\neq m}}(p-o_k)^2+\sum_{p\in C_m}(p-o_{\text{random}})^2\right] \tag{2-17}$$

④ 若 $M'-M<0$，则 $o_{\text{random}}=o_m$，否则本次迭代中 o_m 不发生变化。

⑤ 重复执行以上步骤，直到步骤③中 $M'-M<0$ 不再成立，否则继续迭代执行②。

2.3　遗传算法

2.3.1　简介

遗传算法（Genetic Algorithm，GA）也称为进化算法，是密歇根大学的霍兰（Holland）教授受达尔文的进化论的启发，借鉴生物进化过程，于 1975 年提出的一种随机启发式搜索算法。

2.3.2　基本原理

遗传算法的基本思想是对一定数量个体组成的生物种群进行交叉、变异和选择操作，通过比较每个个体的适应度值，淘汰差的个体，最终求得最优解或满意解。

遗传算法具体步骤如下：

① 初始化群体；

② 计算群体上每个个体的适应值；

③ 按由个体适应度值所决定的某个规则选择将进入下一代的个体；

④ 按一定的交叉方法，生成新的个体；

⑤ 按一定的变异方法，生成新的个体；

⑥ 没有满足某种停止条件，则转第②步，否则进入步骤⑦；

⑦ 输出种群中适应度值最优的个体作为问题的满意解或最优解。

最简单的程序停止条件有两种：完成预先给定的进化代数则停止；种群中的最优个体在连续若干代没有改进或平均适应度在连续若干代基本没有改进时停止。

遗传算法流程图如图 2-1 所示。

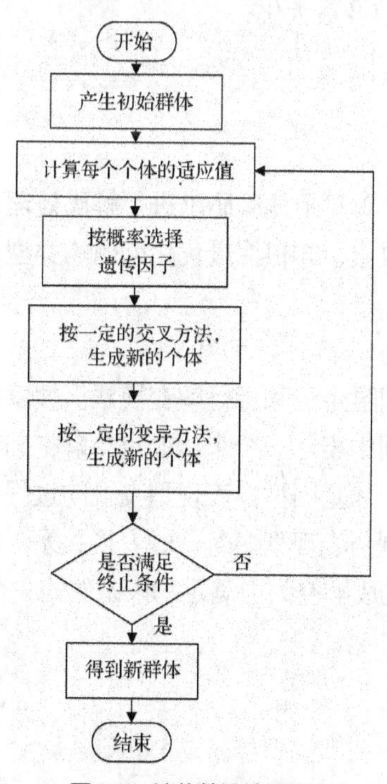

图 2-1　遗传算法流程图

遗传算法的实现有 6 个主要因素：参数的编码、初始种群的设定、适应度函数的设计、遗传操作、算法控制参数的设定和约束条件的处理。相关具体内容的介绍如下。

（1）编码与解码

编码是将一个问题的可行解从其解空间转换到遗传算法的搜索空间的转化方法。主要的编码方法有二进制编码、浮点数编码、格雷编码及多参数编码等。编码的 3 个准则是完备性、健全性和非冗余性。解码又称为译码，是由遗传算法解空间向问题空间的转换。

（2）选择

选择是在群体中选择出生命力较强的个体产生新的群体的过程，目的是使群体中个体的适应度接近最优解。常见的选择算子有随机竞争选择、轮盘赌选择、最佳保留选择、确定式选择、期望值选择、均匀排序等。

（3）交叉

交叉是按某种方式对两个相互配对的染色体进行相互交换部分基因的操作，从而形成两个新的个体。常见的适用于二进制编码与浮点数编码的交叉算子有两点交叉、多点交叉、算子交叉及均匀交叉等。

（4）变异

变异是指将个体染色体编码串中的某些基因位上的基因值用该基因位上的其他等位基因替换，从而形成新的个体。常见的适用于二进制编码与浮点数编码的变异算子有基本位变异、均匀变异、边界变异、非均匀变异及高斯近似变异等。

（5）适应度函数

适应度函数又称为评价函数，是根据目标函数确定的、用于区分群体中个体好坏的标准。目标函数可正可负，而适应度函数是非负的，因此需要在目标函数与适应度函数之间进行适当的变换。

设计适应度函数时主要遵照以下 4 条标准：

① 函数满足连续、非负、单值及最大化；

② 合理性和一致性；

③ 计算量小；

④ 通用性强。

评价个体适应度的一般过程：①对个体编码串进行解码处理，得到个体的表现型；②通过个体的表现型计算对应的个体目标函数值；③根据最优化问题的类型，将目标函数值按照一定的转换规则计算出个体的适应度。

（6）约束条件处理

约束条件处理主要有搜索空间限定法和可行解变换法。搜索空间限定法是通过对遗传算法的搜索空间大小加以限制，在搜索空间中表示一个个体的点与解空间中表示一个可行解的点间建立一一对应的关系。可行解变换法是在个体基因型向表现型变换的过程中，增加使其满足约束条件的处理过程，也就是说，寻找个体基因型与表现型多对一的变换关系，扩大搜索空间，使得进化过程中所产生的个体可以通过这种变换转化成解空间中满足约束条件的一个可行解。

2.3.3 特点与应用

1. 遗传算法的特点

与传统的优化算法相比，遗传算法主要特点如下。

（1）以决策变量的编码作为运算对象。借鉴染色体和基因的概念，模仿自然界生物的遗传和进化机理。

（2）使用概率搜索技术，而不是确定性规则。

（3）直接以适应度作为搜索信息，无需借助导数等其他辅助信息。

（4）使用多个点的搜索信息，具有隐含并行性。

2. 遗传算法的应用

遗传算法不依赖于问题的具体领域，对问题的种类有很强的稳健性，所以广泛应用于函数优化、组合优化，例如，遗传算法已经在求解旅行商问题、背包问题、装箱问题和图形划分问题等方面得到成功应用。此外，遗传算法在生产调度问题、自动控制、机器人学和图像处理等方面也获得了广泛运用。

2.4 蚁群算法

2.4.1 简介

蚁群算法（Ant Colony Optimization，ACO）最早是由马尔科·多里戈（Marco Dorigo）等人于 1991 年提出的，是在图中寻找优化路径的概率型算法。基本思想来自蚂蚁在寻找食物过程中发现最短路径的行为。蚁群在寻找食物时，通过分泌信息素交流觅食信息，从而能在没有任何提示的情况下找到从食物源到巢穴的最短路径，并在周围环境发生变化后，自适应地搜索新的最佳路径。蚁群算法的优点是算法简单，实现容易。

2.4.2 基本原理

首先介绍蚁群算法中的参数：设蚁群中所有蚂蚁的数量为 m，所有城市之间的信息素为矩阵 pheromon，最短路径为 bestLength，最佳路径为 bestTour。每只蚂蚁都有自己的内存，内存中用一个禁忌表（Tabu）来存储该蚂蚁已经访问过的城市，表示其在以后的搜索中将不能访问这些城市，用一个允许访问的城市表（Allowed）存储该蚂蚁还可以访问的城市，用一个矩阵（Delta）存储它在一个循环（或者迭代）中给所经过的路径释放的信息素。此外还有一些数据，包括运行次数 MAX_GEN、运行时间 t、控制参数(α, β, ρ, Q)、蚂蚁行走完全程的总成本或距离（tourLength）等。

蚁群算法计算过程如下。

1. 初始化

t=0 时，对所有参数进行初始化。设置 bestLength 为正无穷，bestTour 为空，将所有蚂蚁的 Delta 矩阵所有元素初始化为 0，Tabu 表清空，向 Allowed 表中加入所有的城市节点，用随机选择或人工指定的方法确定它们的起始位置，在 Tabu 表中加入起始节点，Allowed 表中去掉该起始节点。

2. 选择节点

为每只蚂蚁选择下一个节点，该节点只能从 Allowed 表中以通过公式（2-18）计算得到的概率搜索到，得到一个节点，就将该节点加入到 Tabu 表中，并从 Allowed 表中删除该节点。重复 n−1 次该过程，直到所有的城市都遍历过一次。遍历完所有节点后，将起始节点加入 Tabu 表中。此时 Tabu 表元素数量为 n+1（n 为城市数量），Allowed 表元素数量为 0。接下来按照公式（2-19）计算每个蚂蚁的 Delta 矩阵值。最后计算最佳路径，比较每个蚂蚁的路径成本。之后与 bestLength 比较，若它的路径成本比 bestLength 小，则将该值赋予 bestLength，将其 Tabu 赋予 BestTour，并将该城市节点加到 bestTour 中。

$$p_{ij}^k(t)=\begin{cases}\dfrac{[\tau_{ij}(t)]^\alpha\bullet[\eta_{ij}]^\beta}{\sum_{k\in allow_k}[\tau_{ij}(t)]^\alpha\bullet[\eta_{ij}(t)]^\beta},\ j\in allow_k\\0,\ j\notin allow_k\end{cases}\tag{2-18}$$

$$\Delta\tau_{ij}^k=\begin{cases}\dfrac{Q}{L_k}\\0\end{cases}\tag{2-19}$$

其中 k 表示第 k 个蚂蚁，$p_{ij}(t)$ 表示选择城市 j 的概率，$\tau_{ij}(t)$ 表示城市 i，j 在第 t 时刻的信息素浓度，η_{ij} 表示从城市 i 到城市 j 的可见度，$\eta_{ij}=\dfrac{1}{d_{ij}}$，$d_{ij}$ 表示城市 i，j 之间的成本。$\Delta\tau_{ij}^k$ 表示蚂蚁 k 在城市 i 与 j 之间留下的信息素。L_k 表示蚂蚁 k 完成一个循环所经过路径的总成本，即 tourLength，其中 α，β，Q 均为控制参数。

3. 更新信息素矩阵

令 $t=t+n$，按照公式（2-20）更新信息素矩阵 phermone：

$$\tau_{ij}(t+n)=\rho\bullet\tau_{ij}(t)+\Delta\tau_{ij}\tag{2-20}$$

其中 $\tau_{ij}(t+n)$ 为 $t+n$ 时刻城市 i 与 j 之间的信息素浓度，ρ 为控制参数，$\Delta\tau_{ij}$ 为城市 i 与 j 之间信息素经过一个迭代后的增量，且有 $\Delta\tau_{ij}=\sum_{k=1}^{m}\Delta\tau_{ij}^k$，其中 $\Delta\tau_{ij}^k$ 由公式计算得到。

4. 检查终止条件

如果达到最大迭代次数 MAX_GEN，则算法终止，转到第 5 步；否则，重新初始化所有蚂蚁的 Delt 矩阵中所有元素为 0，Tabu 表清空，Allowed 表中加入所有的城市节点，随机选择或人工指定它们的起始位置，在 Tabu 表中加入起始节点，Allowed 表中去掉该起始节点，重复执行 2～4 步。

5. 输出最优值

蚁群算法流程图如图 2-2 所示。

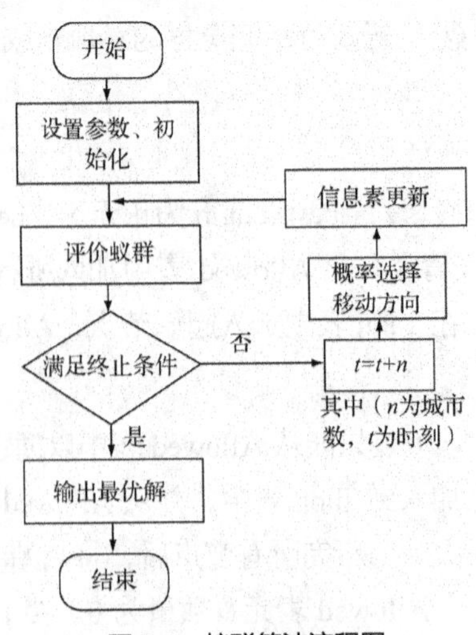

图 2-2　蚁群算法流程图

2.4.3　特点与应用

1. 特点

（1）自组织：蚁群算法的组织指令来自于系统内部，在获得空间、时间或者功能结构过程中，没有受到外界的影响，即蚁群算法能够在没有外界环境的影响下使系统的熵增加，具有良好的自组织能力。

（2）并行化：每只蚂蚁个体搜索最优解的过程彼此独立，仅通过信息激素进行通信，所以蚁群算法可以看作一个分布式的多代理系统，在问题空间中多个不同的点位同时进行解的搜索，不仅降低了算法的时间复杂性，还可以使算法具有一定的全局搜索能力。

（3）正反馈：蚂蚁能够找到最短路径的过程依赖于路径上堆积的信息激素，信息激素堆积是一个正反馈的过程，其反馈方式是在较优解的路径上留下更多的信息激素，而信息激素越多又会吸引更多的蚂蚁，正反馈的过程又引导整个系统向最优解的方向进化。

（4）稳健性：蚁群算法对初始路线要求不高，即最终结果不依赖初始路线的选择，在搜索过程中也不需要人为调整。

2. 应用

随着对蚁群算法理论与实际应用研究的不断深入，蚁群算法被应用于求解经典的旅行商问题及其他领域的优化问题，如生产调度问题、图像处理、车辆路径问题及机器人路径规划问题等。

2.5　粒子群算法

2.5.1　简介

粒子群算法（Particle Swarm Optimization，PSO）是由肯尼迪（Kennedy）等学者从鸟类寻找食物的过程中得到启发，于 1995 年提出的一种新型群体智能优化算法。粒子群算法同遗传算法及蚁群算法等群体智能算法类似，都是受生物群体启发的优化算法。其基本思想来自鸟群在觅食过程中发现最优位置的行为。鸟群在寻找食源的过程中，通过不断进行最优位置信息的交流，每只鸟根据最优位置调整自己的飞行速度和飞行方向，最终找到食源。

2.5.2　基本原理

假设一个 n 维的目标搜索空间中含有 m 个粒子，每个粒子的位置对应一个 n 维向量 $x_i=(x_{i1},x_{i2},\cdots,x_{in})$，第 i 个粒子的局部最优值为 $p_i=(p_{i1},p_{i2},\cdots,p_{in})$，当前种群的最优位置为 $p_g=(p_{g1},p_{g2},\cdots,p_{gn})$，每个粒子所对应的运动速度也是一个 n 维的向量 $v_i=(v_{i1},v_{i2},\cdots,v_{in})$。在粒子的运动过程中，粒子群中的每一个粒子会根据公式（2-21）和公式（2-22）更新自己的运动速度，根据公式（2-23）更新自己的位置。

$$v_{id}^{k+1}=v_{id}^{k}+c_1\times rand()\times(p_{id}^{k}-x_{id}^{k})+c_2\times rand()\times(p_{gd}^{k}-x_{gd}^{k}) \tag{2-21}$$

$$\begin{cases} v_{id}=v_{\max}, v_{id}>v_{\max} \\ v_{id}=v_{\min}, v_{id}<v_{\min} \end{cases} \tag{2-22}$$

$$x_{id}^{k+1} = x_{id}^{k} + v_{id}^{k+1} \tag{2-23}$$

其中，$1 \leqslant i \leqslant m$，$1 \leqslant d \leqslant n$，$k$ 为粒子群迭代的次数（$k \geqslant 1$），$rand()$ 为随机数函数，在[0，1]之间随机选取。c_1, c_2 为非负数，c_1 表示粒子自身的认知系数，c_2 表示粒子的社会认知系数。$v_{\max}$ 为最大的运动速度，$v_{\max}$ 为最小的运动速度，两者的值通常由用户根据经验来定义，用来对运动速度进行调整。

对于公式（2-21）来说，v_{id}^{k} 代表前次运动的速度，它使得粒子在全部的搜素空间中有向各个方向伸张的趋势；$c_1 \times rand() \times (p_{id}^{k} - x_{id}^{k})$ 表示自身的认知过程，它通过粒子自身的运动获得认知能力；$c_2 \times rand() \times (p_{gd}^{k} - x_{gd}^{k})$ 表示学习其他粒子经验的过程，该过程是粒子群中每个粒子相互分享学习经验的过程。

粒子群算法的实现步骤如下。

（1）对粒子群的每个粒子的位置和速度进行随机的初始化。

（2）根据定义的适应度函数，计算每个粒子的适应度值。

（3）将粒子的适应度值与该粒子局部最优位置的适应度值相比较，求粒子的局部最优解。

（4）将全局最优位置的适应度值与每个粒子的局部位置的适应度值相比较，求粒子群的全局最优解。

（5）根据公式（2-21）和公式（2-22）计算每个粒子的运动速度，根据公式（2-23）计算每个粒子的位置。

（6）判断终止条件是否满足，如果不满足，返回第（2）步，否则算法结束。

粒子群算法的流程如图 2-3 所示。

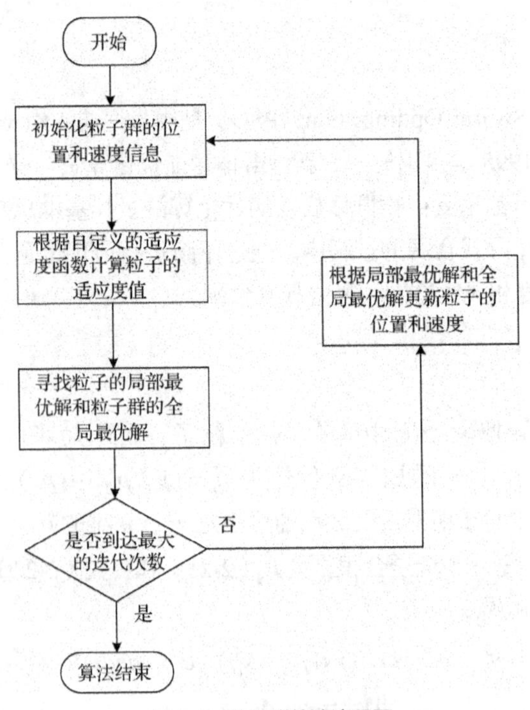

图 2-3　粒子群算法流程图

2.5.3　特点与应用

1. 特点

（1）速度快：粒子群算法没有交叉和变异运算，依靠粒子速度完成搜索，并且在迭代进程中只有最优的粒子把信息传递给其他粒子，搜索速度快。

（2）记忆性：粒子群体获得的历史最好位置可以被记录并传递给其他粒子。

（3）易于实现：粒子群算法需要调整的参数较少，易于实现，结构简单，它采用实数编码，直接由问题的解决定，问题解的变量数直接作为粒子的维度数。

2. 应用

由于粒子群算法实现简单，易于理解，且能够优化一些复杂的问题，常被用于神经网络的优化、函数参数的优化、电力系统的优化等领域，并且有着较好的效果。

2.6　人工神经网络

2.6.1　简介

人工神经网络（Artificial Neural Network，ANN）简称为神经网络（NN）或连接模型（Connectionist Model）。智库百科中对人工神经网络的定义是："人工神经网络是由人工建立的以有向图为拓扑结构的动态系统，它通过对连续或断续的输入作状态响应而进行信息处理。"因此，人工神经网络是基于神经网络的基本原理，在理解和抽象人脑和外界刺激响应机制的基础上，以网络拓扑知识为理论基础，模拟人脑神经系统实现复杂信息处理机制的数学模型，具有自学能力、联想存储能力，以及高速寻优能力。

1. 人工神经网络发展

神经网络的发展过程大体可分为以下 4 个阶段。

（1）初始阶段——启蒙时期

启蒙时期也称为形成时期，早在 20 世纪 50 年代有学者就开始了对人工神经网络的研究工作。1943 年，美国生理学家麦卡洛特（Mcculloch）和数学家匹兹（Pitts）发表文章，提出了第一个神经元模型（M-P 模型），开启了对人工神经网络研究的大门。1951 年，心理学家海布（Donala O.Hebb）提出了连接权值强化的 Hebb 法则，为构造有学习功能的神经网络模型奠定了基础。1960 年，韦德罗（Widrow）和霍夫（Hoff）提出了一种连续取值的自适应线性神经元网络模型 Adaline，提高了分段线性网络的训练速度及精度。

（2）第二阶段——低潮时期

1969 年，明斯基（Minsky）和派珀特（Papert）在《认知器演算法》（*Perceptrons*）一书中，从数学的角度证明了简单的线性感知器的功能是有限的，不能有效地应用于多层网络，由此对神经网络的研究进入 10 年左右的低潮期。尽管是低潮时期，但也产生了许多重要的研究成果，如 1972 年芬兰的科荷伦（Kohonen）教授提出的自组织映射（SOM）理论，1980 年福岛邦彦提出的"新认知机"模型等，为日后神经网络的理论研究奠定了重要的基础。

（3）第三阶段——复兴时期（发展期）

1982 年，美国物理学家霍普菲尔德（Hopfield）提出了离散 Hopfield 神经网络，并证明了在一定条件下，网络可以达到稳定的状态，再次掀起了神经网络研究的一个热潮。1983 年柯克帕特里克（Kirkpatrick）等人认识到可将模拟退火算法运用到 NP 完全组合优化问题的求解过程中。辛顿（Hinton）与年轻学者塞吉诺斯基（Sejnowski）等于 1984 年合作提出了大规模并行网络学习机（后来被称为 Boltzmann 机），同时提出了隐单元的概念。1986 年，鲁梅哈特（D.E.Rumelhart）在多层神经网络模型的基础上，提出了多层神经网络权值修正的反向传播学习算法——BP 算法（Back-Propagation），解决了多层前向神经网络的学习问题，证明了多层神经网络具有很强的学习能力，可以完成许多学习任务，解决许多实际问题。1988 年，布鲁姆黑德（Broomhead）和洛（Lowe）将径向基函数（Radial Basis Function，RBF）运用到人工神经网络（ANN）的设计中，将人工神经网络的设计与数值分析，以及线性适应滤波联系起来。

（4）第四阶段——深度学习

2006 年，辛顿（Hinton）提出的深度学习，是机器学习的一个新方法，也是神经网络的最新发展。深度学习算法打破了传统神经网络对层数的限制，可根据设计者需要选择网络层数，构建含多隐层的机器学习框架模型，对大规模数据进行训练，从而得到更有代表性的特征信息。

2. 人工神经网络研究内容

神经网络的研究可分为理论研究和应用研究两个方面。

（1）理论研究主要包括以下两种。

① 以神经生理与认知科学为基础，对人类思维及智能机理进行研究。

② 借鉴神经基础理论的研究成果，运用数理方法，深入研究网络算法，提高稳定性、收敛性、容错性、稳健性等方面的性能，发展如神经网络动力学、非线性神经场等新的网络数理理论，并且尝试构建功能上更加完善、性能上更具优越性的神经网络模型。

（2）应用研究主要包括以下两种。

① 对神经网络的硬件实现和软件模拟的研究。

② 神经网络在模式识别、信号处理、专家系统、优化组合、知识工程和机器人控制等领域的应用研究。

2.6.2 神经网络基础

下面主要介绍神经网络的基本概念、特点、结构和几个常用的模型。

1. 生物神经元

在介绍人工神经元之前，首先以人脑神经元为例介绍生物神经元的结构及特点。人脑中大约有 1000 亿个神经元。神经元主要由树突、细胞体、轴突和突触组成，基本结构如图 2-4 所示。树突的作用是接受信息，细胞体的作用是对接受的信息进行处理，轴突的作用是发出信息。一个神经元的轴突末端与另外一个神经元的树突紧密接触形成的部分构成突触，用于保证信息的单向传递。

2. 人工神经网络结构

人工神经元是受人脑神经元结构的启发而提出的，结构如图 2-5 所示，一个神经元结构由输入向量、激活函数及输出向量 3 部分组成。输入向量 $X=\{x_0,x_1,\cdots,x_n\}$ 与对应的权值向量 $W=\{w_0,w_1,\cdots,w_n\}$ 分别相乘再取和作为输入值 $\sum_{i=0}^{n} x_i \cdot w_i$ ，在激活函数的作用下输出对应的 $f(\sum x_i \cdot w_i + b)$ ，其中 b 为激活函数的阈值。

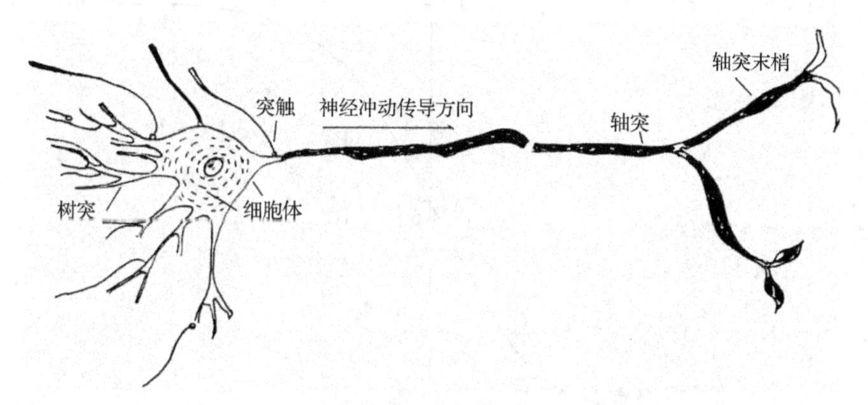

图 2-4　生物神经元结构图

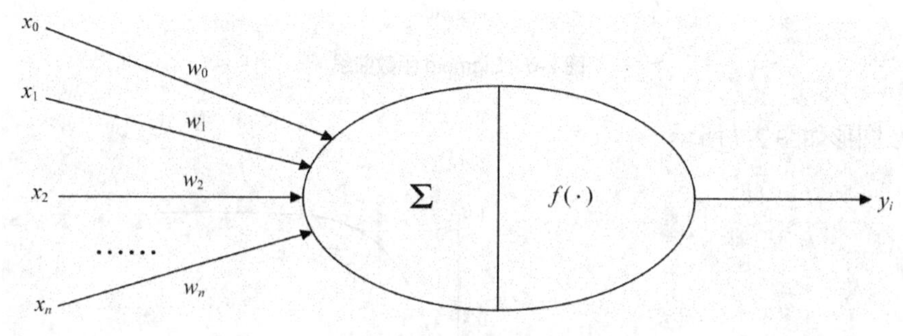

图 2-5　人工神经元结构图

3. 常见激活函数

神经网络由大量的神经元连接组成，每个神经元代表一种特定的输出函数，称为激活函数（Activation Function）。激活函数不是要在神经网络中发挥某种激活作用，而是通过某种函数的形式把人工神经元中“激活的神经元特征”保留并映射出来。激活函数具有可微性、单调性和输出范围有限等特点。

常用的激活函数主要有 Sigmoid 函数、双曲正切函数、ReLU 函数、线性函数、斜面函数及阈值函数。下面重点介绍 3 种常用的函数。

（1）Sigmoid 函数

Sigmoid 函数又称为 S 型曲线，是一种常用的非线性激活函数，数学表达式为：

$$f(x) = \frac{1}{1 + e^{-x}} \tag{2-24}$$

Sigmoid 函数图形如图 2-6 所示。由图 2-6 可知，Sigmoid 函数是一个连续、光滑且严格单调的阈值函数，可将输入的实值映射到 0～1 的范围内，当输入值趋向于负无穷时映射结果为 0，当输入值趋向于正无穷时映射结果为 1。但 Sigmoid 函数也存在缺点，具体表现为 Sigmoid 函数有易饱和性，当输入值非常大或非常小时，神经元梯度几乎接近 0。

（2）双曲正切函数

双曲正切函数也叫 Tanh 函数，是一种常用的非线性激活函数，数学表达式为：

$$f(x)=\frac{e^{x}-e^{-x}}{e^{x}+e^{-x}} \tag{2-25}$$

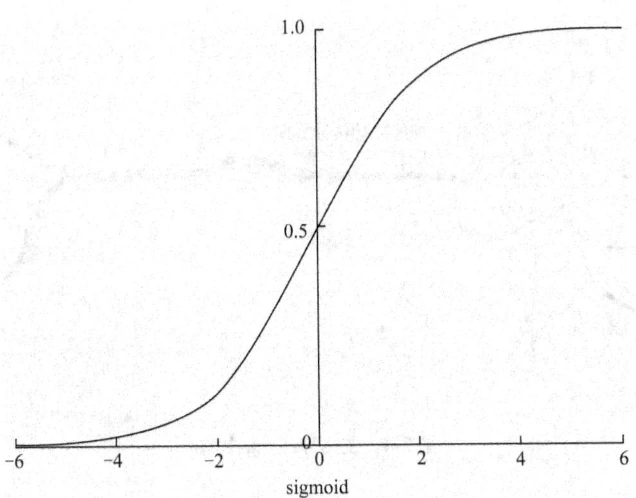

图 2-6　Sigmoid 函数曲线

Tanh 函数图形如图 2-7 所示。

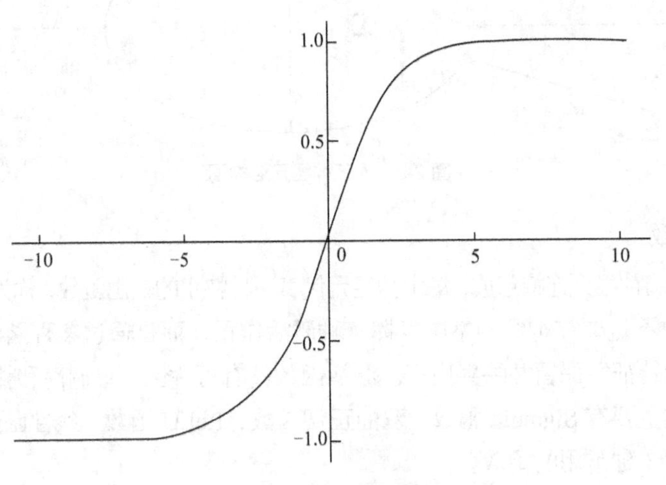

图 2-7　Tanh 函数曲线

由图 2-7 可知，Tanh 函数和 Sigmoid 函数类似，是 Sigmoid 函数的变形，不同的是 Tanh 函数把实值的输入映射到[−1,1]的范围，是 0 均值。Tanh 函数解决了上述 Sigmoid 函数的第二个缺点，因此实际中 Tanh 函数比 Sigmoid 函数更常用。Tanh 函数的缺点是存在梯度饱和的问题。

（3）ReLU 函数

近年来，ReLU 函数越来越受欢迎，其数学表达式为：

$$f(x)=\max(0,x) \tag{2-26}$$

ReLU 函数图形如图 2-8 所示。

由图 2-8 可知，当输入信号小于 0 时，输出为 0；当输入信号大于 0 时，输入与输出相等。ReLU 函数的优点是：①相比于 Sigmoid 函数和 Tanh 函数，收敛速度较快，且梯度不会饱和；②计算复杂度较低，只需要一个阈值即可得到输出。缺点是：当输入小于 0 时，梯度为 0，会导致负的梯度被置零而不被激活。

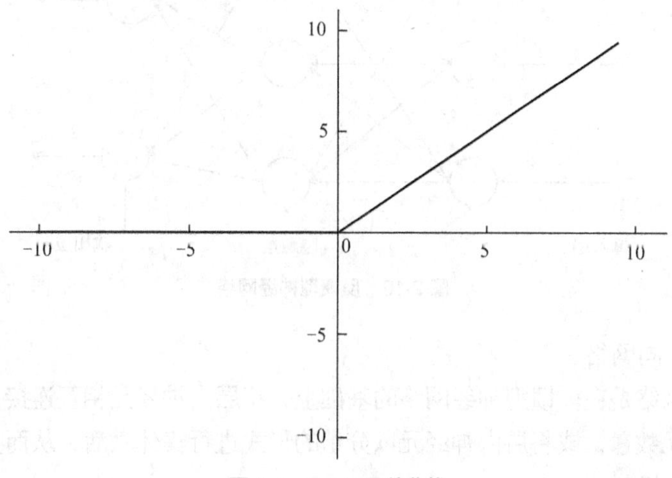

图 2-8　ReLU 函数曲线

4. 结构与类型

目前为止，已有 40 多种人工神经网络模型被开发和应用，如感知机、反向网络、自组织映射、Hopfield 网络等。根据网络中神经元的互联方式，可分为前馈型神经网络、反馈型神经网络、层内互连前向网络及互连网络，下面依次介绍几种常见的网络结构。

（1）前馈型神经网络

前馈型神经网络的结构如图 2-9 所示，主要包括输入层、隐含层和输出层。网络中的神经元分层排列，层内神经元无连接，层间神经元有连接，在这种网络结构下，信息由输入单元经过隐含层到达输出单元，传导方向始终一致，无反馈。因此前馈型神经网络对每个输入信息是同等对待或等权处理的。典型的前馈型神经网络是 BP 神经网络。

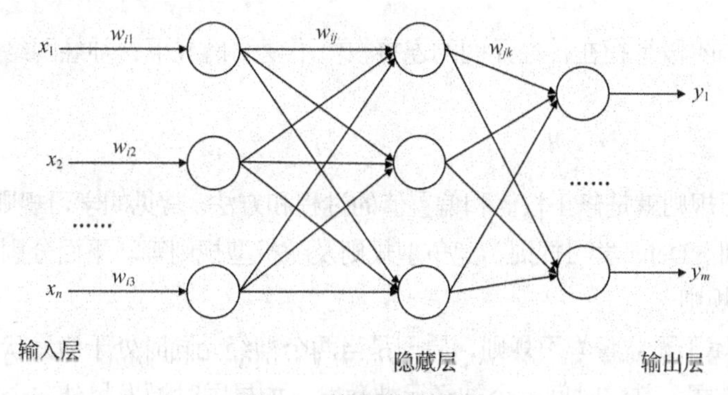

图 2-9　前馈型神经网络

（2）反馈型神经网络

反馈型神经网络的结构如图 2-10 所示，由结构图可知，反馈型神经网络与前馈型神经网络的结构大体一致，不同的是，反馈型神经网络在前馈型神经网络的基础上加入了输出到输入的反馈机制，将最后一层的神经元中自身的输出信号作为输入信号反馈给前层其他神经元。典型的反馈型神经网络是 Hopfield 神经网络。

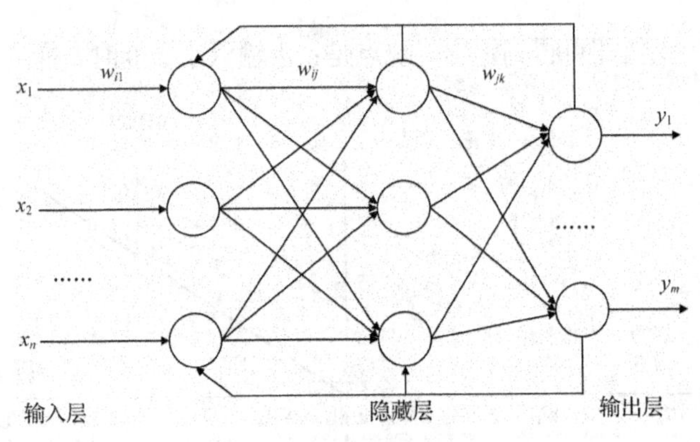

图 2-10　反馈型神经网络

（3）层内互连前向网络

层内互连前向网络是在前馈型神经网络的基础上，将层内神经元相互连接，通过限制层内可以同时被激活的神经元数量，或将层内神经元以分组的形式进行集体激活，从而实现同一层神经元之间横向兴奋或抑制的机制。

（4）互连网络

互连网络分为全互连和局部互连两种。全互连网络中，每个神经元都与其他神经元相连；局部互连网络中，有些神经元之间没有连接关系，互连是局部的。互连网络的特点是，能够对同等地位信息之间的强弱关系进行区分。

5. 神经网络工作方式

神经网络工作过程分为学习和工作两个阶段。

（1）学习阶段

神经网络的学习阶段是指通过使用学习算法来调整神经元间的连接权值，使得网络输出更符合实际需求的状态。

（2）工作阶段

神经网络的工作阶段是指在神经元间的连接权值不变的情况下，神经网络作为分类器、预测器等被使用。

6. 学习规则

神经网络的学习规则就是修正权值和偏置值的过程和方法。常见的学习规则主要有 Hebb 学习规则、误差修正型规则、Delta 学习规则、竞争型规则及随机型规则等。下面分别进行简要介绍。

（1）Hebb 学习规则

Hebb 学习规则属于无监督学习规则，原理是当两个神经元同时处于激发状态时两者间的连接值会被加强，否则被减弱。某一时间一个神经元被激发，如果同时激发另外一个神经元，则认为两个神经元之间存在着联系，联系被强化；反之，如果两个神经元总是不能同时被激发，则两个神经元之间的联系会越来越弱。

（2）误差修正型规则

误差修正型规则是一种有监督的学习规则，原理是根据实际输出与期望输出的误差，进行网络连接权值的修正，最终网络误差小于目标函数，达到预期效果。误差修正型规则主要包括：δ 学习规则、感知器学习规则、BP 学习规则和 Widrow-Hoff 学习规则等。

（3）Delta 学习规则

Delta 学习规则是一种简单的监督学习规则，原理是根据神经元的实际输出与期望输出差别来调整连接权值：若神经元实际输出比期望输出大，则减小所有输入为正的连接权重，增大所有输入为负的连接权重；反之，若神经元实际输出比期望输出小，则增大所有输入为正的连接权重，减小所有输入为负的连接权重。

（4）竞争型规则

竞争型规则是一种无监督学习算法，原理是网络中没有期望输出，仅根据一些现有的学习样本进行自组织学习，通过神经元之间相互竞争对外界刺激响应的权利，调整网络权值以适应输入的数据。

（5）随机型规则

随机型规则是一种有监督学习算法，原理是将随机、概率论及能量函数加入到学习的过程中，根据网络输出均方差的变化调整网络中的相关参数，最终达到网络目标函数收敛的目的。

2.6.3　BP 神经网络

1. 简介

BP（Back Propagation）神经网络由鲁姆哈特（Rumelhart）和麦克利兰（Mclelland）在 1986 年提出，是一种采用有监督学习方式的多层前向反馈网络。

BP 神经网络的优点是：理论基础较好，推导过程严谨，通用性较好。其缺点如下。

（1）算法收敛速度慢。

（2）对隐节点个数的选择没有理论上的指导。

（3）采用梯度最速下降法，训练过程中容易出现局部最优问题，因此得到的解不一定是全局最优解。

2. 基本原理

BP 神经网络包括信号的正向传播和误差的反向传播两个过程，从输入到输出的方向计算误差输出，从输出到输入的方向调整权值和阈值。正向传播过程：输入信号通过隐含层，经过非线性变换，作用于输出节点，产生输出信号，当实际输出与期望输出不相符时，转入误差的反向传播过程；反向传播过程：输出误差通过隐含层向输入层逐层反传，同时将误差传播到各层所有的单元，以各层的误差信号作为调整各单元权值的依据，通过调整隐层节点与输出节点的连接权值，以及阈值和输入节点与隐层节点的连接权值，使误差沿梯度方向下降。经过反复学习训练，直到对整个学习样本集的误差达到要求时，训练停止。

3. BP 神经网络实现步骤

BP 神经网络的主要思想是输入学习样本，使用反向传播对网络的权值和阈值进行反复的调整训练，使输出向量与期望向量尽可能相等或接近，当网络输出层的误差在指定范围内时训练完成。

具体步骤如下。

（1）选择一组学习样本，每一个样本由输入信息和期望的输出结果两部分组成。

（2）从学习样本集中取一样本，把输入信息输入到网络中。

（3）分别计算经神经元处理后的输出层各节点的输出。

（4）计算网络的实际输出和期望输出之间的误差，判断误差是否在指定范围内。如果在，则训练完成；不在，则执行步骤（5）。

（5）从输出层反向计算到第一个隐层，并按照能使误差向减小方向变化的原则，调整网络中各神经元的连接权值及阈值，执行步骤（4）。

2.6.4 RBF 神经网络

1. 简介

径向基函数（Radical Basis Function，RBF）神经网络是继 BP 神经网络之后发展起来的性能更优的一种典型的三层前馈神经网络，其特点是能够逼近任意的非线性函数，泛化能力较强，收敛速度快。目前，RBF 神经网络已成功应用于非线性函数逼近、时间序列分析、数据分类、图像处理、系统建模、控制和故障诊断等领域。

2. 基本原理

RBF 神经网络是由输入层、隐藏层和输出层组成，拓扑结构如图 2-11 所示。其中，隐藏层由隐单元构成，隐单元的个数可根据实际需求设定。隐藏层中的激活函数称为径向基函数，是一种通过局部分布的、对中心点径向对称衰减的非负非线性函数，常用的径向基函数是高斯函数，如公式（2-27）所示。

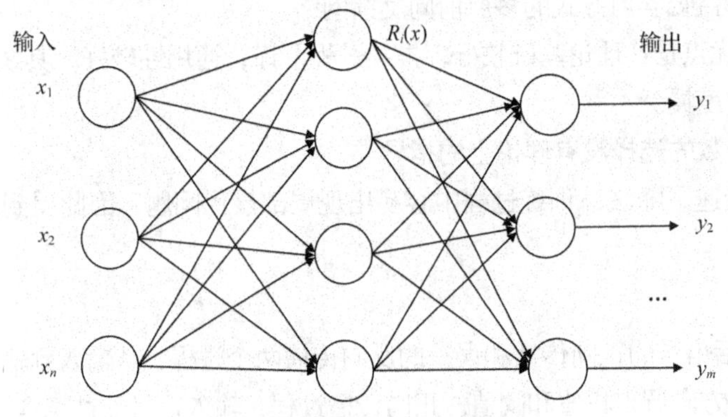

图 2-11 RBF 神经网络拓扑结构

$$\varphi_i(x)=\exp\left(-\frac{\|x-c_i\|^2}{2\sigma_i^2}\right),\quad i=1,\cdots,h \tag{2-27}$$

式中 $\varphi_i(x)$ 为隐藏层第 i 个单元的输出，x 是输入向量，c_i 是隐藏层第 i 个高斯单元的中心，σ_i 表示该基函数围绕中心点的宽度，范数 $\| x-c_i \|$ 表示向量 x 与中心 c_i 之间的距离。

RBF 网络的基本原理是：以径向基函数作为隐单元的基构成隐层空间。输入向量由输入层到隐藏层时，被直接映射到隐层空间；由隐藏层到输出层时，是简单的线性相加。

假设输入层节点数为 n，隐藏层和输出层节点的个数分别为 h 和 m。则网络的输出可表示为：

$$y_k=\sum_{i=1}^{h} w_{ki}\varphi_i(x),\quad k=1,\cdots,m \tag{2-28}$$

其中，y_k 为网络的输出，w_{ki} 是第 i 个隐藏层节点到输出层第 k 个节点的权值。

上式的矩阵形式为：

$$Y = W\Phi \tag{2-29}$$

其中：

$$\begin{aligned} &Y=[y_1, y_2, \cdots, y_m]^{\mathrm{T}} \\ &W=[w_1, w_2, \cdots, w_m]^{\mathrm{T}},\ w_k = [w_{k1}, w_{k2}, \cdots, w_{kh}]^{\mathrm{T}} \\ &\Phi = [\varphi_1(x), \varphi_2(x), \cdots, \varphi_h(x)]^{\mathrm{T}} \end{aligned} \tag{2-30}$$

RBF 神经网络是将原始的非线性不可分的向量空间变换到另一空间（通常是高维空间），将低维空间非线性不可分问题通过核函数映射到高维空间中，使其达到在高维空间线性可分的目的。因此，RBF 神经网络是一种强有力的核方法。

RBF 神经网络算法步骤如下。

（1）以 K-均值聚类方法，确定基函数中心 c_i（详见 2.2.3 节）。

（2）计算宽度 $\sigma_i = \frac{C_{\max}}{\sqrt{2u}}, i = 1,2,\cdots,u$（其中 $C_{\max}$ 为所选取中心之间的最大距离，u 为中心的个数）。

（3）计算隐藏层与输出层之间的权值 $w = \exp(\frac{u}{C_{\max}}\|x_p - c_i\|^2), p = 1,\cdots,P$（其中 P 为非中心样本个数）。

2.7 支持向量机

2.7.1 简介

支持向量机（Support Vector Machine，SVM）是建立在统计学习理论的 VC 维理论和结构风险最小原则基础上的机器学习方法，由万普尼克（Vapnik）等人于 1995 年首先提出。支持向量机在解决有限样本、非线性、高维的模式分类和回归估计等问题中表现出许多特有的优势，且不存在局部最优问题。作为一种有效的机器学习工具，支持向量机广泛地应用于各个领域。

2.7.2 基本原理

假设给定一个独立同分布的训练样本集 $\{(x_i, y_i), i = 1,2,\cdots,n\}$，其中 $x_i \in \mathbf{R}^d$, $y_i \in \{-1, 1\}$，该分类问题为二类分类。

下面针对训练集为线性和非线性两种情况，分别讨论支持向量机。

1. 线性支持向量机

本小节按线性可分和线性不可分两种情况讨论线性支持向量机。

（1）线性可分

线性可分是可以用一个超平面把训练集正确地分开，即两类点分别在超平面的两侧，没有错分点。

如果样本集可以被超平面 $f(x) = w \cdot x + b = 0$ 正确地分为两类，则称为线性可分，即

$$f(x_i) = \begin{cases} w \cdot x_i + b \geqslant 0 & 若 y_i = +1 \\ w \cdot x_i + b \leqslant 0 & 若 y_i = -1 \end{cases} \tag{2-31}$$

其中，i=1,…, n。

设超平面 $f(x)=w\cdot x+b=0$ 可以将两类样本分开，且使得所有的正样本（属于第一类的样本）满足 $w\cdot x_i+b\geqslant 1$，所有的负样本(属于第二类的样本)满足 $w\cdot x_i+b\leqslant -1$。令超平面 $f(x)=1$ 和 $f(x)=-1$ 距离为 2Δ，则称 Δ 为分类间隔。

如果同时满足分类间隔最大，则称对应的超平面为最优超平面。

分类间隔定义为两类样本的平行于最优分类超平面的边界面之间的距离的一半。显然，按定义，分类间隔为 $\Delta=1/\|w\|$，如图 2-12 所示。

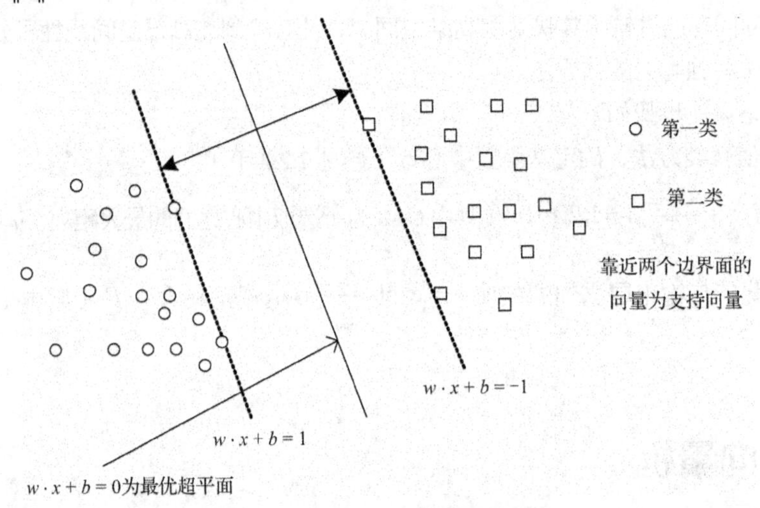

图 2-12 线性可分情形的最优超平面

根据统计学习理论可知，最优分类超平面最小化了结构风险，因而其泛化能力优于其他的分类超平面。

实际上，支持向量机算法的目的就是寻找这样的最优超平面。由此可以得到下面的决策函数：

$$f(x)=\operatorname{sgn}(w\cdot x+b) \tag{2-32}$$

其中，$\operatorname{sgn}(\cdot)$ 是符号函数。

线性可分支持向量机可以归结为下面的二次规划问题：

$$\min\frac{1}{2}\|w\|^2 \tag{2-33}$$

约束条件为不等式：

$$y_i(w\cdot \boldsymbol{x}_i+b)\geqslant 1,\quad i=1,2,\cdots,n \tag{2-34}$$

引入 Lagrange 乘子 α_i，得到对偶公式（2-35）。

$$L(w,b,\alpha)=\frac{1}{2}\|w\|^2-\sum_{i=1}^{n}\alpha_i[y_i(w\cdot x_i+b)-1] \tag{2-35}$$

其中，α_i 为 Lagrange 乘子。

对 Lagrange 函数求 w 和 b 极小值，得：

$$\begin{gathered}\sum_{i=1}^{n}\alpha_i y_i=0\\ \omega=\sum_{i=1}^{n}\alpha_i y_i x_i\\ \alpha_i\geqslant 0, i=1,\cdots,n\end{gathered} \tag{2-36}$$

将式（2-33）代入式（2-35），转换为其对偶形式得：

$$\max w(\alpha)=\sum_{i=1}^{n}\alpha_i-\frac{1}{2}\sum_{i,j=1}^{n}\alpha_i\alpha_j y_i y_j(x_i\cdot x_j) \tag{2-37}$$

约束条件为：

$$\begin{gathered}\alpha_i\geqslant 0 \qquad i=1,\cdots,n\\ \sum_{i=1}^{n}\alpha_i y_i=0\end{gathered} \tag{2-38}$$

（2）线性不可分

线性不可分指的是用超平面划分会产生很大的误差，这类分类问题称为线性不可分，如图 2-13 所示。

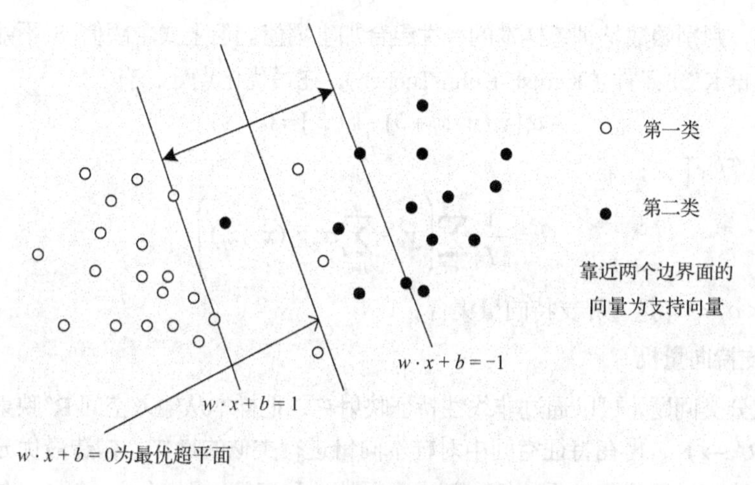

图 2-13　线性不可分情形的最优超平面

当训练集为线性不可分时，需要引入非负的松弛变量 ξ_i，将式（2-33）改为：

$$\min\frac{1}{2}\|w\|^2+C\sum_{i=1}^{n}\xi_i \tag{2-39}$$

约束条件为：

$$\begin{gathered}y_i(w\cdot \boldsymbol{x}_i+b)\geqslant 1-\xi_i\\ \xi_i\geqslant 0, i=1,2,\cdots,n\end{gathered} \tag{2-40}$$

式（2-39）中的第二项称为惩罚项，C 是常量，称为惩罚项因子，ξ_i 是松弛变量（松弛因子）。C 的值越大，表示对错误分类的惩罚就越大。

引入 Lagrange 乘子求解，可得到与线性可分情形类似的对偶形式，只是其约束条件不同，即

$$\min-\sum_{i=1}^{n}\alpha_i+\frac{1}{2}\sum_{i,j=1}^{n}\alpha_i\alpha_j y_i y_j(x_i\cdot x_j) \tag{2-41}$$

约束条件为：

$$\begin{gathered}0\leqslant\alpha_i\leqslant \mathrm{C}, i=1,\cdots,n\\ \sum_{i=1}^{n}\alpha_i y_i=0\end{gathered} \tag{2-42}$$

式中的 α_i 有下述 3 种可能的取值：

$$① \ \alpha_i=0; \tag{2-43}$$

$$② \ 0<\alpha_i<C; \tag{2-44}$$

$$③ \ \alpha_i=C。 \tag{2-45}$$

②和③两种取值所对应的 x_i 为支持向量（Support Vector，SV）。由上面的分析可知，只有支持向量对最优超平面及决策函数的确定才有作用。③中所对应的支持向量称为边界支持向量（Boundary Support Vector，BSV），而②中所对应的支持向量则称为标准支持向量（Normal Support Vector，NSV）。

对上述的二次规划问题求解，可得最优的 Lagrange 乘子 α_i，相应的线性支持向量机的判别函数为：

$$f(x)=\text{sgn}(w\cdot x+b)=\text{sgn}\left(\sum_{i=1}^{n}\alpha_i y_i(x_i\cdot x)+b\right) \tag{2-46}$$

由上式可知，判别函数是训练样本的线性组合加上阈值。但上式中阈值 b 不能在优化过程中求得。其计算可根据 KKT 条件（Karush-Kuhn-Tucher），在最优化点处，有

$$\alpha_i[y_i(w\cdot x_i+b)-1+\xi_i]=0 \tag{2-47}$$

参数 b 的计算如下式：

$$b=\frac{1}{|I|}\sum_{i\in I}\left(y_i-\sum_{j=1}^{n}\alpha_j y_j(x_j\cdot x_i)\right) \tag{2-48}$$

其中，$I=\{i\,|\,0<\alpha_i<C\}$ 是边界支持向量集合。

2. 非线性支持向量机

针对非线性分类问题，可以通过非线性特征映射 φ，把样本从输入空间 $\mathbf{R}^d$ 映射到某个高维的特征空间 $\mathbf{F}$ 即 $\varphi:\mathbf{R}^d\to\mathbf{F}$，再在特征空间中对样本向量进行类似的操作，构造最优分类超平面。支持向量机的训练与决策过程只依赖于特征空间中向量的内积运算，即 $\varphi(x_i)\cdot\varphi(x_j)$。如果存在一个核函数，使得下式成立：

$$K(x_i,x_j)=\varphi(x_i)\cdot\varphi(x_j) \tag{2-49}$$

则只需在训练和决策过程中，利用核函数代替样本向量的内积，而不必知道映射 φ 的具体表达式。

把核函数 K 代入原规划和对偶问题的表达式中，即可以求得非线性的支持向量机，其相应的目标函数为：

$$\min\ \ \frac{1}{2}\|w\|^2+C\sum_{i=1}^{n}\xi_i \tag{2-50}$$

$$\begin{aligned} s.t.\quad & y_i\left(w^{\mathrm{T}}\varphi(x_i)+b\right)\geqslant 1-\xi_i \\ & \xi_i\geqslant 0, i=1,2,\cdots,n \end{aligned} \tag{2-51}$$

其对偶形式为：

$$\min\ \ -\sum_{i=1}^{n}\alpha_i+\frac{1}{2}\sum_{i,j=1}^{n}\alpha_i\alpha_j y_i y_j K(x_i,x_j) \tag{2-52}$$

$$\begin{aligned} s.t.\quad & \sum_{i=1}^{n}\alpha_i y_i=0 \\ & 0\leqslant\alpha_i\leqslant C, i=1,\cdots,n \end{aligned} \tag{2-53}$$

令 $Q=(Q_{ij})=y_i y_j K(x_i,x_j)$，则可以将其表示为矩阵的形式：

$$\min \frac{1}{2}\alpha^{\mathrm{T}}Q\alpha - e^{\mathrm{T}}\alpha \tag{2-54}$$

$$s.t. \quad 0 \leqslant \alpha_i \leqslant \mathrm{C}, i = 1,2,\cdots,n$$

$$y^{\mathrm{T}}\alpha = 0 \tag{2-55}$$

其中，e 是分量为 1 的 n 维向量，α 是由对应于 (x_i, y_i) 的 n 个分量 α_i 构成的向量。

则相应的分类函数为：

$$f(x) = \operatorname{sgn}\left(\sum_{i=1}^{n}\alpha_i y_i K(x_i, x) + b\right) \tag{2-56}$$

3. 支持向量机变形

随着对支持向量机的深入研究，许多具有一定优势的变形 SVM 算法被提出。目前，SVM 的变形算法的种类较多，主要是通过增加一个函数项、变量或系数等办法来改进 SVM 算法。下面主要分析和讨论最小二乘支持向量机、简约支持向量机和一类支持向量机等几种变形。

（1）最小二乘支持向量机

最小二乘支持向量机（Least Squares Support Vector Machine，LS-SVM）由索肯（Suyken）等人提出，目的是避免 SVM 中的二次规划的求解问题，提高 SVM 的训练速度。其采用二次损失函数代替了 SVM 中的不敏感损失函数，使得二次优化问题变为相应的线性方程求解，变不等式约束为等式约束，简化了计算复杂性。

（2）简约支持向量机

简约支持向量机（Reduced Support Vector Machine，RSVM）是一种有效地处理大量数据或具有较多支持向量的数据集的分类器，是 2001 年提出的。其主要目的是通过限制支持向量的数目来求解支持向量机。

RSVM 的主要思想是将二次优化过程中的矩阵 Q 的维数从 $n\times n$ 减少到 $n\times m$，m 是支持向量的数目，m 远小于 n，是从训练数据中任意选择的。RSVM 与标准的 SVM 相比较，其分类精度相同或略低，但是当训练数据数目很大时，RSVM 在训练速度和时间上具有一定的优势。

（3）一类支持向量机

一类支持向量机（One-class SVM）又称单类支持向量机，主要是用来解决异常点的检测问题，即主要解决的问题不是类的划分，而是检测出奇异的非正常样本点。其有两种方法，一是通过构造与原点分离的超平面来实现，二是采用超球面代替超平面来划分样本。超球面是指在特征空间中寻找的一个球面，它尽可能多地包含样本点的最小球面。

2.7.3 特点与应用

1. 特点

与神经网络的学习方法相比，支持向量机具有以下特点。

（1）支持向量机基于结构风险最小化原则，具有良好的泛化能力。

（2）引入核函数，可将输入空间的非线性问题映射到高维特征空间中，在高维空间中构造线性函数解决问题。

（3）支持向量机算法最终可转化为凸优化问题求解，避免了神经网络中的局部最优化问题，可得到算法的全局最优解。

（4）支持向量机有严格的理论支撑及数学基础，主要针对在小样本的情况下，基于有限样本信息得到最优解。

2. 应用

随着对支持向量机研究的不断深入，基于支持向量机的模型及方法被广泛运用到各领域中。模式识别方面主要有：人脸识别、字符识别、图像识别、文本分类、邮件分类，以及图像检索等。回归预测方面主要有：非线性系统估计、建模与控制和农业病虫害的预测预报等。

LIBSVM是林智仁等开发设计的一个简单、易于使用和快速有效的SVM模式识别与回归的软件包，它不但提供了编译好的可在Windows系列系统的执行文件，还提供了源代码，方便改进、修改，以及在其他操作系统上应用。

2.8 隐马尔科夫模型

隐马尔科夫模型（Hidden Markov Model，HMM）是一种较为常见的树状有向图模型，其实质是用离散随机变量描述动态过程状态的时序概率模型。

隐马尔科夫模型中存在两种变量，一种是隐变量，一种是可观测变量。隐变量通常是隐藏的，不可被观测的；而可观测变量是可以直接观察到的，可观测变量由隐变量产生，如图2-14所示。

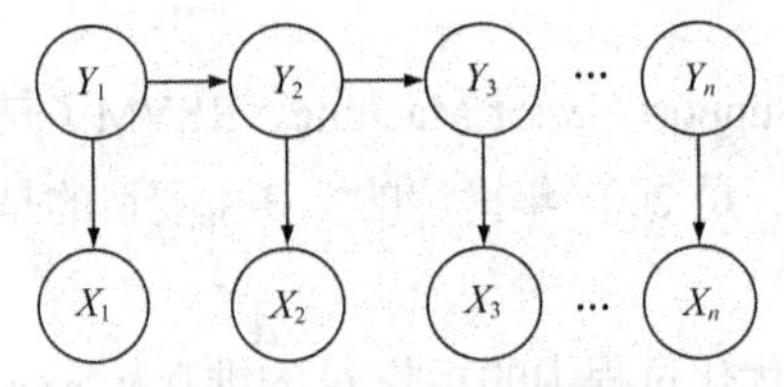

图2-14 隐变量和可观测变量

$\{Y_1,Y_2,\cdots,Y_n\}(Y_i\in \boldsymbol{S})$为隐变量，表示第$i$个时刻系统的状态，$\{X_1,X_2,\cdots,X_n\}(X_i\in \boldsymbol{O})$为可观测序列，表示第$i$时刻系统的观察值，每一个$Y_i$对应产生一个$X_i$。系统通常在样本空间$\boldsymbol{S}\{s_1,s_2,\cdots,s_n\}$之间转换，$\boldsymbol{S}$为一个有$n$个值的离散空间；多个观测序列按照时间序列可构成$\boldsymbol{O}\{o_1,o_2,\cdots,o_m\}$，可观察值可以为离散型，也可以为连续型。

如果想完整地描述一个隐马尔科夫模型，还需要介绍以下3组参数：状态转移概率、输出观测概率、初始状态概率。

① 状态转移概率$P(Y_t\mid Y_{t-1})$：系统中各个状态之间转化的概率，用矩阵$\boldsymbol{A}$表示，根据实际应用，$\boldsymbol{A}$为一个n阶方阵，即$\boldsymbol{A}=(a_{ij})_{n\times n}$。其中，$a_{ij}$表示在时刻$t-1$时，状态为$s_i$，$t$时刻时状态为$s_j$的概率，即：$a_{ij}=P(Y_t=s_j\mid Y_{t-1}=s_i)$。

② 输出观测概率$P(X_t\mid Y_t)$：系统中当前状态下每个观测值的概率，用矩阵$\boldsymbol{B}$表示，$\boldsymbol{B}$是一个$m\times n$的矩阵，即$\boldsymbol{B}=\left(b_{ij}\right)_{m\times n}$。其中，$b_{ij}$表示在时刻$t$下，状态为$s_i$时，观测值为$o_j$的概率，$b_{ij}=P(X_t=o_j\mid Y_t=s_i)$。

③ 初始状态概率：系统在初始时刻，各个状态出现的概率，通常用π表示。

因此，一个隐马尔科夫模型通常由5个要素描述，其中包括两个变量和3组参数。两个变量是隐变量和可观测变量；3 组参数是状态转移概率、输出观测概率、初始状态概率。但实际应用时，通常用 $\lambda=\{\boldsymbol{A},\boldsymbol{B},\pi\}$ 描述隐马尔科夫模型。

在介绍利用隐马尔科夫模型产生观测序列之前，首先介绍隐马尔科夫模型使用的 3 个假设。

假设 1：马尔科夫假设：由状态构成一阶马尔科夫链；

假设 2：不动性假设：状态与具体时间无关；

假设 3：输出独立性假设：输出仅与当前状态有关。

若给定一个隐马尔科夫模型 $\lambda=\{\boldsymbol{A},\boldsymbol{B},\pi\}$，通常根据以下步骤产生观测序列：

① t=1 时刻，根据初始状态概率 π 选择初始状态 y_1；

② x_i 的取值由 y_i 和输出观测概率 $\boldsymbol{B}$ 共同确定；

③ y_{i+1} 的取值由 y_i 和状态转换概率 $\boldsymbol{A}$ 共同确定；

④ 在 $y<n$，t 自动加 1，继续执行步骤②，$y\geqslant n$ 时，结束。

以掷硬币为例来说明一个隐马尔科夫模型：

现有 3 枚硬币 $\{A_1,A_2,A_3\}$，设硬币正面为 H，反面为 T。

① t=1 时刻，从 3 枚硬币中任取一枚，每枚硬币被取到的概率均为 1/3，因此初始状态概率 $\pi=\{1/3，1/3，1/3\}$。

② 已知：抛硬币 A_1 时，结果为正面的概率为 0.5，反面的概率为 0.5；

抛硬币 A_2 时，结果为正面的概率为 0.4，反面的概率为 0.6；

抛硬币 A_3 时，结果为正面的概率为 0.7，反面的概率为 0.3；

因此输出观测概率 $\boldsymbol{B}$ 可表示为表 2-1。

表 2-1　输出观测概率 $\boldsymbol{B}$

	硬币 A_1	硬币 A_2	硬币 A_3
正面概率	0.5	0.4	0.7
反面概率	0.5	0.6	0.3

用矩阵表示为：

$$\boldsymbol{B}=\begin{pmatrix}0.5 & 0.4 & 0.7\\0.5 & 0.6 & 0.3\end{pmatrix}$$

③ 任意时刻，3 枚硬币之间的转化概率如图 2-15 所示。

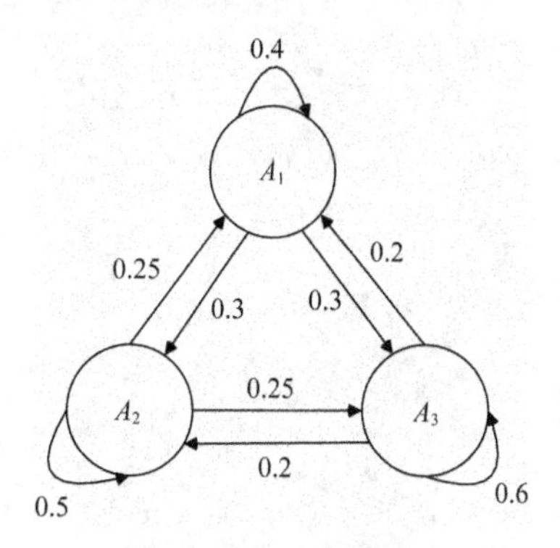

图 2-15　转化概率图

可以得出状态转移概率 $\boldsymbol{A}$ 如表 2-2 所示。

表 2–2　状态转移概率 A

	A_1	A_2	A_3
A_1	0.4	0.3	0.3
A_2	0.25	0.5	0.25
A_3	0.2	0.2	0.6

矩阵表示为：

$$\boldsymbol{A}=\begin{pmatrix} 0.4 & 0.3 & 0.3 \\ 0.25 & 0.5 & 0.25 \\ 0.2 & 0.2 & 0.6 \end{pmatrix}$$

④ 根据隐马尔科夫模型产生观测序列的过程得到一个观测序列 $\boldsymbol{O}\{o_1,o_2,\cdots,o_t\}$。

综上所述，$\{\boldsymbol{A},\boldsymbol{B},\pi\}$ 以及隐变量 $\{A_1,A_2,A_3\}$ 和观测序列 $\boldsymbol{O}\{o_1,o_2,\cdots,o_t\}$ 构成了一个完整的隐马尔科夫模型的描述。

03 第3章　深度学习理论与方法

深度学习的概念源于人工神经网络的研究。含多隐层的多层感知器就是一种深度学习结构。深度学习通过组合低层特征形成更加抽象的高层表示属性类别或特征，以发现数据的分布式特征表示。本章主要介绍深度学习的基本概念、常见模型、应用场景和发展趋势。

3.1　简介

深度学习是机器学习领域一个新的研究方向，近年来在语音识别、计算机视觉等多类应用中取得突破性的进展。深度学习的最终目标是让机器能够像人一样具有分析学习能力，高效地识别文字、图像和声音等数据。以图像数据为例，灵长类的视觉系统中对这类信号的处理依次为：首先检测边缘、初始形状，然后再逐步形成更复杂的视觉形状。同样地，深度学习通过组合低层特征，形成更加抽象的高层特征和属性类别，给出数据的分层特征表示。

深度学习之所以被称为“深度”，是相对支持向量机、决策树、随机森林等浅层学习算法而言的，深度学习所学得的模型中，非线性操作的层级数更多。浅层学习依靠人工经验抽取样本特征，网络模型学习后获得的是没有层次结构的单层特征；而深度学习通过对原始信号进行逐层特征变换，将样本在原空间的特征表示变换到新的特征空间，自动地学习得到层次化的特征表示，从而更有利于分类或特征的可视化。深度学习与浅层学习相比具有较多优点，深度学习能够实现自动学习，避免了繁杂的特征提取，能够更好地表达复杂函数，其具有仿生学的理论基础，善于挖掘深层特征等。

深度学习的发展大致分为萌芽期、发展期和爆发期 3 个阶段。

1970—2006 年是萌芽期。BP 算法的出现使得神经网络的训练变得简单可行，但由于当时存在着一系列阻碍因素，如数据匮乏、运算力不足、缺乏解释性等原因，使得深度学习被计算机视觉和学术界所抛弃，只有少数科学家仍坚持研究。

2006—2012 年是发展期。深度学习的概念最早由多伦多大学的辛顿（G. E. Hinton）于 2012 年在顶级学术刊物《科学》（*Science*）进行完善和改进的，他指出深度学习是指样本数据通过一定的训练方法得到包含多个层级的深度网络结构的机器学习过程。之后，与“深度学习”相关的课题才开始受到学术圈和社会各界的广泛关注。随着辛顿论文的发表，以本希奥（Bengio）、辛顿为代表的大量研究人员也开始对深度学习进行了广泛且深入的研究，提高了对深度学习的理解和对其应用的掌握。例如，本希奥和兰扎托（Ranzato）等人提出用无监督学习初始化每一层神经网络的想法；埃尔汗（Erhan）等人尝试理解无监督学习对深度学习过程起帮助作用的原因；格洛罗（Glorot）等人研究深度结构神经网络的训练过程失败的原因。

2012 年至今是爆发期。深度学习在各行各业蓬勃发展，充分展示了自己强大的能力。2012 年亚历克斯（Alex）在 ImageNet 图像识别竞赛中获得冠军，促进了深度学习在图像识别领域中的应用。同年百度上线了第一款基于 DNN 的语音搜索系统，成为最早采用 DNN 技术进行商业语音服务的公司之一。2012 年 6 月谷歌的谷歌大脑（GoogleBrain）项目用 16000 个 CPU 核（CPU Core）并行训练了“深度神经网络”，该模型在语音识别和图像识别等领域获得了巨大的成功。2013 年 1 月百度创始人兼 CEO 李彦宏宣布成立深度学习研究机构（Institute of Deep Learning，IDL）。

3.2 常见模型

深度神经网络以数据传输方向为标准，大体可分为以下 3 类。

① 前馈深度网络（Feed-Forward Deep Networks，FFDN）：由多个编码器层叠加而成，如多层感知机（Multi-Layer Perceptrons，MLP）、卷积神经网络（Convolutional Neural Networks，CNN）等。

② 反馈深度网络（Feed-Back Deep Networks，FBDN）：由多个解码器层叠加而成，如反卷积网络（Deconvolutional Networks，DN）、层次稀疏编码网络（Hierarchical Sparse Coding，HSC）等。

③ 双向深度网络（Bi-Directional Deep Networks，BDDN）：通过叠加多个编码器层和解码器层构成（每层既可以包括单独的编码过程或解码过程，也可以同时包含编码过程和解码过程），如深度玻尔兹曼机（Deep Boltzmann Machines，DBM）、深度信念网络（Deep Belief Networks，DBN）、栈式自编码器（Stacked Auto-Encoders，SAE）等。

它们的关系如图 3-1 所示。

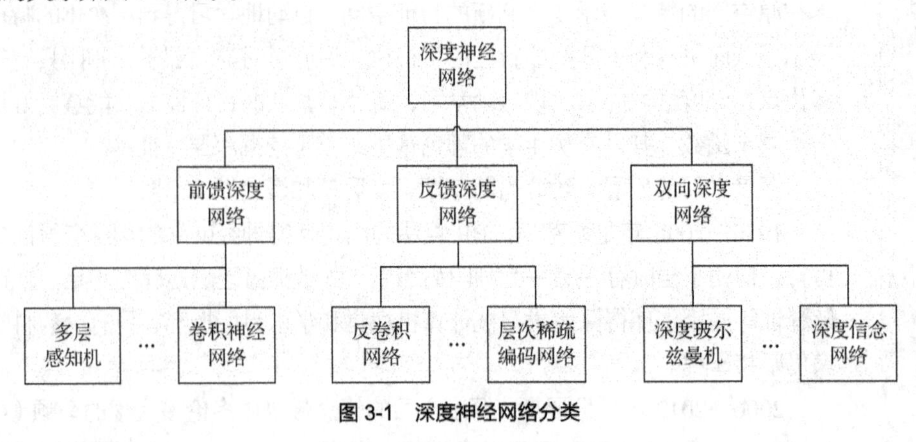

图 3-1　深度神经网络分类

下面详细介绍几种目前较为常用的深度学习模型。

3.2.1　卷积神经网络

卷积神经网络是最早的人工神经网络模型之一，属于前馈神经网络的一种。卷积神经网络中，信息只沿一个方向流动，从输入单元通过一个或多个隐藏层到达输出单元，在网络中没有封闭环路，直接采用原始信号作为输入，避免了传统识别算法中复杂的特征提取和图像重建过程。卷积神经网络通过 3 种设计理念改进机器学习系统，分别是局部感受野、权值共享和下采样。局部感受野方法获取的观测特征与平移、缩放和旋转无关；权值共享减少了参数数量，进而降低了网络模型的复杂度，在输入特征图是高分辨率图像时较为明显；下采样利用图像局部相关性的原理对特征图进行子抽样，在保留有用结构信息的同时有效地减少数据处理量。

卷积神经网络的基本结构由输入层、卷积层、池化层、全连接层及输出层构成。通常，若干卷积层和池化层相互叠加，即一个卷积层连接一个池化层，池化层后再连接一个卷积层，以此类推。在卷积层中输出特征映射的每个神经元与上一层的特征映射进行局部连接，先对输入信号进行加权求和，再加上偏置值，得到该神经元的输入值，该过程等同于卷积过程，CNN 也由此而得名。卷积神经网络的结构如图 3-2 所示。

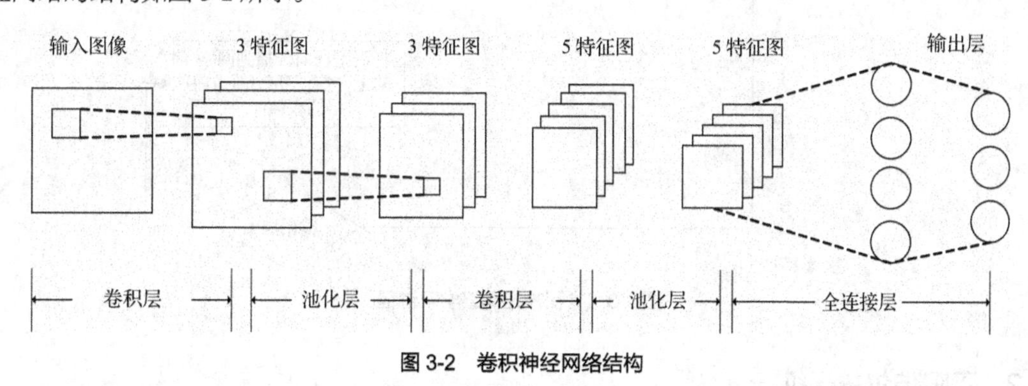

图 3-2　卷积神经网络结构

（1）卷积层

卷积层中，对输入样本进行卷积操作提取不同的特征。浅层卷积层提取如边缘、线条、角度等低级特征，更高层的卷积层提取更高级的特征。卷积层是一个权值矩阵，由多个特征面组成。每个特征面由多个神经元组成，神经元与其输入层的特征面进行局部连接，然后把局部加权和传递给一个激活函数，就可以获取卷积层中每个神经元的输出值。在卷积层中，同一特征映射的权值共享。

（2）下采样层

下采样阶段，对每个特征图进行独立操作，通常是平均池化（Average Pooling）或者最大池化（Max Pooling）。平均池化是根据定义的邻域窗口，计算并输出特定范围内像素的平均值；最大池化是根据定义的邻域窗口，计算并输出特定范围内像素的最大值。经过池化操作后，输出特征图的特征减少，参数减少，但仍能保持特征所包含的信息量。

（3）全连接层

在多个卷积层和池化层后，连接着 1 个或多个全连接层。与 MLP 类似，全连接层中的每个神经元与其前一层的所有神经元进行全连接。全连接层可以整合卷积层或者池化层中具有类别区分性的局部信息。为提升 CNN 网络性能，全连接层每个神经元的激励函数一般采用 ReLU 函数。最后一层全连接层的输出值被传递给一个输出层，通常采用 Softmax 逻辑回归进行分类，该层可称为 Softmax

层。对于一个具体的分类任务，选择一个合适的损失函数是十分重要的。

在训练卷积神经网络时，最常用的方法是采用反向传播法则及有监督的训练方式，算法流程如图 3-3 所示。网络中信号是前向传播的，即从输入特征向输出特征的方向传播，第 1 层的输入 X，经过多个卷积神经网络层，变成最后一层输出的特征图 O。将输出特征图 O 与期望的标签 T 进行比较，生成误差项 E。通过遍历网络的反向路径，将误差逐层传递到每个节点，根据权值更新公式更新相应的卷积核权值 W_{ij}。在训练过程中，网络中权值的初值既可随机初始化，也可通过无监督的方式进行预训练，网络误差随迭代次数的增加而减少。

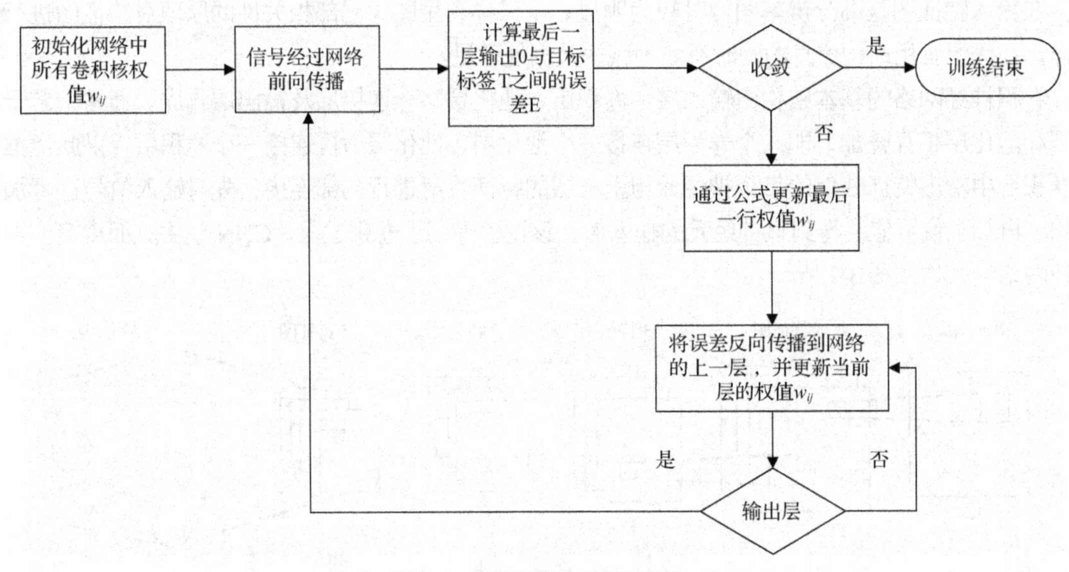

图 3-3　卷积神经网络学习过程

3.2.2　受限玻尔兹曼机

玻尔兹曼机（Boltzmann Machine，BM）是辛顿（Hinton）等人提出的一种神经网络模型，其理论基础是统计物理学。BM 基于能量函数建立模型，并且所构建的模型及其学习算法均具备完整的物理解释，以及严密的数理统计思想。BM 的局限性在于，其可视层和隐藏层的节点全连接并且层内节点也是全连接，模型参数较多，因此其学习算法非常复杂。BM 的每个节点只有两个取值：0 或者 1，当节点值为 0 时，表示该节点断开，当节点值为 1 时，表示该节点处于接通状态。

由于 BM 的局限性，斯莫伦斯基（Smolensky）通过使用受限的拓扑结构来简化 BM 的学习过程，进而提出受限玻尔兹曼机（Restricted Boltzmann Machine，RBM）。RBM 仅由一个可视层和一个隐藏层组成，并且不同层之间的节点采用全连接，而同一层内的节点之间无连接。可视层及隐藏层节点的取值与 BM 相同，都是只有 0、1 两种取值。相比于 BM，RBM 模型的结构更加简单，从而推理更加容易，RBM 模型的结构如图 3-4 所示。

假设 RBM 模型的可视层有 n 个节点，隐藏层有 m 个节点，v_i,h_j（$v_i,h_j \in \{0,1\}$）分别表示可视层第 i 个节点、隐藏层第 j 个节点的状态值，则能量函数 E 定义的状态 (V,H) 的分布为：

$$E(V,H\mid\theta)=-\sum_{i=1}^{n}\sum_{j=1}^{m}v_iW_{ij}h_j-\sum_{i=1}^{n}a_iv_i-\sum_{j=1}^{m}b_jh_j \tag{3-1}$$

其中，$\theta=\{W_{ij},a_i,b_j\}$ 是该模型参数的集合，W_{ij} 是可视层第 i 个节点与隐藏层第 j 个节点的连接权值，

a_i , b_j 分别表示可视层、隐藏层的偏置值。

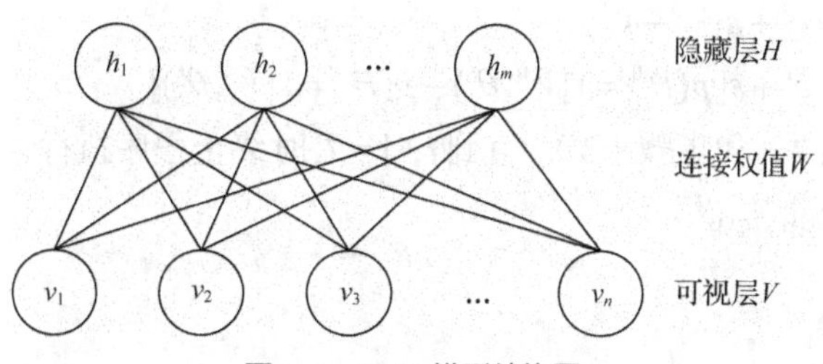

图 3-4　RBM 模型结构图

在给定可视层节点的取值的情况下，隐藏层的各个节点是条件独立的，可以通过公式（3-1）得到隐藏层各节点的值；当隐藏层各节点的取值确定时，根据 RBM 模型的对称性，可视层各个节点之间也是条件独立的，此时可以通过公式（3-2）得到可视层各个节点的值。

$$p(h_j=1\mid V,\theta)=\frac{1}{1+\exp(-\sum_{i=1}^{n}v_iW_{ij}-b_j)} \tag{3-2}$$

$$p(v_i=1\mid H,\theta)=\frac{1}{1+\exp(-\sum_{j=1}^{m}W_{ij}h_j-a_i)} \tag{3-3}$$

由公式（3-2）和公式（3-3）可以得到可见层 V 和隐藏层 H 的联合概率分布：

$$p(V,H\mid\theta)=\frac{\exp(-E(V,H\mid\theta))}{Z(\theta)} \tag{3-4}$$

其中，$Z(\theta)=\sum_{V,H}\exp(-E(V,H\mid\theta))$ 是归一化因子。

RBM 模型的最终目的就是找到合适的参数，使得 $p(V,H\mid\theta)$ 的取值达到最大。马尔科夫链蒙特卡罗法（Markov Chain Monte Carlo，MCMC）是求解 RBM 模型中参数集 θ 的传统方法，MCMC 通过进行吉布斯采样，即将可见层和隐藏层互相作为条件，不断对状态进行更新，直到可见层和隐藏层都逐渐趋于平稳，此时 $p(V,H\mid\theta)$ 的值达到最大。但是 MCMC 方法是一种极其费时的方法，并且它的收敛速度无法保证。

2002 年，辛顿（Hinton）提出了对比散度（Contrastive Divergence，CD）准则，该方法能够加快 RBM 模型收敛的速度，并且能够保证计算的准确性。CD 算法仅需要进行一次吉布斯采样，通过采样得到隐藏层节点的近似值，然后使用该数值以及公式（3-2）对可见层的节点状态进行重构，使用重构的可见层再得到新的隐藏层，使用隐藏层的误差对参数集进行调整。使用 CD 准则训练 RBM 模型的具体步骤如下。

（1）首先确定 RBM 模型隐藏层的节点个数 m ，以及学习率 ε 和最大迭代次数 T_1 ，并且对 RBM 的网络参数集 $\theta^0=\{W^0,a^0,b^0\}$ 进行初始化。

（2）进行吉布斯采样。令可见层的状态向量 V^0 的值为输入数据的值，利用公式（3-1）得到隐藏层各节点的状态 H^0 ；再分别使用公式（3-2）及公式（3-3）计算出重构的可见层和隐藏层的状态 V^1 和 H^1 。

（3）参数更新。根据步骤（2）中的输入层及隐藏层的状态 V^0 ，H^0 及重构的状态 V^1 ，H^1 ，利用公式（3-5）对当前的参数集 θ^t 进行更新，其中 t 表示当前的迭代次数，从而得到 $t+1$ 时刻的参数集 θ^{t+1} 。

$$
\begin{aligned}
W^{t+1} &= W^{t} + \varepsilon[p(H^{0}=1|V^{0},\theta^{t})(V^{0})^{\mathrm{T}} - p(H^{1}=1|V^{1},\theta^{t})(V^{1})^{\mathrm{T}}] \\
a^{t+1} &= a^{t} + \varepsilon(V^{0}-V^{1}) \\
b^{t+1} &= b^{t} + \varepsilon[p(H^{0}=1|V^{0},\theta^{t}) - p(H^{1}=1|V^{1},\theta^{t})]
\end{aligned} \tag{3-5}
$$

（4）迭代执行步骤（2）和步骤（3），直到 $t+1=T_1$ 时终止程序执行，此时的参数集 θ^{T_1} 就是该RBM网络中各参数的最优取值。

3.2.3 深度信念网络

深度信念网络由辛顿（Hinton）在2006年提出，是由多个RBM层和一层BP神经网络构成的一种深度网络模型，结构如图3-5所示。与单隐层的神经网络相比，DBN通过逐层预训练对网络参数的初值进行优化，避免了由于随机初始化参数而导致的陷入局部最优值的风险。使用多个隐藏层的网络模型能够对输入特征进行多次特征变换，得到更有效的特征。但是直接对多层神经网络进行训练，模型复杂度高，收敛困难，而逐层预训练避免了对多层神经网络直接进行训练所带来的高复杂度的问题。

深度信念网络的训练主要包括无监督逐层预训练及有监督微调两部分，其具体的训练步骤如下。

1. 无监督逐层预训练

（1）将输入数据 v^0 赋值给输入层 V^0，使用CD算法对由输入层 V^0 与第一个隐藏层 H^1 构成的模型RBM1进行训练。训练完成后，RBM1内的参数达到最优。

（2）通过训练好的RBM1得到隐藏层 H^1 的值，将 H^1 看作输入层信息，与第二个隐藏层 H^2 构成RBM2，使用与步骤（1）相同的方法进行RBM2的训练，使得RBM2网络的参数达到最优。

（3）按照步骤（1）和步骤（2），对所有的RBM模型分别进行训练。

2. 有监督微调

将训练好的 l 个RBM模型与顶层的BP网络构成一个多层的BP网络，使用BP算法对该网络进行训练，微调各层的参数，进一步优化该网络的所有参数，如图3-5所示。

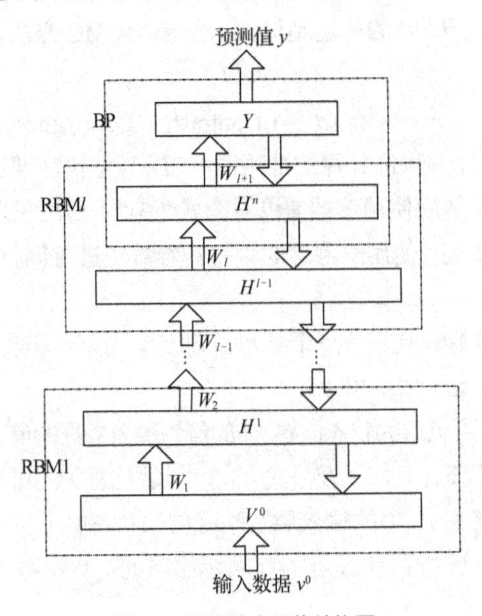

图3-5 深度信念网络结构图

3.2.4　自动编码器

自动编码器（Auto Encoder，AE）是鲁梅尔哈特（Rumelhart）于 1986 年首次提出的一种无监督学习模型，也是深度学习常用的构造模块之一，其结构如图 3-6 所示。AE 的目标是对原输入进行特征学习，并且使得学习得到的新特征能重构出原输入信息。因此 AE 的输出信息即输入信息。AE 的学习过程分为两部分：编码过程和解码过程。

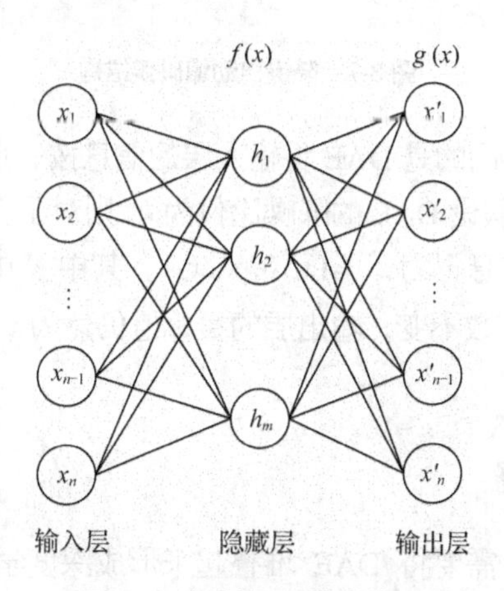

图 3-6　自动编码器的结构图

假设自动编码器的输入层有 n 个节点，隐藏层有 m 个节点，隐藏层激活函数为 $f(x)$，输出层的激活函数为 $g(x)$，那么对于输入样本 $x=(x_1,x_2,\cdots,x_n)$，其第 i 个隐藏节点 h_i 的值为：

$$h_i = f(w_i x + b_i) = f(\sum_{j=1}^{n} w_{ij} x_j + b_i) \tag{3-6}$$

其中，w_i 是输入层与隐藏层的连接权值，b_i 是隐藏层的偏置值。通过式（3-6）可得到原输入的一种新的表达 $h=(h_1,h_2,\cdots,h_m)$。从 x 到 h 的过程即为编码的过程，该过程实现了从输入层到隐藏层的特征变换。

将输出层的输出信息记为 $x'=(x'_1,x'_2,\cdots,x'_n)$，则第 i 个输出节点的值为：

$$x'_j = g(w'_j h + b'_j) = g(\sum_{k=1}^{m} w'_{jk} h_k + b'_j) \tag{3-7}$$

其中，w'_j 表示隐藏层到输出层的连接权值，b'_j 表示输出层的偏置值。从 h 到 x' 的过程为解码过程。自动编码器的目标是实现输入信息的重构，因此要寻找最优的参数 $\theta=\{w,b,w',b'\}$，使得 x 与 x' 的误差要尽量小，即最小化 $L(x,x')=\sum_{i=1}^{n}(x_i - x'_i)^2$。

3.2.5　降噪自动编码器

AE 通过无监督学习实现对原始输入的特征变换，但现实世界中的很多信息都存在一定的噪声，为了能够从带有噪声的信息中学习到真实的信息。2008 年，文森特（Vincent）在 AE 的基础上引入噪声信息，提出了降噪自动编码器（Denoising AutoEncoder，DAE），其结构如图 3-7 所示。

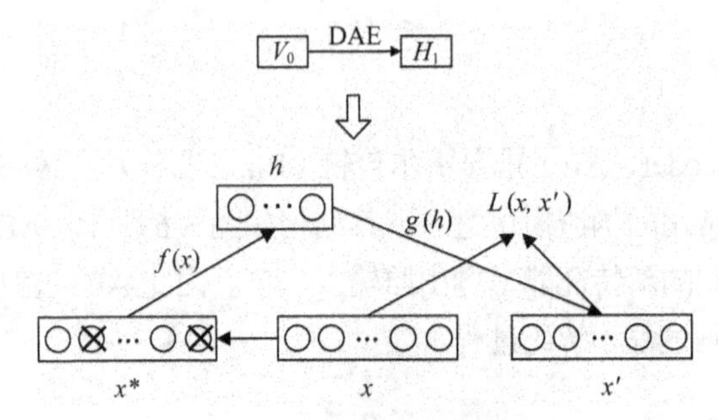

图 3-7　降噪自动编码器结构

DAE 的原理与 AE 类似，不同的是 DAE 将输入层的信息按一定的比例随机设置为 0，利用降噪后的输入层信息进行编码过程。假设 DAE 的降噪比例为 k，则对于上述的输入样本 $x=(x_1,x_2,\cdots,x_n)$，将其进行降噪，得到新的输入信息记为 $x^*=(x_1,0,\cdots,x_n)$，其中 x^* 中有 nk 个数据为 0。使用 x^*代替 AE 的输入信息 x，AE 的其他参数不变，输出层的目标值仍然为 x'，按照 AE 的训练过程进行模型的训练即可。

3.2.6　堆叠降噪自动编码器

为学习到更加复杂的特征，需要将 DAE 堆叠起来形成深度学习模型，即堆叠降噪自动编码器（Stacked Denoising AutoEncoder，SDAE）。SDAE 是一种典型的深度学习模型，其结构如图 3-8 所示。SDAE 顶层可以加入分类器或回归器，从而实现有监督学习任务，其训练过程包括两部分：无监督逐层预训练和有监督微调。SDAE 是以学习到更加复杂的特征为目的，将 DAE 堆叠形成的一种典型的深度学习模型。

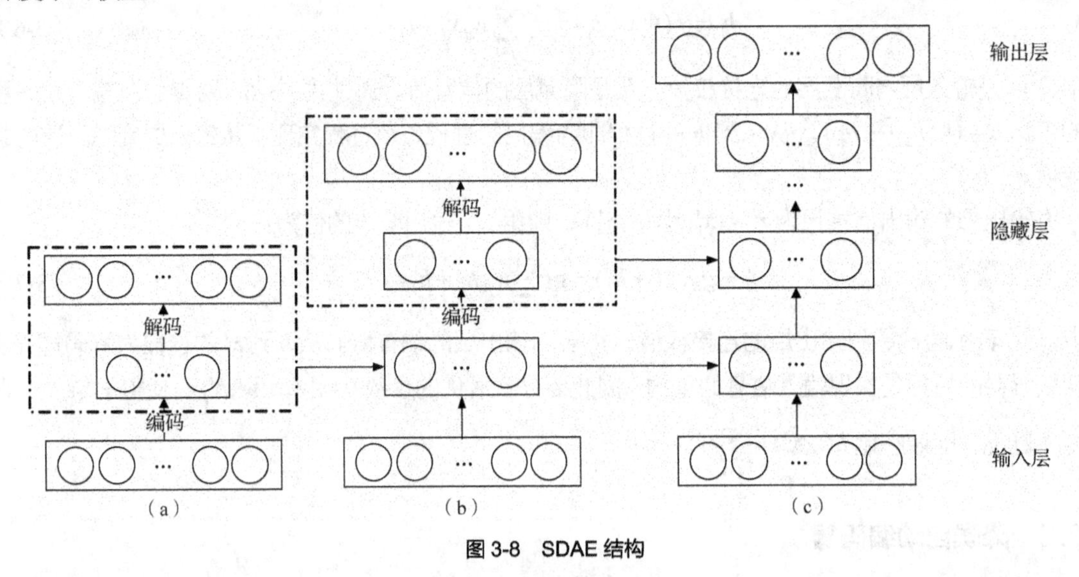

图 3-8　SDAE 结构

（1）无监督逐层预训练：将输入层和第一个隐藏层看作一个 DAE 进行训练。待训练完成后将第一个隐藏层作为输入层，与第二个隐藏层构成第二个 DAE，以此类推，直到完成最后一个 DAE 的训练。

（2）有监督微调：将多层的 DAE 与顶层的输出层看作一个多层的 BP 神经网络，通过计算输出层的误差，利用随机梯度下降法完成该模型的参数优化。

SDAE 能够从带噪声的输入数据中重构出原始的输入数据，因此比 DBN、SAE 等深度学习模型具有更强的稳健性。

3.3 应用场景

目前，深度学习在不同领域有着广泛的应用，下面介绍 3 种深度学习的主要应用场景。

（1）语音识别

深度神经网络在语音识别领域中取得了较好的成绩，能够与传统的语音识别技术较好结合，在不产生大量耗费的情况下，大幅度地提升语音识别系统的识别率。2016 年微软将深度学习应用在产业标准 Switchboard 语音识别任务中，降低了 6.3%的词错率；科大讯飞提出了一种基于前馈型序列记忆网络（Feed-forward Sequential Memory Network，FSMN）的语音识别系统，比目前常用的双向 RNN（Recurrent Neural Network，RNN）语音识别系统识别率提升了 15%以上。百度将深度卷积网络应用于语音识别研究，使得识别错误率相对下降了 10%以上。

（2）图像识别

图像是深度学习最早尝试的应用领域，深度学习尤其是卷积神经网络在图像识别领域中取得较好的成绩：在手写体识别方面，辛顿（Hinton）等通过训练深度 S 型神经网络对手写体数字文本进行识别，取得了较高的识别率；本希奥（Bengio）等将深度学习应用在多任务场景下的字符识别任务中，得到较好的实验结果；在人脸识别方面，科大讯飞在香港中文大学汤晓鸥教授的支持下，开发出一种基于深度学习的人脸识别系统 GussianFace，该系统在 LFW 上的识别率为 98.52%；在图像分割方面，有学者提出一种基于卷积神经网络的图像自动分割方法，实验表明该方法可以替代已有的模板图像分割方法。

（3）自然语言处理

深度学习在自然语言处理领域也取得了较好的成绩。2008 年，NEC LabsAmerican 团队将多层一维卷积结构应用于词性标注、分块、命名实体识别等自然语言处理任务中，均取得了与现有技术水平相当的准确率；米科洛夫（Mikolov）等通过在隐藏层添加多次递归，提高了语音识别任务中续词预测的准确率，总体识别错误率低于当时最好的基准系统；格洛特（Glorot）等将深度学习方法用于自适应情感分类器设计，实验结果表明用高阶特征表示训练的情感分类器的学习性能明显优于当前的其他方法。

3.4 发展趋势

3.4.1 深度集成学习

深度学习的优势在于自动对输入的原始数据进行特征提取，而在涉及分类任务时往往还需借助分类器对所挖掘到的深层抽象特征进行分类。而集成学习是使用一系列学习器进行学习的方式，使用某种规则把各个学习结果进行整合，从而获得比单个学习器更好的效果。因此，将深度学习与集成学习相融合的深度集成学习是未来发展的另一个趋势，一方面融合了深度学习优秀的感知能力，另一方面又融合了集成学习强大的分类能力。

在大多数情况下，单个学习器的学习能力往往是有限的。集成学习可以通过一定的聚合策略，将若干个体学习器聚合成一个强学习器，在融合每个个体优点的同时弥补各自的缺点。集成学习主要有两个目的，一是如何选择或建造若干个单体学习器；二是如何选择或建造聚合策略，将这些弱学习器结合成一个强学习器。

个体学习器有两种选择。一种是所有个体学习器是一个种类的，或者说是同质的，比如，都是决策树或者神经网络。另一种是所有个体学习器不全是一个种类的，即是异质的，比如，对训练集采用 *K* 近邻、决策树、逻辑回归、朴素贝叶斯或者支持向量机等，再通过结合策略来集成。目前来说，同质的个体学习器应用最广泛，我们常说的集成方法都是同质个体学习器，目前使用最多的同质学习器是 CART 决策树和神经网络。

此外，根据个体学习器之间是否存在依赖关系可以将集成方法分为两类。一类是个体学习器之间存在强依赖关系，即串行，代表算法是 boosting 系列算法。另一类是个体学习器之间不存在依赖关系，即并行，代表算法是 bagging 算法和随机森林。

boosting 算法的工作机制是给每一个样本分配一个初始权重，然后用训练样本和权重训练弱分类器 1。根据弱分类器 1 更新样本权重，再训练弱分类器 2，如此重复进行，直到学习器达到指定的数目，最终将这些弱学习器集成为强学习器。boosting 算法中各个弱分类器之间是串行的。bagging 算法的各个弱分类器之间是并行的，各个弱分类器之间相互没有影响，可以单独训练。但是每个学习器的训练数据是不一样的。随机森林是 bagging 的一个特化进阶版，特化是指随机森林的弱学习器都是决策树，进阶是指随机森林在 bagging 的基础上，又加上了特征的随机选择，但其基本思想和 bagging 一致。

3.4.2 深度强化学习

强化学习就是智能系统从环境到行为映射的学习。通过学习过程来获得最优决策，该决策可以使激励函数的输出最大化。强化学习不同于监督学习，它主要表现在强化信号上，强化学习中由环境提供的强化信号是对产生动作的好坏给出一种评价，而不是告诉强化学习系统如何做出正确的动作。强化信号也被称为标量信号。由于外部环境提供的信息很少，强化学习系统必须依靠自身经验进行学习。通过这种学习方式，强化学习系统在行动-评价的环境中获得知识，改进行动方案，以适应不同的环境，从而做出最佳决策。

深度强化学习是指将深度学习与强化学习进行融合。强化学习不是给定标注，而是给定一个回报函数，其数学本质是一个马尔科夫决策过程。深度强化学习就是用深度学习网络自动学习动态场景的特征，然后通过强化学习对应用场景特征的决策动作序列进行学习，其最终的目的是使决策过程中整体的回报函数期望达到最优。

目前主要的深度强化学习方法有基于值函数的深度强化学习、基于策略梯度的深度强化学习，以及基于搜索与监督的深度强化学习。深度强化学习的一些前沿研究方向有分层深度强化学习、多任务迁移深度强化学习、多智能体深度强化学习，以及基于记忆与推理的深度强化学习等。

3.4.3 深度迁移学习

深度学习发展至今，仍存在局限性，如泛化能力不足、模型复杂度高、缺乏反馈机制等。尽管深度学习能够自动地学习特征，且具有较高的识别精度，但这种算法需要在对海量的标签数据学习的基础上构建一个有效的模型。当数据量有限的情况下，利用深度学习算法对数据的规律预测可能造成偏差，效果可能不优于一些已有的简单算法。

迁移学习（Transfer Learning）是利用已有的知识对不同但相关领域的问题进行求解的一种新的机器学习方法，这种方法放宽了传统的机器学习中存在两个假设：①存在充足的可利用的训练样本的假设；②训练样本与测试样本满足独立同分布的假设。迁移学习主要解决小数据问题及个性化问题。

在给出迁移学习定义之前，首先介绍相关概念。

（1）域（Domain）

一个域（D）由两部分组成：特征空间 X 和边缘概率分布函数 $P(X)$，其中 $X \in \{x_1, x_2, \cdots, x_n\}$。源域（Source Domain）记为 D_S，目标域（Target Domain）记为 D_T。

（2）任务（Task）

一个任务（T）由两部分组成：标签空间 Y 和目标预测函数 $f(.)$。源任务（Source Task）记为 T_S，目标任务（Target Task）记为 T_T。

对于给定源域 D_S、目标域 D_T、源任务 T_S、目标任务 T_T，当 $D_S \neq D_T$ 或 $T_S \neq T_T$ 时，迁移学习运用 D_S 和 T_S 中的相关知识，提高 T_T 中目标预测函数 $f(.)$ 的学习效率。

按照分类标准的不同，迁移学习有多种分类方法。按照学习方法的不同，迁移学习可以分为 3 种：归纳式迁移（Inductive Transfer Learning）、直推式迁移（Transductive Transfer Learning）和无监督迁移（Unsupervised Transfer Learning）。归纳式迁移的特点是源域中含有标签数据，且目标域中有少量的标签数据。此时 $T_S \neq T_T$，D_S 与 D_T 可以相等，也可以不相等；直推式迁移的特点是源域中含有标签数据，但目标域中没有标签数据，此时 $D_S \neq D_T$，$T_S = T_T$；无监督迁移的特点是源域和目标域中都没有标签数据。此时 $T_S \neq T_T$，但 T_S 与 T_T 相关。按照迁移内容的不同，迁移学习可分为基于实例的迁移学习、基于特征表示的迁移学习、基于参数的迁移学习，以及基于关系知识的迁移学习。

由上可知，深度迁移学习是将在某一个领域训练和学习到的比较稳定的深度学习模型迁移到另一特定的领域中，通过对模型进行微调操作，在不需要大量的标签数据的前提下，实现深度学习在某一领域的应用。目前深度迁移学习广泛应用于文本分类、图像标注、图像分类、情感分类、协同过滤，以及人工智能规划等领域。

04

第4章　大数据处理技术

大数据是近年来最热门的话题之一。在计算机以及互联网如此普及的今天，人们每天都会在互联网上产生大量的数据，例如在网站浏览商品时会产生数据，使用社交 App 进行即时通信时也会产生数据，每天股市的上涨下跌及交易量也是数据……由此可见，每天互联网上产生的数据非常庞大，数据可谓无处不在。如果这些庞大的数据不能给企业带来价值，不能给用户带来更好的体验，那么这些数据就是无用的。而从数据中挖掘价值就是大数据要解决的问题，就像淘金、挖矿一样，人们利用大数据技术从海量数据中挖掘有用的数据，剔除无用的数据。

本章主要介绍了大数据的概念、特点、类型、应用等基础知识，还讲解了大数据技术、大数据处理框架及大数据面临的挑战。

4.1　大数据简介

4.1.1　大数据概念与特点

1. 概念

大数据的定义有很多种，不同行业和领域专家的理解也不完全相同，没有一个统一的定义，下面给出两个公认的定义。

维基百科的定义：大数据是指无法在一定时间内用常规软件工具对其内容进行抓取、管理和处理的数据集合。

IDC（国际数据公司）报告的定义：大数据技术描述了一种新一代技术和构架，用于以很经济的方式，以高速的捕获、发现和分析技术，从各种超大规模的数据中提取价值。

目前大数据的研究热点主要包括：大数据基础理论、大数据存储与分析技术、大数据与云计算、大数据存储管理和查询技术、Hadoop 性能优化和功能增强、商业智能分析、自然语言处理和大数据可视化计算等。

2. 特点

大数据的“大”并不仅仅在于数据量大，同时数据的收集、存储、管理，以及共享等任务赋予大数据的“大”更多的含义。学术界已经总结了大数据的许多特点，包括数据量大（Volume）、多样性（Variety）、价值密度低（Value）、高速度（Velocity）等，一般用“4V”来概括。

（1）数据量大

数据量大有两个含义：一是全球的数据量的增长惊人；二是指数据体量大，可达 PB 级别。根据 IDC 的统计，2015 年全球数据总量大约为 8.61ZB，到 2020 年将可能达到 35ZB，年均增长率超过 40%。

计算机存储单位的换算关系如下：

1KB =1024B；　　1MB=1024KB；　　1GB=1024MB；　　1TB=1024GB；

1PB=1024TB；　　1EB=1024PB；　　1ZB=1024EB；　　1YB=1024ZB；

1BB=1024YB；　　1NB=1024BB；　　1DB=1024NB

通过上面的换算关系可以看出，全球产生的数据量是非常惊人的。在实际应用中，很多企业用户把多个数据集放在一起，已经形成了 PB 级的数据量。分析、挖掘和实时处理如此大规模的数据需要智能的算法、强大的数据处理平台和新的数据处理技术的支持。

（2）多样性

大数据的数据类型繁多，非结构化数据越来越多，有很多不同的类型，如网络日志、声音、文本、地理位置信息、图像和视频等。这些多类型的数据对数据的存储和处理能力提出了更高要求。目前，非结构化数据占数据总增长量的 80%～90%，比结构化数据增长快 10～50 倍。

（3）价值密度低

价值密度低意味着数据的价值与数据总量的大小成反比关系，即数据量虽然很大，但有价值的数据和知识可能较少。以公安视频监控系统为例，常年 24 小时不间断视频监控过程中，可能有用的数据仅仅只有几分钟。如何通过强大的机器算法更迅速地挖掘数据的价值，成为目前大数据背景下亟待解决的难题。

（4）高速度

这里的速度不仅指与数据存储相关的增长速率，也包括数据流动的速度。数据产生和更新的频率高，也是大数据的一个重要特征。在数据量非常庞大的情况下，需要对数据进行快速、实时的处理，处理速度应满足实际应用的需要。

4.1.2 大数据类型

大数据按照数据类型可以分为结构化数据、半结构化数据和非结构化数据。

（1）结构化数据

能够用统一的结构表示的数据称为结构化数据，如数字、符号等，可以用二维表结构表示。

（2）非结构化数据

相对于结构化数据而言，不方便用数据库二维逻辑表来表现的数据称为非结构化数据。一个非结构化数据由基本属性、语义特征、底层特征及原始数据 4 个部分构成，且 4 部分数据之间存在各种联系。

目前，非结构化数据的种类繁多，例如：新浪微博、Facebook 等消息文本数据；优酷、爱奇艺或腾讯视频等用户生成的视频数据；电话监控语音数据、基因组序列数据、气象监测数据和交通视频监控数据等。针对不同的非结构数据，其收集方式是不一样的。

（3）半结构化数据

半结构化数据是介于结构化数据和非结构化数据之间的数据，例如，HTML 文档就属于半结构化数据。它一般是自描述的，数据的结构和内容混在一起，没有明显的区分。

4.1.3 大数据应用

大数据应用是利用大数据分析结果为用户提供辅助决策，发掘潜在价值的过程。下面介绍大数据在企业、物联网和社交网络上的具体应用。

（1）企业大数据应用

目前，大数据主要应用于企业内部，商业智能是大数据技术的典型应用。企业内部应用大数据技术，可以在多个方面提升企业的生产效率和竞争力。在市场方面，利用大数据关联分析，可以更准确地了解消费者的使用行为，挖掘新的商业模式；在销售规划方面，通过大量数据的比较，可以优化商品价格；在运营方面，可以提高企业运营效率和满意度，优化劳动力投入，避免产能过剩，降低人员成本；在供应链方面，利用大数据技术进行库存优化和物流优化等工作，可以缓和供需之间的矛盾、控制预算开支。

（2）物联网大数据应用

物联网不仅是数据的重要来源，还是大数据应用的主要市场。在物联网中，现实世界中的每个物体都可以是数据的生产者和消费者，由于物体种类繁多，物联网的应用也层出不穷。各种物流企业正在积极使用大数据技术开发新型物联网系统。例如，快递公司为了跟踪公司车辆的位置和预防引擎故障，在货车上装有传感器、无线适配器和 GPS 系统，这些设备可以优化货车行车线路。

（3）社交网络大数据应用

社交网络是一种在信息网络上由社会个体集合及个体之间的连接关系构成的社会性结构。由于社交网络大数据代表了人们在网络上的各类活动，因此对于此类数据的分析得到了广泛关注。社交网络大数据分析从网络结构、群体互动和信息传播 3 个维度，通过基于数学、信息学、社会学、管理学等多个学科的融合理论和方法，为理解人类社会中存在的各种关系提供的一种可计算的分析方法。目前，社交网络大数据的应用主要包括网络舆情分析、社会化营销、在线教育等多个方面。

4.2 大数据技术

4.2.1 数据获取与预处理技术

大数据的获取是大数据分析和处理的前提，获取的数据可分为两大类：静态非实时数据和动态实时数据。各种历史数据（如历年的病虫害数据）属于静态数据，这些数据大都是由纸质或电子表格组成。实时数据一般是通过多种的传感器或软件实时获取的，由存储设备存储。例如：通过温度、湿度等传感器采集到的温度、湿度实时数据。

1. 数据获取技术

狭义上的数据获取是指利用一种装置，将来自各种数据源的数据自动收集到一个装置中。广义上的数据获取是指获取信息的过程，分为数据采集、数据传输和数据预处理 3 部分。数据采集是指从特定数据生产环境获得原始数据的技术。随着互联网、电子商务、社交网络等互联网新兴技术的普及和应用，图像、视频、日志等网络数据呈现爆炸性增长。目前常用的大数据采集方法包括以下几种。

（1）传感器

传感器是一种能将感受到的声音、温度、压力、电流、振动和距离等类型的信息，按一定规律转换为电信号或其他形式的信息输出的装置，常用于获取各种信息，特点是数字化、多功能化、系统化、智能化和网络化。

（2）日志文件

日志是广泛使用的数据采集方法，由数据源系统产生，以特殊的文件格式记录系统的活动。例如，Web 服务器通常要在访问日志文件中记录网站用户的点击、键盘输入、访问行为，以及其他属性等。与物理传感器相比，日志文件可以看作是“软件传感器”。

（3）系统日志采集

很多互联网企业都有自己的海量数据采集工具，多用于系统日志采集，如 Hadoop 的 Chukwa，Cloudera 的 Flume，Facebook 的 Scribe 等，这些工具均采用分布式架构，能满足每秒数百 MB 的日志数据采集和传输需求。

（4）Web 爬虫

爬虫是指为搜索引擎下载并存储网页的程序，是搜索引擎和 Web 缓存等的主要数据采集方式。Web 爬虫数据采集过程由选择策略、重访策略、礼貌策略及并行策略决定。选择策略决定哪个网页将被访问；重访策略决定何时检查网页是否更新；礼貌策略防止过度访问网站；并行策略则用于协调分布的爬虫程序。爬虫采集数据的基本步骤如下：顺序地访问初始队列中的一组 URLs，并为所有 URLs 分配一个优先级；从队列中获得具有一定优先级的 URL，下载该网页，随后解析网页中包含的所有 URLs 并添加这些新的 URLs 到队列中；不断重复上述步骤，直到爬虫程序停止为止。传统的 Web 爬虫应用已较为成熟，随着更丰富更先进的 Web 应用的出现，一些新的爬虫机制已被用于爬取互联网数据。

2. 数据预处理技术

现实世界直接获取的数据由于受数据采集设备异常、录入数据错误、数据传输异常、数据转换不一致及部分技术受限等众多因素的影响，数据中普遍存在缺陷，主要表现在以下 3 个方面。

① 不完整性，缺少有价值的属性或者有价值的属性有缺损。

② 噪声，数据中包含错误信息，或者存在着部分偏离期望值的孤立点。

③ 不一致性，数据的不一致性主要体现在数据结构的不一致性、标号的不一致性和数据值的不一致性。

从需求的角度来看，一些数据分析工具和技术对数据质量是有一定要求的，如果没有高质量的数据作为基础，数据分析挖掘结果往往差强人意，合理的决策更无从谈起。因此，通过数据预处理提高数据的质量是大数据处理技术的重要环节。

为了得到高质量的数据，数据预处理之前需要制定和明确统一的数据质量标准，在数据预处理的过程需要做到以下 4 个基本要求。

① 检测并除去数据中所有明显的错误和噪声。

② 尽可能地减小人工干预和用户的编程工作量，并且容易扩展到其他数据源。

③ 与数据转化相结合。

④ 要有相应的描述语言来指定数据转化和数据清洗操作，所有这些操作应该在一个统一的框架下完成。

数据预处理是指在进行主要的分析处理以前，对数据进行的一些处理，如数据清洗、数据集成、数据变换、数据规约等。下面分别介绍这几种处理方式。

（1）数据清洗

数据清洗是指在数据集中发现不准确、不完整的数据，然后对这些数据进行修正或删除，消除数据不一致的问题，提高数据质量。数据清洗能够提高数据分析的准确性，是数据预处理中非常重要的一步。但是数据清洗需要复杂的关系模型，这会给系统带来额外的计算开销，因此需要在数据清洗模型的复杂性和分析结果的准确性之间进行平衡。

（2）数据集成

数据集成是在逻辑上和物理上把来自不同数据源的数据合并成一致的数据存储的过程，核心任务是将互相关联的分布式异构数据源集成到一起，减少结果数据集中冗余和不一致问题，提高挖掘过程的准确性和速度。数据集成按照处理对象的不同可分为基本数据的集成、多级视图的集成、模式的集成及多粒度数据的集成。常见的数据集成方法有联邦数据库、中间件集成方法和数据仓库方法 3 种。下面重点介绍数据仓库方法。

数据仓库方法是一种基于数据复制的方法，基本思想是将多个不同数据源的数据复制到数据仓库中，方便用户访问。数据仓库通过以下 3 个步骤完成数据集成。

① 提取：连接源系统并选择和收集必要的数据用于随后的分析处理。

② 变换：通过一系列的规则将提取的数据转换为标准格式。

③ 装载：将提取并变换后的数据导入目标存储基础设施。

（3）数据变换

数据变换是指将数据从一种表现方式转化到另一种表现方式的过程，基本思想是找到数据的特征表示，对数据进行平滑处理、合计处理、泛化处理及规则化等一系列操作，达到减少有效变量的数目或找到数据的不变式的目的。平滑处理是对数据中的噪声进行处理，主要的方法有回归方法、聚类方法和 Bin 方法；合计处理是对数据进行合计或总结操作，如对每个月的总收入进行合计处理，常用于对数据进行多细度的分析或构造数据立方体中；泛化处理是指用更高层次或更抽象的概念代替低层次或数据层的数据对象，如可将年龄这一属性抽象为少年、青年、中年和老年等；规则化是指将有关属性数据按照一定的比例映射到特定小范围中。

（4）数据规约

数据规约是指在尽可能保持数据原貌的前提下，最大限度地精简数据量。数据规约主要有两个途径：属性选择和数据采样，分别针对原始数据集中的属性和记录。目前常用的数据规约的方法有：特征规约、样本规约和特征值规约。特征规约是从原有的特征中删除不重要或不相关的特征，或者通过特征重组来减少特征的个数。样本规约就是从数据集中选出一个有代表性的子集，子集大小的确定要考虑计算成本、存储要求、估计量的精度，以及其他一些与算法和数据特性有关的因素。特征值规约是特征值离散化技术，是将连续型特征的值离散化，使之成为少量的区间，每个区间映射到一个离散符号，特征值规约的好处在于简化了数据描述，并易于理解数据和最终的挖掘结果。由此可见，完成数据规约的必要前提是熟悉数据本身的内容和理解数据挖掘需求。

通过大数据预处理后，良好或高质量的数据应当符合以下几条标准。

① 完整性：尽可能富含属性名和属性值的明确含义，以及统一多数据源的属性编码。

② 规范性：数据应按照统一格式存储。

③ 一致性：数据值在信息含义上是没有矛盾的。

④ 准确性：数据信息是准确的，数据时效性在需求范围内，不存在可忽略的字段和记录。

⑤ 关联性：不存在数据缺失、索引缺失和关联缺失。

⑥ 唯一性：不存在重复数据和重复属性。

4.2.2　存储与管理技术

数据存储技术解决的是大规模数据的持久存储和管理问题。随着数字图书馆、多媒体传输、电子商务等应用的不断发展，数据向 PB 量级急速增加，对存储容量提出了巨大的要求。同时，由于数据的多样化、对重要数据保护，以及地理上的分散性等对数据的有效管理提出了更高的要求。因此，存储产品已不再是附属于服务器的辅助设备，而成为互联网中最主要的花费所在。轻型数据库无法满足对结构化、半结构化和非结构化海量数据的存储与管理，以及对复杂的数据挖掘和分析操作，通常使用分布式文件系统、NoSQL 数据库和云数据库等解决上述问题。

1. 分布式系统

分布式系统包含多个自主的处理单元，通过计算机网络互连来协作完成分配的任务，采用分而治之的策略，能够更好地处理大规模数据分析问题。分布式系统主要包含分布式文件系统和分布式键值系统。

（1）分布式文件系统

存储管理需要多种技术的协同工作，其中文件系统为其提供最底层存储能力的支持。常见的分布式文件系统有 HDFS、GFS、GridFS、Ceph、mogileFS、Lustre、TFS 和 FastDFS 等。其中，HDFS 是一个高度容错性系统，适用于批量处理，能够提供高吞吐量的数据访问。

（2）分布式键值系统

分布式键值系统用于存储关系简单的半结构化数据。典型的分布式键值系统有 Amazon Dynamo。获得广泛应用和关注的对象存储技术也可以视为键值系统，但其存储和管理的是对象而不是数据块。

2. NoSQL 数据库

传统的关系数据库已经无法满足 Web 2.0 的需求，主要原因如下。

① 无法满足海量数据的管理需求。

② 无法满足数据高并发的需求。

③ 高可扩展性和高可用性的功能太低。

NoSQL 数据库可以支持超大规模数据存储，灵活的数据模型可以很好地支持 Web 2.0 应用，具有强大的横向扩展能力等。典型的 NoSQL 数据库包含键位数据库、列族数据库、文档数据库、图形数据库。

3. 云数据库

云数据库是基于云计算技术发展的一种共享基础架构的方法，是部署和虚拟化在云计算环境中的数据库。云数据库的特征包括：高可用性、易用性、动态可扩展性、低使用代价、高性能、免维护和安全性等。目前常用的云数据库产品有 Microsoft SQL Azure、Google Cloud SQL 及阿里云等。

从数据模型的角度来说，云数据库并非一种全新的数据库技术，而只是以服务的方式提供数据库功能。云数据库所采用的数据模型可以是关系数据库所使用的关系模型，如微软的 SQLAzure 云数据库，也可以是 NoSQL 数据库所使用的非关系模型。

4.2.3 分析与挖掘技术

大数据分析与挖掘技术是指对类型多样、增长迅速的海量数据进行交叉处理和分析，实现数据的深度融合，并从中找出帮助决策的隐藏模式、未知的相关关系，以及其他有价值信息的过程，是大数据理念与方法的核心。传统的分析与挖掘技术方法以结构化数据和关系型数据库为主，常见的分析与挖掘方法包括机器学习、数据挖掘和统计分析等。随着大数据的发展，出现了一些新的数据分析与挖掘技术的方法和研究对象，如对半结构化与非结构化数据的分析。当前数据分析与挖掘技术的研究热点主要有文本数据分析、结构化数据分析、Web 数据分析、多媒体数据分析、图文转换技术和地理信息技术等方面。常用的大数据处理框架有流式数据分析、批处理分析、交互式数据分析和图数据分析。下面主要介绍流式数据分析和批处理分析。

（1）流式数据分析

在流式数据分析中，数据以流的方式到达内存，直接进行数据的实时计算，无需实现存储。因此，流式数据分析中的数据具有实时性、突发性、易失性和无序性等特点。常见的流式数据分析系统包括 Storm、Puma、S4 和 Kafka。流式处理下的评测指标有数据传输保障度、吞吐量、流控、处理延迟、容错能力及编程的复杂性等。

（2）批处理分析

在批处理分析方法中，数据首先被存储，然后对存储的静态数据进行集中处理。因此，批处理中的数据具有数据精度高、数据量大和价值密度低的特点。常见的批处理分析框架是 MapReduce。

表 4-1 所示为从输入、存储、处理、应用等多个角度对流式数据分析和批处理分析进行比较。

表 4-1 流式数据分析与批处理分析

	流式数据分析	批处理分析
输入	数据流	数据块
存储	不存储或者存储在空闲的内存中	存储在众多常见的数据容器中
处理	单线程或者少数进行处理	多道并发处理
应用场景	网络数据挖掘，传感器网络，交通运输监视	几乎被广泛应用到各种场景
硬件环境	典型的单限量内存	多道设计的 GPUs 或者存储器
时间复杂度	秒甚至是微秒级别	需要较长的处理时间
处理数据大小	未定义且未知的	已经定义大小的

流式数据分析和批处理分析分别用于不同的大数据场景，流式数据分析常用于对数据的实时性要求较为严格，但对数据的精确度要求不高的场景，如广告精准推荐、智能交通、商业智能等；批处理分析常用于对数据的实时性要求不高，但对数据的准确性和全面性要求较高的场景，如 Web 访问日志分析、文档聚类、反向索引构建等。

4.2.4 可视化技术

数据可视化是将大数据经过分析、挖掘等手段得到的结果以可见或者可读形式展示出来，使人们直观地获取相关信息。对于传统的结构化数据，可以采用数据值显示、数据表显示、各种统计图等形式来表示数据，而大数据通常处理的是非结构化数据，种类繁多且复杂多变，数据表和关系图表达不直观，因此传统的数据可视化方法难以直接表现大数据分析结果。怎样通过大数据可视化技术准确、清晰地向用户传递有效信息，已经成为研究热点。

1. 简介

大数据可视化技术是指利用计算机图形学及图像处理等技术，将数据转换为图形或图像形式显示到屏幕上，同时增强数据分析结果的呈现效果，并进行交互处理的理论、方法和技术。大数据可视化技术涉及计算机视觉、计算机辅助设计、计算机图形学等多个领域，是一项研究数据处理、数据表示、决策分析等问题的综合技术，进而达到方便用户以更加直观的方式观察、理解大规模数据，发现数据中隐藏的规律和潜在价值的目的。

数据可视化出现于 20 世纪 50 年代，较为典型的例子是计算机创造出了图形图表。布鲁斯・麦考梅克等人于 1987 年撰写的美国国家科学基金会报告《科学计算可视化》（*Visualization in Scientific Computing*）极大地促进了可视化技术的发展。随后人们把科学可视化和 20 世纪 90 年代提出的信息可视化归为数据可视化。如今，科学可视化、信息可视化及数据可视化都被列入大数据可视化的范畴。

（1）科学可视化

科学可视化就是利用计算机把符号转变成图形图像进行展示，易于人们理解数据中的内在联系。科学可视化应用的领域有：计算机图形学、计算机视觉、图像处理、计算机辅助几何设计、信号处理等领域。科学可视化的研究和应用促进了计算机某些领域的发展。

（2）信息可视化

信息可视化是使用计算机支持的、交互的、可视化的形式对抽象数据进行表示，以增强认知能力。与传统的科学可视化和计算机图形学不同的是，信息可视化更加注重通过图形的可视化呈现出数据中所隐含的信息和规律。

（3）数据可视化

数据可视化是指借助图形化的手段，如折线图、饼图、散点图、柱形图、网络图、地图及矩阵图等，将数据库中的数据及它们之间的关系进行直观地表达，获得数据的内在信息，实现信息的有效传达与沟通。

当前大数据可视化技术所处理的数据一般分为一维数据、二维数据、三维数据、高维数据、时间序列数据、层次数据和网络数据等。其中，高维数据、时间序列数据、层次数据和网络数据是当前大数据可视化技术的研究热点。

2. 可视化遵循的条件

为了有效地表达信息的真实分布，以更加直观的方式传达出关键的信息，大数据可视化技术应该遵循以下 4 个条件。

① 直观性：将数据直观、形象地表达出来。

② 关联性：将数据之间的关联性突出地呈现出来。

③ 交互性：方便用户控制数据，实现用户与数据之间的交互。

④ 艺术性：在真实地呈现数据的同时，保证其具有艺术性，更加符合审美规则。

3. 可视化平台与工具

可视化平台与工具为数据的展示提供可视化的方法和不同的数据展示形式。不同的可视化平台与工具对于数据可视化有着不同的作用，提供的解决方案也不尽相同。目前可视化平台与工具种类繁多，比较常用的有 Tableau、RAW、D3.js 和 R 语言等。下面对其中几种进行介绍。

（1）Tableau

Tableau 是一款常用于企业的大数据可视化软件，不仅可以轻松的创建图像、图表及地图等，还可以在线生成可视化的报告，并且实现交互、可视化的分析和仪表盘分析应用。

（2）RAW

RAW 是一款开源的数据可视化软件，可以集数据的载入、复制、粘贴、删除于一体，并且允许用户定制视图和层次。RAW 是基于流行的 D3.js 库开发，支持很多图表类型，例如泡泡图、映射图和环图等。此外，RAW 可以很容易地导出可视化结果。

（3）D3.js

D3.js 是运行在 JavaScript 上的一种开源可视化工具，可以使用 SVG、HTML 和 CSS 技术生动地展示数据，使用数据驱动的方式创建漂亮的网页，D3.js 严格遵循 Web 标准，可以轻松兼容主流浏览器并避免对特定框架的依赖，可以实时交互。

此外，表 4-2 列举了几种其他常见的大数据可视化工具，方便参考。

表 4–2　常用大数据可视化工具

名称	特点	优点	缺点
GoogleChart API	拥有较多可视化应用，擅长做动态的图表类型	丰富的图表选择，支持 SVG、CANVAS、VML 等多种浏览器	客户端生成的动态图展示不稳定，存在一定问题
Flot	支持 jQuery、JavaScript 等互动式绘图库	操作简单、定制、灵活	在展现不同效果时，难度会增加
Visual.ly	信息可视化图形、信息图的设计师在线指导	自带大量的信息图表模板	功能有一定限制
Polymaps	网络地图功能	强大的资源库、全方位信息可视化	
Weka	机器学习、数据挖掘	开源，免费	
Crossfilter	是常用的 GUI 工具，擅长制作交互式 GUI 图表	方便快速查看，支持交互性操作	操作复杂性增加
R	分析大数据集的统计组件包	强大社区和组件库	复杂、学习难度大
Kartogragh	区域地图绘制	标记线、定义，更多的选择	处理世界范围的数据有一定的困难
Processing	是一款适合于编程进阶的常用可视化工具，开源的编程语言	语法简易易懂，自身拥有大量实例和代码	

4. 多维数据可视化方法

多维数据可视化的过程是利用可视化技术把多维数据从多维数据空间转换到低维数据空间，并进行展示，用户从展示中发现数据中隐藏的某些规律。目前，多维数据可视化方法在国内外有着广泛的研究，常用的经典多维数据可视化方法有平行坐标系法、散点图和散点图矩阵法、Radviz 法等。此外，较为新颖的展示方法有气泡图、地图和热力图等。下面对可视化方法展开介绍。

（1）平行坐标系

平行坐标系是经典的多维数据可视化方法。如图 4-1 所示，平行坐标系中平行的竖直轴线代表维度，多维数据的数值刻画在竖直轴线上，并用折线把轴上数据项对应的坐标点进行连接，从而在二维空间里面展示多维数据。平行坐标系的优点是简洁、快速地展示多维数据，可观察数据的相关性，并且使数据的变化趋势更有效地显示出来。目前，平行坐标系法广泛运用于可视化、数据挖掘和决策支持等领域。

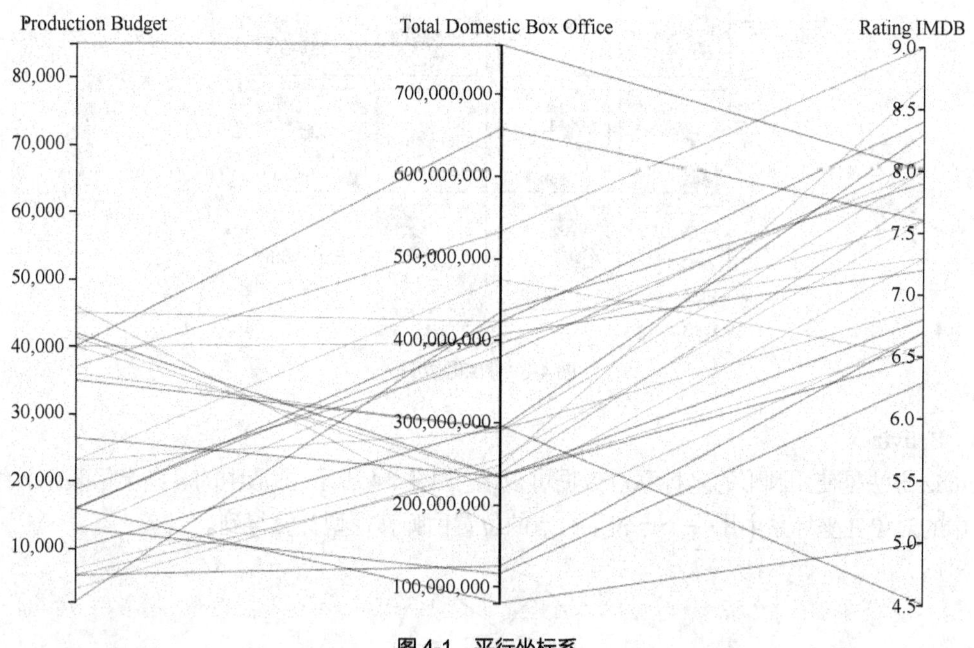

图 4-1 平行坐标系

（2）散点图和散点图矩阵

散点图和散点图矩阵也是常用的多维数据可视化方法之一。如图 4-2 所示，散点图是通过二维坐标系中的一组点来展示 2 个变量之间的关系，将数据集中的每一行映射成二维和三维坐标系中的图形实体，常用于对两个或者更多字段的变量展示相关性。散点图纵坐标是“结果”字段，最上方是最大值，横坐标是变量字段，字段值从左往右依次增大。散点图的优点是快速发现成对变量之间的关系。散点图矩阵（见图 4-3）是多维数据中的各个维度组合形成的有规律排列的散点图集合。散点图矩阵中连续的散点图可以对海量数据进行展示。

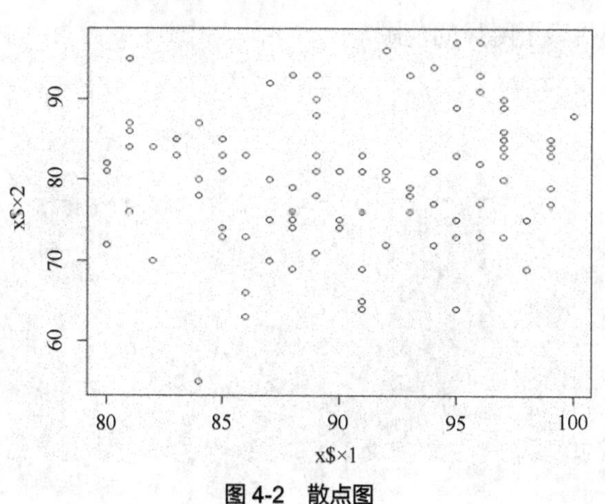

图 4-2 散点图

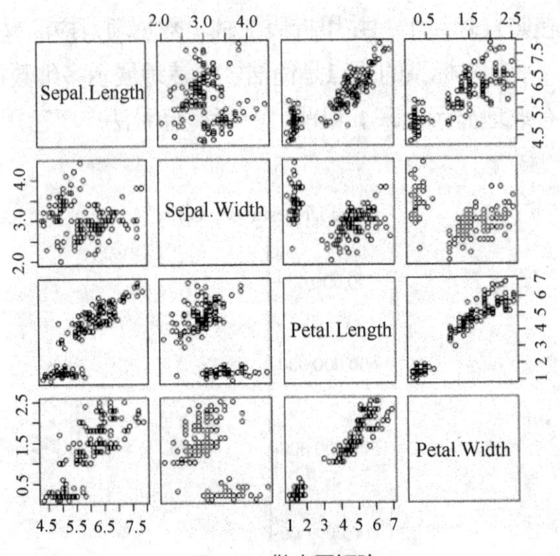

图 4-3　散点图矩阵

（3）Radviz

Radviz 方法是使用圆形的坐标系对数据可视化。如图 4-4 所示，圆形中的 *n* 条半径表示 *n* 维空间，数据集中的对象在坐标系中用一个点表示，点的位置由弹簧模型计算得到。

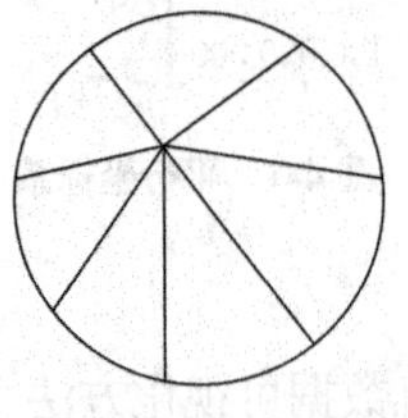

图 4-4　Radviz 图

（4）气泡图

气泡图作为散点图的一种变体，是比较新颖的多维数据可视化方法。虽然从视觉的角度看它没有条形图表达得精准，但是可以在有限的空间内展示大量的信息。图 4-5 所示的是 4 维的数据，数据的属性分别是飓风的经度、纬度、强度和范围。图中气泡颜色代表了飓风的强度，位置代表了飓风所在的经纬度，气泡大小代表了飓风的范围。

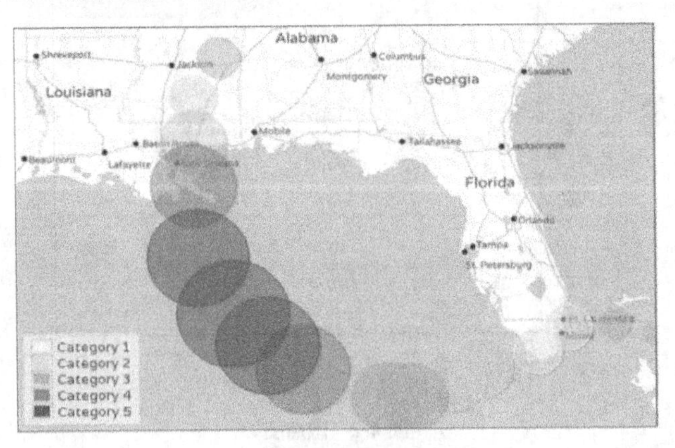

图 4-5　气泡图

（5）地图

利用地图对数据进行可视化，在地图上显示数据的属性信息，颜色的不同代表了该地区属性信息的不同。通过地图可以看出数据属性信息的分布情况。

（6）热力图

热力图也称热图，以特殊高亮的方式显示访客热衷的区域。目前常见的热图有 3 种：基于鼠标点击位置的热图、基于鼠标移动轨迹的热图和基于内容点击的热图。3 种热图适用的外观、原理和场景也各不相同。

5. 存在的问题

大数据时代的到来使得数据可视化日益受到关注，可视化技术也日益成熟。然而，数据可视化仍存在如下问题。

（1）视觉噪声。数据集中的大部分数据之间存在极强的相关性，因此无法将其分开单独展示。

（2）信息丢失。为了减少视觉噪声，一般采取减少可视数据集的方法，但这样会造成信息的丢失。

（3）高性能要求。静态可视化由于其可视化速度较慢，对性能的要求不高，但动态可视化对性能的要求会比较高。

（4）高速的图像变换。在高速的图像变换下，尽管用户能够观察数据，但不能对数据的强度变化及时做出反应。

4.3 大数据处理框架

本节首先系统地介绍大数据处理框架的分类、特点和发展，然后详细介绍 Hadoop、Spark、Storm、Hive 等几种常见的大数据处理框架。

4.3.1 简介

处理框架是大数据系统的基本组件，负责对系统中的数据进行计算。《大数据时代》一书中指出了大数据时代处理数据理念的 3 大转变，即要全体不要抽样，要效率不要绝对精确，要相关不要因果。海量数据的处理对于当前存在的技术来说是一种极大的挑战。目前，人们对大数据的处理形式主要是对静态数据的批量处理及对在线数据的实时处理。在线数据的实时处理又分为对流式数据的处理和实时交互计算两种。与数据处理方式相对应，大数据处理框架一般分为批处理框架、流处理框架和交互式框架 3 种类型。

1. 批处理框架

批处理框架主要对大容量静态数据进行处理，并在计算过程完成后返回结果。利用批量数据挖掘出合适的模式，得出具体的含义，做出正确的决策，最终做出有效的应对措施，实现业务目标是大数据批处理的首要任务。大数据的批处理框架适用于先存储后计算、实时性要求不高、数据的准确性和全面性要求较高的场景，不适于对时效性要求较高的场合。

批处理框架在物联网、云计算、互联网等领域具有广泛的应用，可以解决这些领域的诸多决策问题，例如，电子商务网站的推荐系统、金融服务领域的欺诈检测和能源领域的石油探测等。

Hadoop 是典型的大数据批处理框架。HDFS（Hadoop Distributed File System）负责静态数据的存

储，并通过 MapReduce 将计算逻辑分配到各数据节点进行数据处理。Hadoop 顺应了现代主流 IT 公司的一致需求，得到了快速发展，形成了 Hadoop 生态圈。

2. 流处理框架

流式数据是一个无穷的数据序列，序列中的每一个元素来源各异，格式复杂，序列往往包含时序特性，或者有其他的有序标签。流处理框架会对进入系统的数据进行实时计算，对通过系统传输的每个数据项执行操作，而无需针对整个数据集执行操作，这种处理非常适合某些类型的工作负载。流处理框架目前已经在业界得到广泛应用，主要应用于数据采集和金融银行业，典型的有的 Storm、Scribe、Flume 和 Nutch 等。

3. 交互式框架

批处理框架和流处理框架都是采用的非交互方式。交互式框架与这两类框架相比，更加灵活、直观、便于控制，支持类似 SQL 的语言进行数据处理，能够为数据分析人员提供便利。使用这种框架，存储在系统中的数据文件能够被及时处理修改，同时处理结果可以立刻被使用。交互式数据处理系统的典型代表系统是伯克利（Berkeley）的 Spark 系统和 Google 的 Dremel 系统。

4.3.2 Hadoop

Hadoop 是阿帕奇（Apache）基金会用 Java 开发的分布式系统基础架构，实现了在计算机集群中对海量数据的分布式存储与计算，其涉及大数据收集、大数据存储、大数据处理、大数据分析和大数据应用等多个方面。其中，HDFS 和 MapReduce 是 Hadoop 的两大核心部分，两者分别解决了大数据存储和处理的难题。Hadoop 生态系统介绍如下。

1. HDFS

HDFS 是 Hadoop 下的分布式文件系统，以流式数据访问模式存储超大文件，运行于硬件集群上，是管理网络中跨多台计算机存储的文件系统。HDFS 上的文件被划分为尺寸相同的多个分块，作为独立的存储单元，称为数据块，其默认大小是 64MB，一个文件的大小可以大于网络中任意一个磁盘的容量。系统中所有的数据块不需要存储在同一个磁盘中，因此它们可以利用集群上的任意一个磁盘进行存储，简化了存储系统的开发与设计。同时，将存储子系统的控制单元设置为块，又简化了存储管理系统，用一个单独的系统就可以管理这些块的元数据。数据块的设计理念使得 HDFS 拥有良好的系统扩展性、高容错性，以及数据的灵活存储能力，因此适用于海量数据的可靠性存储和数据归档等场景。

HDFS 由以下 3 个节点构成。

（1）Namenode

HDFS 的守护进程，用来管理文件系统的命名空间，负责记录文件是如何分割成数据块的，以及这些数据块分别被存储到哪些数据节点上。Namenode 的主要功能是对内存及 I/O 进行集中管理。

（2）Datanode

文件系统的工作节点，根据需要对数据块进行存储和检索，并且定期向 Namenode 发送其所存储的块的列表。

（3）Secondary Namenode

辅助后台程序，与 Namenode 进行通信，以便定期保存 HDFS 元数据的快照。

2. MapReduce

Hadoop 可以通过 MapReduce 这一并行处理技术提高数据的处理速度，其设计初衷是通过大量廉价服务器实现大数据并行处理，其突出优势是具有高扩展性和可用性，特别适用于海量的结构化、半结构化及非结构化数据的混合处理。MapReduce 是一套软件框架，包括 Map（映射）和 Reduce（化简）两个阶段，实现了数据查询、数据分解，以及数据分析的并行化，将目标任务分配到不同的处理节点上，从而完成海量数据的并行处理。

MapReduce 的工作原理是先分后合的数据处理方式。首先，Map 把海量数据分割成若干部分，分配给多台处理器并行处理；然后，Reduce 把各台处理器处理后的结果进行汇总操作，以得到最终处理结果。

例如，采用 MapReduce 统计不同几何形状的数量，它会先把任务分配到两个节点，由两个节点分别并行统计，然后再把它们的结果汇总，得到最终的处理结果，如图 4-6 所示。

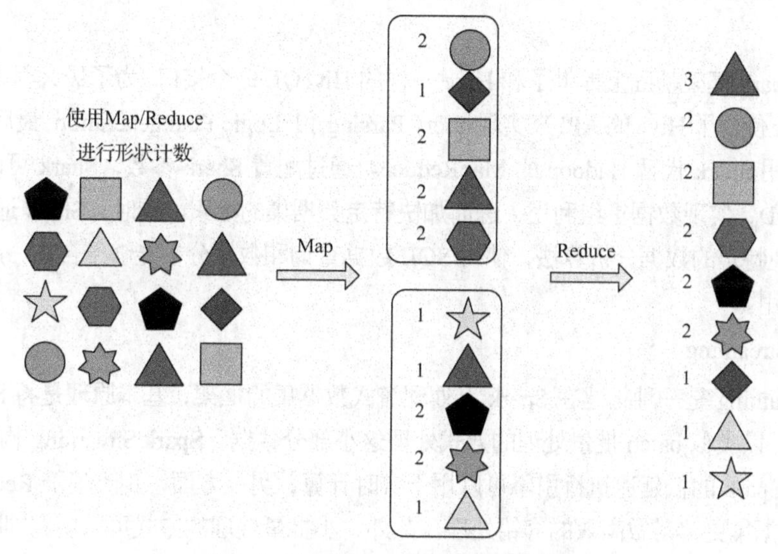

图 4-6　MapReduce 统计几何形状过程

MapReduce 适合进行数据分析、日志分析、商业智能分析、客户营销等业务，并具有非常明显的效果。例如，利用 MapReduce 技术进行实时分析，某公司的信用计算时间从 33 小时缩短到 8 秒，基因分析时间从数天缩短到 20 分钟。

3. Pig

Pig 是 Hadoop 的一个扩展，简化了 Hadoop 的编程，提供了一个高级数据处理语言 Pig Latin，并且保持了 Hadoop 可靠与易于扩展的特征。

4. ZooKeeper

ZooKeeper 是用于构建大型分布式应用的一种协作式服务。它实现了许多在大型分布式应用中常见的服务，如配置管理、命名、同步和组服务等。

5. Sqoop

Sqoop 实现了关系数据库和 Hadoop 之间的数据传递。Sqoop 可以把关系数据库中的数据导入到 HDFS，也可以把 HDFS 中的数据导入到关系数据库里。

6. Mahout

Mahout 是针对 Hadoop 设计的机器学习算法包，实现了支持向量机、朴素贝叶斯分类、k-means 聚类和协同过滤等机器学习算法。

4.3.3 Spark

Spark 是 UC Berkeley AMP lab 所开发的类 HadoopMapReduce 式的通用并行计算框架，它在拥有 Hadoop 所具有的优点的同时又超越了 Hadoop，其中间输出结果可以保存在内存中，从而不再需要读写 HDFS，避免了繁杂的 I/O 操作，因此 Spark 能更好地适用于数据挖掘与机器学习等需要大量递归、迭代的算法，以及需要多次操作特定数据集的应用场合。需要反复操作的次数越多，所需读取的数据量越大，Spark 在时间复杂度上受益就会越大，数据量小但是计算密集度较大的场合，其在时间复杂度上受益就会相对较小。Spark 的生态系统如下。

1. Shark

Shark 在 Spark 框架基础上提供了和 Hive 一样的 HiveQL 命令接口，为了最大程度地保持和 Hive 的兼容性，Shark 使用了 Hive 的 API 来实现 query Parsing 和 Logic Plan generation，最后的 PhysicalPlan Execution 阶段用 Spark 代替 Hadoop 的 MapReduce。通过配置 Shark 参数，Shark 可以自动在内存中缓存特定的 RDD，实现数据重组利用，进而加快特定数据集的检索。同时，Shark 通过 UDF 用户自定义的函数实现特定的数据分析算法，使得 SQL 数据查询和数据分析能够结合在一起，最大化实现 RDD 的重复使用。

2. Spark Streaming

Spark Streaming 是一种构建在 Spark 上处理流式数据集的框架，基本原理是将 Stream 数据分成小的时间片断，以类似 batch 批量处理的方式处理这小部分数据。Spark Streaming 构建在 Spark 上，一方面是因为 Spark 的低延迟执行引擎可以用于实时计算，另一方面，相比基于 Record 的其他处理框架，RDD 数据集更容易做高效的容错处理。此外，小批量处理的方式可以使它同时兼容批量数据和实时数据的处理。方便一些需要联合分析历史数据和实时数据的特定应用场合。

3. Bagel

Bagel 是 Spark 中支持图计算的模块。

4. Spark Core

Spark Core 包括 RDD 与 Stage DAG 两部分。RDD 称为弹性分布式数据集，是只读的、分区记录的集合，只能基于在稳定物理存储中的数据集和其他已有的 RDD 上执行确定性操作来创建。这些确定性操作称为转换，如 map、groupBy、join 等，具备像 MapReduce 等数据流模型的容错特性，并且允许开发人员在大型集群上执行基于内存的计算。

5. Spark MLLib

Spark MLLib 是 Spark 的机器学习库，旨在简化机器学习的工程实践工作，并方便扩展到更大规模。MLLib 由一些通用的学习算法和工具组成，实现了常用的机器学习算法，例如：线性回归算法、逻辑回归算法、贝叶斯分类算法、决策树算法、KMeans 聚类算法、FPGrowth 关联规则算法、协同过滤推荐算法、神经网络算法等。同时还包括底层的优化原语和高层的管道 API。

6. Spark R

Spark R 是 R 语言版本 Spark 的轻量级前端，没有像 Scala 或 Java 那样广泛的 API，但它能够在 R 中运行 Spark 任务和操作数据。Spark 通过 RDD 类提供 Spark API，并且允许用户使用 R 交互式方式在集群中运行任务。它的其中一项关键特性就是有能力序列化闭包，从而能依次透明地将变量副本传入需要参与运算的 Spark 集群。Spark R 还通过内置功能的形成集成了其他 R 模块，这一功能会在需要某些模块参与运算时，通知 Spark 集群加载特定的模块，但是不同于闭包，这个需要手动设置。

4.3.4 Storm

Storm 是一个分布式的实时计算框架，Storm 集群主要由一个主节点和一组工作节点组成，通过 Zookeeper 集群进行协调。主节点通常运行一个后台程序 Nimbus，它接收用户提交的任务，并将任务分配到工作节点，同时进行故障监测。工作节点同样会运行一个后台程序 Supervisor，用于接收工作指派并基于要求运行工作进程 Worker。Storm 的主要组成部分如下。

1. ZooKeeper

ZooKeeper 是 Storm 重点依赖的外部资源。Nimbus 和 Supervisor，甚至实际运行的 Worker 都是把心跳保存在 ZooKeeper 上。

2. Nimbus

Nimbus 可根据 ZooKeeper 上的心跳和任务运行状况进行调度和任务分配。

3. Supervisor 和 Worker

Supervisor 负责接受 Nimbus 分配的任务，启动或停止属于自己管理的工作进程，它会监听分配给它那台机器的工作，根据需要启动或关闭工作进程。Worker 负责运行具体处理组件逻辑的进程。

4. Spout

消息源 Spout 是 Storm 中一个 Topology 里的消息生产者。一般来说，消息源会从一个外部源读取数据并且向 Topology 里发出消息 Tuple。Spout 可以是可靠的也可以是不可靠的。如果这个 Tuple 没有被 Storm 成功处理，可靠的消息源 Spout 可以重新发射一个 Tuple，但是不可靠的消息源 Spouts 一旦发出一个 Tuple 就不能重发了。

5. Bolt

所有的消息处理逻辑被封装在 Bolt 中。Bolt 可以完成消息过滤、聚合、查询数据库等操作，同时可以完成简单的消息流传递。

6. Task 和 Tuple

Worker 中每一个 Spout/Bolt 的线程称为一个 Task。Tuple 是一次消息传递的基本单元。

7. Stream grouping

消息流 Stream 是 Storm 中的关键抽象。一个消息流是一个没有边界的 Tuple 序列，而这些 Tuple 序列会以一种分布式的方式并行地创建和处理。可以通过对 Stream 中 Tuple 序列中每个字段命名来定义 Stream。

8. Topology

Storm 提交运行的程序称为 Topology，其处理的最小的消息单位是一个 Tuple，也就是一个任意对象的数组。Topology 由 Spout 和 Bolt 构成，Spout 负责将数据流以 Tuple 元组的形式发送出去，Bolt 负责转换这些数据流，两者统称为 Component。

4.3.5 HBase

HBase 是一种高可靠性、高性能、面向列、稀疏存储、容量大和可扩展的分布式数据库。可靠性体现在数据的 WAL 机制和副本的保存机制。可扩展性是因为 HBase 是在 Hadoop 的 HDFS 文件系统之上的，所以 HBase 也继承了 Hadoop 的 HDFS 的可扩展性。

HBase 是一种基于 Master/Slaves（主从）结构的数据库，主要是以表格的形式存储数据，存储数据的表格是一个稀疏的多维映射关系表。HBase 的主要核心组件有 Client、ZooKeeper、HMaster 和 RegionServer 4 个组件。

1. Client

Client 是整个 HBase 的入口，主要使用 HBase 的 RPC 机制与 HMaster 和 RegionServer 进行通信。

2. ZooKeeper

ZooKeeper 是协调服务的组件，负责管理 HBase 中多个 HMaster 的选举，存储 HBase 元数据信息，实时监控 RegionServer，存储所有 Region 的寻址入口和保持 HBase 集群中只有一个 HMaster 节点。

3. HMaster

HMaster 负责对 Table 和 Region 的管理工作，包括管理用户对 Table 的增删查改操作。在 Region 分裂后，负责 Region 的分配。在 RegionServer 死机后，负责失效的 RegionServer 上的 Region 迁移。

4. RegionServer

RegionServer 负责响应用户的 I/O 请求，具体是向 HBase 数据库中写数据，是 HBase 数据库中最核心的一部分。RegionServer 内部管理了一系列的 HRegion 对象，每个 HRegion 对象对应了 Table。每个 Table 主要有 3 个基本的构成类型 RowKey、TimeStamp 和 Column。

4.3.6 Hive

Hive 是基于 Hadoop 构建的一套数据仓库，提供丰富的 SQL 查询方式来分析存储在 Hadoop 分布式文件系统中的数据，可以将结构化的数据文件映射为一张数据库表，并提供完整的 SQL 查询功能。Hive 常用于网站日志分析和海量结构化数据离线分析，其结构如下。

1. 用户接口

用户接口主要由 CLI、Clinet、WUI 组成。CLI 为命令行接口，Client 是 Hive 客户端。在启动 Client 模式时，需要指出 Hive Server 所在节点，并且在该节点启动 Hive Server。WUI 通过浏览器访问 Hive，需要提前启动 hwi 服务。

2. Meta store

Meta store 用来存储 Hive 的元数据，默认元数据是存储在 derby 关系型数据库中。其中元数据包括数据库和表位置、名称、列等信息。

3. 驱动器

驱动器包括解释器、编译器、优化器、执行器 4 部分，由 MapReduce 调用执行。

4.4　大数据面临的挑战

随着大数据的爆发性增长，对大数据应用需求也不断扩大，大数据技术面临着新的挑战。

4.4.1　数据安全性

大数据时代，数据的来源和应用领域越来越广泛，互联网等相关技术的发展使得数据采集十分便利，但同时带来的还有数据安全和隐私保护等问题。随着电子商务、社交网络的兴起，人们通过网络进行联系的频率越来越高，个人隐私和行为数据很容易通过网络泄露。目前，用户数据的收集、存储、管理和使用等过程均缺乏统一规范，更缺乏监管，主要依靠企业的自律。大数据在收集、存储和使用的过程中，都面临着一定的安全风险，一旦大数据产生隐私泄露的情况，会对用户财产安全造成严重威胁。

大数据时代数据的更新变化速度加快，而一般的数据隐私保护技术都基于静态数据保护，这就给隐私保护带来了新的挑战。在复杂变化的条件下如何实现数据隐私安全的保护，这将是未来大数据研究的重点方向之一。

4.4.2　计算复杂性

大数据的多源异构、体量巨大等特点使得传统的机器学习、数据挖掘等计算方法不能有效支持大数据的处理、分析和计算，大数据的计算需要突破传统计算对数据的独立同分布和采样充分性的假设。因此在求解大数据的问题时，需要重新研究新的算法。

研究面向大数据的新型高效计算范式，提供处理和分析大数据的基本方法，支持价值驱动的特定领域应用，是大数据计算的核心问题。而大数据样本量充分，内在关联关系密切而复杂，价值密度分布极不均衡，这些特征对研究大数据的可计算性及建立新型计算范式提供了机遇，同时也提出了挑战。

4.4.3　计算时效性

随着数据规模的不断增大，对其分析处理的时间也越来越长，而大数据计算对信息处理的时效性要求越来越高。传统的数据挖掘技术在数据体量增大时，需要的计算时间呈指数增长，当面对 PB 级以上的海量数据时，传统的算法难以接受。大数据计算的时效性问题给大数据的发展带来了新的挑战。

05 第5章　大数据与智能系统开发——以农业应用为例

随着时代的发展和信息化社会的到来，信息技术在人们的日常生活中发挥着越来越重要的作用。我国作为农业大国，在农业生产和农业发展中利用信息技术，对促进农业经济发展具有巨大的推动力，对改造传统农业，推进农业现代化的进程有着非常重要的意义。农业专家系统、农业决策支持系统、精准农业、农业电商等都是信息技术在农业中的具体应用，并在农业生产中发挥着重要的作用。近年来，农业大数据技术伴随着信息技术的发展而快速兴起，成为信息技术在农业应用中的一个新亮点。本章主要介绍大数据背景下的农业信息技术，即农业大数据技术和基于移动技术的农业智能。

5.1　农业信息化概述

5.1.1　农业信息概念

农业信息泛指应用于农业经济和农业科学技术领域的信息，涉及的范围非常广，例如，气象信息、土壤信息、病虫害发生信息、农产品价格信息和农业科技文献信息等。农业信息是信息的一个分支，除了具有一般信息的特征，还具有以下特点。

（1）服务性。农业信息的服务对象包括两类：农民和行政领导。一方面，农民既是生产者也是经营者，需要多方面准确综合获取信息；另一方面，农业信息可以为行政领导的决策提供有力的依据。

（2）教育指导性。随着农业技术的推广，农业信息的教育性也愈加体现：一方面传授给农民新的知识和技能，提高农民的生产能力；另一方面帮助农民通过信息服务转变思想观念，提高心理素质。

（3）实时性。农业生产受自然环境和相关政策的影响极大。及时地了解当前的农业信息不仅可以帮助农民做好灾前保护工作、最大限度地减少损失，而且可以帮助农民根据政策调整生产结构，提高收益。

5.1.2　农业信息分类

农业信息的类型繁多，其全面系统的分类研究在农业大数据时代是一项重要的工作。农业信息的分类有着重要的意义：首先，保证了存储合理性和科学性，可以满足多种多源信息检索方式的需要；其次，为解决信息孤岛，实现信息资源的整合和共享提供了有利的条件。

农业信息分类目前尚没有统一的标准，从不同的角度或分类依据出发，农业信息有多种不同的分类方法。如果从全产业链的角度考虑，可以分为产前、产中和产后 3 个环节的农业信息。如果从地域角度考虑，可以分为全国数据、省市数据、地市县级数据和乡镇村数据。如果从专业角度考虑，例如，针对农畜品种可分为生猪、肉鸡、蛋鸡等数据，针对农作物可分为经济作物、粮食作物等数据。如果从信息技术角度考虑，农业信息可分为文本信息、视频信息、图像信息和数值型信息等。

5.1.3　农业信息技术

农业信息技术就是将信息技术应用于农业生产、经营和管理所衍生的一种技术，以现代信息技术为基础，以微电子技术、通信技术、计算机技术为依托，将现代信息技术的成果引入农业生产中，对传统农业进行科学改造，加速农业的发展和农业产业的升级。

农业信息技术是伴随着信息技术的发展而不断发展的。农业信息技术的发展大致经历了 4 个阶段：20 世纪 50～60 年代，主要是利用计算机进行农业科学计算；20 世纪 70 年代，主要是各种农业数据库的设计与开发；20 世纪 80 年代，研究重点转向知识的处理、自动控制的开发，以及网络技术的应用，出现了各种农业专家系统；20 世纪 90 年代至今，研究的重点转向物联网、无人机和大数据处理技术等在农业中的应用。

我国信息技术在农业中的研究应用虽起步较晚，但发展较快。20 世纪 90 年代以来，我国相继启动了一系列重大的农业信息化项目，农业农村信息化方面的投资逐年增加，形成了较为稳定的农业数据的采集、存储、管理、分析与发布平台，储备了海量的农业数据，为国家农业大数据中心建设提供了必要的数据支撑。

农业信息技术主要包括农业信息的获取和处理两部分。农业信息的获取是农业信息技术的基础，常用的农业信息获取技术有农业网站、物联网技术、无人机和遥感卫星等。农业信息的处理主要包含信息的整理、分析、挖掘和可视化等一系列的过程。

5.2　农业大数据概述

5.2.1　农业大数据的概念

农业大数据就是一切与农业相关的数据的集合，整个产业链所产生的各类数据都属于农业大数据。目前农业大数据尚无统一的概念，常见的几种定义介绍如下。

（1）农业大数据是大数据理念、技术和方法在农业领域的实践。

（2）农业大数据是大数据技术、理念、思维在农业领域的应用。

（3）农业大数据是大数据方法和技术在农业领域中的应用。

农业大数据的目的是用数据科学与大数据技术发展传统农业，提高生产力。农业的生产过程是一个复杂的系统工程，农业大数据由结构化数据和非结构化数据构成，随着农业的发展建设，图像处理技术、网络技术和物联网技术的应用，非结构化数据呈现出快速增长的趋势，其数量将大大超过结构化数据。在农业信息化的进程中，我国积累了大量的农业数据。

5.2.2　农业大数据的特点

由于与农业有关的业务结构在形成过程和时间演化的过程中非常复杂，因此农业大数据有以下特点：数据来源多、数据涉及种类多、数据数量庞大、数据结构复杂、数据主体多、数据涉及空间多、地域性和周期性等。在研究分析农业大数据时，必须将农业大数据技术和农业业务活动相互结合，才能够使得到的数据结果更有实用性。

5.2.3　农业大数据的标准

数据标准是数据实现共享的基础支撑条件。推进现代农业数据标准体系建设，需要建立一套成熟的农业基础标准、采集标准、处理标准、安全标准和平台标准。下面对每种标准进行介绍。

1. 农业数据基础标准

农业数据基础标准具有指导和约束农业大数据标准体系编制的作用，主要包括元数据标准、数据标准术语、交换格式标准等。

2. 农业数据采集标准

农业数据采集标准涵盖农业数据采集分类标准、采集对象标准和采集流程标准等内容。采集标准的制定要确保在对象上覆盖主要农产品，在环节上覆盖生产、加工、流通和消费等各个环节。

3. 农业数据处理标准

农业数据处理标准包括数据整理标准和分析标准等，用于确保农业数据整理和分析环节的规范性、完整性。

4. 农业数据安全标准

农业数据安全标准用于确保数据生命周期安全，主要包括网络安全标准和系统安全标准等。

5. 农业数据平台标准

农业数据平台标准从技术架构和平台接口等方面考虑，主要包括数据库产品标准、可视化工具标准、处理平台标准和数据平台测试标准等。

5.2.4　农业大数据的发展趋势

1. 学科深度融合

大数据技术是多学科多领域的融合，涉及数学、统计学、计算机学和管理学等多种学科，大数据应用更是与多领域交叉，这种多学科之间的交叉融合，催生了一种基础性学科——数据学科。

在农业大数据领域，许多相关学科从表面上看，研究的方向大不相同，但是从数据的视角看，其实是相通的，例如，植保学科和园艺学科都会使用数据挖掘相关技术，对植物长势信息进行统计。随着农业发展的数字化程度逐步加深，越来越多的学科在数据层面趋于一致，可以采用相似的思想进行统一研究。未来从事农业大数据的研究人员不仅包括计算机领域的科学家，也包括农学、林学和数学等方面的科学家，农业大数据技术的边界会更宽泛、更包容，甚至泛化到数据科学所对应的整个数据领域和数据产业。

2. 处理模式多样化

未来农业大数据的处理模式会更加多样化，Hadoop 不再成为构建大数据平台的必然选择。在应用模式上，大数据处理模式会更加丰富，批量处理、流式计算和交互式计算等新技术会面向不同的需求场景。大数据处理框架会有更多的选择，特别是开源项目 Spark，目前已经被大规模应用于实际业务环境中，并发展成为大数据领域最大的开源社区。很多新的技术热点持续地融入农业大数据的多样化模式中，形成一个更加多样、平衡的发展方向，同时满足了大数据的多样化需求。

3. 开源技术发展

未来开源系统将成为农业大数据领域的主流系统。以 Hadoop 为代表的开源技术拉开了大数据技术的序幕，大数据应用的发展又促进了开源技术的进一步发展，开源技术的发展降低了数据处理的成本，引领了大数据生态系统的蓬勃发展。

5.3 农业大数据技术

利用农业大数据技术可以有效地提升农业生产效率，对于加快转变农业发展方式，建设现代农业具有重要的推动作用。目前，大力发展农业大数据技术，加快推进信息化发展，促进信息化和现代化融合，已经成为各国农业发展的重要趋势。我国是农业大国，在农业大数据方面具有非常大的发展潜力。

农业大数据的关键技术有大数据获取与预处理技术、大数据存储与集成技术、大数据挖掘与时空可视化技术等。

5.3.1 获取与预处理技术

1. 获取技术

农业大数据获取是指利用信息技术从田间、加工、流通环节和农业生产消费、追溯环节等方面进行数据获取和传输的过程。农业大数据主要包括农业生产环境数据、农业网络数据、农业市场数据和动植物生命信息数据等。针对不同的数据来源需要使用不同的采集技术。

农业大数据的获取是数据管理、农业数据分析挖掘和数据应用的基础。下面介绍常用的几种农业大数据获取设备或技术。

（1）农业小气候站

农业小气候是指农田或设施大棚中特定的气候。农业小气候对农作物的生长、发育和产量，以及病虫害的发生都有很大的影响。采集的信息包括：农业气象信息，例如空气的温湿度、降水、二氧化碳浓度、风速、湿度和日照时数等；土壤信息，例如土壤类型、土壤温湿度、土壤含水量和土壤养分（土壤有机质、氮磷钾）信息等。

（2）虫情信息采集设备

虫情信息采集设备是新一代的虫情测报工具，利用光电和数控技术，实现虫体远红外自动处理等功能，在无人监管的情况下，能自动完成诱虫、杀虫和收集等系统作业。虫情信息采集设备可对昆虫的发生进行实时自动拍照，实现图像采集和监测分析，并自动上传到互联网监控服务平台，为农业现代化提供服务，满足虫情预测预报、采集标本的需要。这种装置广泛应用于蔬菜、烟草、茶叶和药材种植领域。

（3）农作物病害监测预警仪

农作物病害监测预警仪是一种集气象数据采集、存储、传输和管理于一体的无人值守的气象采集系统，可对雨量、温度、湿度、露点和叶面温度等气象要素进行全天候现场精确测量，并将数据传输到中心计算机气象数据库中，用于统计分析和处理。这种装置广泛应用于气象、环保、机场、农林和科学研究等领域。

（4）农田生态监控系统

农田生态监控系统主要用于农林病虫的远程诊断、预测、预报、预警、研究和监测控制等领域，使用专业采集卡及计算机软件，可与田间小气候自动观测仪、自动虫情测报灯和数码显微成像系统等产品配合使用，设定单个或多个可视化通道监测植物生长、病虫数量和种类等数据，然后通过互联网实时传输到互联网监控服务平台，促进农业病虫害预测、预报和预警工作的标准化、网络化、现代化、自动化和可视化发展。

（5）农业电商平台

农业电商平台是指利用互联网为从事涉农领域的生产经营主体提供网上服务的网站平台。农业电商扩大了农产品流通范围和效率，使市场信息更加透明化，有利于农业信息传播，减少缺乏销售信息而带来的滞销等问题，促进了农产品的产供销一体化。

（6）物联网技术

物联网是通过射频识别、红外感应器、全球定位系统、激光扫描器等信息传感设备，按约定的协议，把任何物品与互联网相连接，进行信息交换和通信，以实现对物品的智能化识别、定位、跟踪、监控和管理的一种网络，即物物相连的网络。

传感器是物联网的基础和核心。目前，农业信息采集采用的传感器种类繁多，常用的有空气温/湿度传感器、土壤湿度传感器、土壤温度传感器、光照强度传感器、压力传感器、速度传感器、图像传感器、二氧化碳浓度传感器和营养传感器等。物联网技术使用各类传感器，利用传感网络、射频识别、条形码和二维码采集等技术对农业信息进行采集和获取。

对农业领域信息进行采集和获取时，利用二维条码标签可以实现在途货物的监控、跟踪。在农业生产追溯环节中，当农产品品种收购时，通过采用RFID读写器对农产品信息进行信息采集，不仅加快了收购速度，降低了出错率，而且为农产品加工提供了基础数据，为农产品的溯源提供产品信息、产地信息、施肥信息、施药信息等数据。

（7）空间信息技术

空间信息技术也称“3S”技术，即由地理信息系统（Geographic Information System，GIS）、全球定位系统（Global Position System，GPS）和遥感测绘技术（Remote Sensing，RS）3大技术构成。“3S”技术是精准农业的核心技术，也是农业大数据采集的重要技术之一。全球定位系统可以在精准农业的各个环节发挥作用，例如，精准播种、精准施肥、精准灌溉、精准喷药及精准耕作等。遥感测绘技术是获取田间数据的重要来源，不仅可以全面、准确、实时地提供作物生态环境信息，而且还可以提供作物生长的各种信息，实时地获取大面积的农业数据，提供播种面积、农作物长势和农作物病虫害等宏观空间信息，在作物产量预测，农情宏观预报等方面提供重要依据。

（8）网络爬虫

网络爬虫是一种按照一定的规则，自动地抓取互联网信息的程序或者脚本。互联网上的各种农业数据，例如，农业相关新闻、气象信息和农产品图像等，可以采用爬虫技术进行采集。网络爬虫技术支持对图片、音频、视频等文件或附件的采集，并可以对抓取的农业数据进行过滤和识别，获得有用的信息。

（9）植保无人机技术

植保无人机是用于农林植物保护作业的无人驾驶飞机，由飞行平台、导航飞控和喷洒机构 3 部分组成，通过地面遥控或导航飞控，实现药剂、种子等喷洒，以及图像拍摄作业。通过无人机对农场进行拍摄，然后用软件进行自动分析与图像处理，可得到大量农田数据。例如，灌溉是否均匀，土壤颜色变化，土壤温度变化，氮肥是否超标，虫灾严重情况，植物是否缺水等，然后根据这些分析及时调整种植措施。

2. 预处理技术

数据预处理是指消除噪声数据、不完整数据、不规则数据，把脏数据转变成符合标准的数据，提高数据质量的过程。由于农业系统具有复杂性、不确定性、模糊性和随机性等特点，农业数据的预处理显得尤为重要。农业大数据预处理技术主要包括：缺损数据的补充、重复数据的清除、噪声数据的平滑、异常数据的剔除或纠正，以及不一致数据的归一化等。例如，在分析一个茶园基本信息的数据时，发现有许多记录中的属性值为空，例如“龙井种植面积”属性；还有一些属性值为异常状况，例如，“空气湿度”属性值为负数。当出现空的属性值或异常的属性值时，如果对于结果分析影响不大，可以将其忽略；如果出错的数据量不多，可以根据需要进行手动填补空缺值或替换异常值；如果出错数据量较大，同时对数据质量要求较高，可以利用缺省值、平均值等进行填补。数据归一化是根据需要将数据压缩到特定的范围之内，即对数据进行规格化处理，一般为[0，1]之间。例如，在茶园基本信息中的土壤温度和土壤水分含量属性，由于两者之间属性值差别太多，如果不进行归一化处理，在进行数据分析处理时，土壤水分含量的距离计算值会远远大于土壤温度的距离计算值，这就将土壤水分含量的属性作用在整个数据对象的距离计算中大幅放大。

5.3.2 存储与集成技术

1. 存储技术

农业大数据的来源多且涉及的种类多，数据量庞大且结构复杂。传统的数据库存储的是结构化数据。农业大数据包括气候站数据、传感器采集数据、农业网站数据等多种数据，其中，有的是结构化数据，而更多的是半结构化或者非结构化数据，因此传统的数据库已无法满足存储的要求。由于其数据来源不同，数据结构化程度不同，其格式也多种多样，因而人数据的存储或处理系统必须对多种数据及软硬件平台有较好的兼容性，以适应各种不同的算法或数据提取的转换。

2. 集成技术

数据集成是把不同来源、格式和特点性质的数据在逻辑上有机地集中。农业大数据分为结构化数据、半结构化数据和非结构化数据，为了对农业大数据进行后续存储与分析处理，需要将多种类型的复杂数据转化为单一的、易于处理的数据。传统的数据集成方法分为数据复制和模式映射两种。数据复制方法最常用的是数据仓库方法。模式映射方法主要包括联邦数据库、中间件集成方法和 P2P

数据集成方法。随着农业大数据越来越复杂，新的异构数据集成技术（如基于 CORBA 的异构集成技术）也得到了广泛的使用。

5.3.3 数据挖掘与时空可视化技术

1. 数据挖掘技术

数据挖掘是从大量的、不完全的、有噪声的、模糊的和随机的数据集中识别有效的、新颖的、潜在的、有用的信息和知识的过程。由于农业大数据的来源广泛，数据量多，类型多样且结构复杂，因此常用数据关联分析技术分析农业大数据的内在价值，挖掘出有用的信息。关联分析又称为关联挖掘，是指在庞大的数据中找出其中的频率模式、关联性、相关性，以及其中存在的因果关系，通过对这些数据进行分析，发现其规律和结构。

2. 时空可视化技术

时空可视化是指存在一定联系的时空现象，它们在空间维度和属性维度上的渐变过程随着时间的变化，以图形或图像的方式相互交叉表现出来，这种表现方式能够更直观地呈现在人们面前，方便人们对复杂情况下的转变过程有直观的了解，有利于人们掌握其变化规律，了解其发展走向。因此，时空可视化逐渐成为时空分析和相关知识研究的关键一环。目前，在农业大数据中时空可视化技术的实际应用还比较少，并没有形成一定的发展规模，相关技术发展也不是很快。因此，需要增强相关技术的研究，为今后农业大数据时空可视化技术的发展奠定良好的基础。

5.3.4 发展趋势

基于大数据的理论和技术，不断推进传统领域的创新与应用实践，为国家经济社会发展提供了新的生长点。在农业信息化不断发展的过程中，很多领域已经完成了大数据积累，具备了利用大数据理论与技术进行深入数据分析和价值发现的条件。未来农业大数据技术将会朝着微、巨、网、智 4 个方向发展。

（1）微。伴随着大规模集成电路技术的迅速发展，芯片集成密度越来越高，农业大数据获取设备或装备的体积越来越小，重量更轻，价格更低，智能化程度越来越高。

（2）巨。一方面，农业大数据技术普及范围越来越广。我国农业环境分布差异由南到北因地制宜，应当根据当地的实际情况，选择合适大数据技术，制定适当的大数据推动计划，这需要政府部门、涉农企业、大数据企业和农业生产经营主体多方合力，共同推进农业大数据的示范与推广。另一方面，随着超算和计算机集群技术的不断发展，计算机计算能力越来越强，计算量越来越大，存储量越来越高，为大规模农业数据的分析与处理提供了充足的保障。

（3）网。农业大数据的发展离不开互联网、移动互联网和物联网的支持。物联网实现了物与物之间的信息交换和通信，移动互联网将移动通信技术和互联网相结合。近些年来，4G 网络技术快速发展，其带来的强大连接能力将成为涉农企业与消费者享受大数据技术成果的重要载体。伴随着 4G 技术在全国范围内的扩展，将有更多涉农企业利用大数据技术扩大自身业务覆盖范围，增加客户群体并借此提升利润。

（4）智。智即人工智能技术，人工智能技术在农业大数据应用中越来越广泛。随着我国农业的发展，农业领域的数据数量将会越来越多，使用人工智能技术能够有针对性地对数据进行提取、研究、分析，结合农业数据的自身特点和实际情况，对不同的农业数据进行差异性的设计，对农业大数据获取与预处理技术、存储与集成技术、关联分析和预测技术、时空可视化技术等多方面进行研究分析，并结合时间和空间因素，研究我国复杂的农业结构。

5.4　农业大数据的机遇、挑战与对策

5.4.1　机遇

目前，数据已经成为和自然资源、人力资源一样重要的战略资源。如何利用数据资源发掘知识、提升效益、促进创新，是大数据技术的追求目标。一些国家已经把占有更多的数据，科学地分析提炼数据，视为争夺今后发展制高点的重要机遇。信息技术的发展为大数据的应用提供了保障。农业大数据为农业带来更大价值和机遇，逐渐成为重要的战略资源，对于我国现代农业的转型升级具有非常重要的意义。

5.4.2　挑战与对策

1. 挑战

大数据技术在我国农业领域的应用研究刚刚起步。虽然大数据的理念和技术具有一定的普适性，但是运用到农业领域时，又有其特殊性。相比于商业、工业等其他行业，农业数据涵盖面广、数据源复杂。因此农业大数据技术的发展和应用，还面临着许多挑战。

（1）数据获取问题

数据获取是大数据技术的根本，我国是农业大国，拥有庞大的农业数据资源。但是实际存储的数据总量仅仅是北美的 7%、日本的 60%，其中能被有效利用的数据则更少，该问题主要是由于数据获取过程量化能力低与管理过程中数据共享少造成的。例如，农业普查目前还是我国获得农作物产量数据、农产品市场价格数据等重要数据的主要途径，而这种方法极易受人为因素影响。

在市场经济条件下，农业的分散经营和生产模式，使得农业生产很难在全国范围内形成统一规划。农业信息也分散在各类不同的涉农网站及研究管理机构数据库中。但是由于各种原因，这些数据相互之间缺乏统一标准和规范，不能共享互换，形成了所谓的“信息孤岛”。

（2）数据异构性问题

农业大数据的来源不同，有的来自物联网中的传感器设备，有的来自农业信息化的网站，有的来自气象站数据等，这就导致农业大数据类型向着结构化、半结构化、非结构化三者融合的方向发展。如何将这些异构的数据进行统一的存储和分析，如何统一分析这些异构的数据，是农业大数据面临的重要问题。

（3）数据实时性问题

实时数据是一种带有时态性的数据，与普通的静止数据最大的区别在于，实时数据带有严格的时间限制。随着时间的流逝，农业采集的数据中所蕴含的价值也在逐渐衰减，因此数据实时性也是农业大数据分析过程中必须考虑的问题。例如，在分析气象数据时，如果分析不及时则会延误恶劣天气的抵御措施。

（4）数据安全性问题

大数据技术在给农业带来诸多驱动、发展、转型与便捷的同时，也带来了前所未有的信息安全威胁与风险。大数据时代，农业数据被众多联网设备、涉农软件所采集，数据来源广泛，数据种类多样，保证所采集的数据真实可信，变得至关重要。若利用虚假数据进行分析处理，将影响结果的正确性，对农业生产造成严重影响。大数据场景下无所不在的数据收集技术、专业多样的数据处理技术，使用户很难确保自己的个人信息被合理收集。但是大数据资源开放和共享的诉求与个人隐私保护存在天然矛盾，为追求最大化数据价值，滥用个人信息几乎是不可避免的。

（5）基础设施薄弱问题

网络基础设施是实现大数据农业发展的先决条件，只有高速畅通的网络环境才能将实时采集的海量数据信息及时、有效地传送至农业大数据处理中心，从而为数据统计和预测赢得宝贵时间。目前，我国偏远农村地区经济发展落后、地质条件相对复杂，导致农村网络硬件设备和基础设施建设不足，严重限制了大数据的发展，这是亟待解决的问题。

2. 对策

（1）制定法律与规范

现阶段，我国农业数据的质量标准、采集标准、安全标准等缺少统一的规范。只有通过依靠法律的维护，明晰法律边界，大数据农业才能稳定健康地发展。政府相关职能部门需要制定与完善与农业大数据安全相关的法律法规与标准，为农业的健康持续发展提供保障。

（2）打破信息孤岛

信息孤岛是指相互之间在功能上不关联互助、信息不共享互换，以及信息与业务流程和应用相互脱节的系统。农业数据由于来自于不同的系统、不同的应用、不同的技术平台，很容易产生信息孤岛现象。高维度农业大数据的采集，需要信息互联互通，打破信息孤岛。各类涉农网站及农业研究管理机构应该尽可能地开放各种农业大数据，包括天气数据、农业用地各类元素含量数据、病虫害和动物疫情监测数据等，以供农资企业合理调配生产，并制定针对各区域各品种的农资解决方案。

（3）加快基础设施建设

大数据技术的发展离不开基础设施的支持，我国偏远农村地区网络硬件设备和基础设施建设不足，严重限制了大数据技术在农村的普及与推广，因此必须加快农村基础设施建设。大力推动通信基站、电信宽带的建设，让各类农业经营者更方便地上网，为大数据的通信提供基础。同时加快智能传感器平台、农业数据云平台、卫星遥感平台等多种平台建设，逐渐完善农业大数据基础设施。

5.5 基于安卓的农业智能

5.5.1 简介

随着智能手机的普及，移动应用程序的爆炸式增长，4G 通信技术的成熟及农业移动基站设施的不断增加，我国农村地区已经基本实现了移动网络的全覆盖。如何利用智能手机实时获取农业监控数据，进行农业大数据的采集，以及利用采集的数据进行分析与挖掘成为重要的研究方向。近年来，使用智能手机的农民用户群体越来越庞大，通过采集农民在整个农业生产过程中的行为大数据，然后进行数据分析和挖掘，对于指导农业生产有一定的价值和意义。同时，通过手机客户端在田间实现农业大数据采集和接收，为农业大数据的分析和挖掘提供了有效的数据支撑。

目前既有的农业智能系统开发平台多基于 PC 端的 Windows 操作系统，因此在开源性、免费性和人机交互性等方面较差。并且对普通农户而言，在农业智能系统应用中常用的 PC 机等应用终端，价格昂贵、功能单一，需要搭建专用的网络，导致其适用的人群十分有限。因此，在新一轮信息技术下寻找一种针对普通农户的、界面简单友好的农业智能系统应用终端，并为其构建开源、免费的开发环境，对我国农业科技新成果、新技术及时有效地向农业生产一线普及具有重要的意义。

近年来，随着全球智能手机的发展，谷歌公司发布的安卓操作系统和我国 4G 网络覆盖工程的推进，安卓智能手机得到了迅速发展。华为、小米等国产品牌不断推出新款机型，手机各项性能不断提高。一方面，安卓智能手机是集通话、多媒体、上网等多功能于一体的智能终端，价格低廉；另一方面，安卓操作系统开源、免费，不仅为软件设计者提供了更为灵活的自主设计空间，而且还支持语音识别等新的人机交互技术，为农业智能系统的开发提供了较好的平台。

App 是应用程序（Application）的简称，指智能手机的第三方应用程序。随着智能手机的发展，手机 App 迅速渗透到人们生活的方方面面，正在潜移默化地改变着人们的工作和生活。我国正处于传统农业向现代农业转变的关键时期，App 与农业不断融合，将极大地优化农业信息管理模式、农业信息获取方式，以及农业生产管理模式，在促进农业信息化发展方面起到了极大的推动作用。

5.5.2 App 开发步骤

App 开发流程包括以下几个步骤。

1. 用户需求分析

用户需求分析是整个 App 开发流程中最重要的一环，在整理 App 开发需求时，不仅要了解开发企业的需求，也要了解客户群体的需求。最后将这些需求进行分析，整理出 App 整体框架。

2. 产品原型设计

产品的原型类似一个 App 产品的草图，将基本结构展示给用户，可以借助产品原型设计出相似的 App 产品，将此产品原型与客户进行确认，确认完毕即可进入下一环节的开发。

3. 规划应用 UI

产品原型设计好之后，需要 UI 设计师对 App 的界面进行设计美化，例如，对特定的区域进行相应的配色，绘制每个功能菜单的图标及其他页面元素的设计，最终设计出所有的 App 界面效果图。

4. 设计数据操作与存储

按照整理出来的功能数据处理情况，建立合理的数据库表结构，优化数据算法，提升数据的处理效率。

5. 服务器端开发

App 应用的核心处理过程均是由服务器端的程序完成的，客户端的 App 仅需要进行收发数据即可。服务器处理完成之后，将结果反馈给客户端 App，因此服务器端的程序开发尤为重要。

6. 安卓客户端开发

按照设计师设计的 App 效果图进行客户端开发，主要是对设计效果图的代码实现，并写入功能调用的接口，连接服务器端，方便与服务器端进行数据交互。

7. 程序测试

对已开发好的App进行全面的测试，模拟用户正常使用以及非正常使用的情况。测试时通常会导入一些测试数据，将测试的结果进行记录，若出现错误则返回到开发阶段进行修复。如果没有出现错误，则说明整体App开发过程已经完成。

8. 程序发布

对开发完成的App进行打包签名，然后提交发布到各类应用商店，以便用户下载和使用。

5.5.3 农业App

随着智能手机的不断普及，涌现出一批受到农业技术人员和农民喜欢的、实用的农业App。目前，常用的农业类App有农产品电商类、农技服务类和农业社区平台类。

农产品电商概念出现相对较早，也是目前所有互联网+农业领域相对成熟的模式，因此，相关的农产品电商App种类最多，竞争最激烈。农业技术服务属于农业细分领域，竞争少，市场庞大，相关App对专业知识和专业人才的依托力较强。农业社区平台App将传统网站社区细分到农业类别，由于在传统的社交平台上，农业相关板块分类较少，因此这类App有着巨大的发展前景。

现阶段，各国的开发人员都在努力开发和推出各种不同功能的农业App产品，其中，比较有代表性和实用性的App有“笛卡儿作物”“农哨”等。“笛卡儿作物”App由美国笛卡儿实验室开发，为美国各个州县提供每周产量预测。“农哨”是一款农业服务模式平台App，提供简单的农业数据服务和可实施的分析工具，其主要功能是在传统平台上实现农产品销售追踪，以增加销售机会，为多个农业品牌提高了追踪效率。

相比于商业、工业等其他行业，我国农业App发展基础较差，农业从业人员中互联网普及率较低。农业是国民经济的基础，是与国民生活息息相关的重要产业。但是，由于我国信息化程度较低，智能移动设备不够普及，农民信息素养较低和涉农互联网企业较少等，导致农业相关产业利润较少，农业App研发力度不足、种类较少、推广力度不够、使用人数较少。但是随着政府对农业产业的大力扶持，农业信息化技术不断发展，农村基础网络设施不断完善，农民收入水平不断提高，农业App的发展具有广阔的前景。

06 第6章　图像处理与分析技术

数字图像处理是利用计算机对数字图像进行各种变换或处理的一门技术和方法，是主流的图像处理技术，有很多优点，如处理内容广泛、处理精度高、处理灵活、可以进行复杂的非线性处理，并且当改变功能时，只需要进行不同功能模块的重新编码和参数变换。数字图像处理技术功能的实现需要计算机软件的支持，所以也称为计算机图像处理技术。

近年来，图像处理技术发展十分迅速，从早期的电报打印机只能简单地打印图片，到彩超技术可以清晰地观看到人体内部组织结构，再到我国“嫦娥三号”月球探测器向地球发回大量月球照片等。技术发展的同时，图像处理技术在人们生活中的作用也越来越显著。

获取数字图像的设备种类繁多，常用的有数码照相机、扫描仪和摄像头等，还有许多其他的专用设备，例如显微摄像设备、红外摄像机、高速摄像机和胶片扫描器等。另外，遥感卫星等还可以提供遥感图像。这些设备为图像的获取、处理与分析提供了有利的条件。数字图像处理技术已经成为一门获得广泛关注并拥有广阔前景的新型学科。本章主要介绍图像处理技术中的常用术语、处理与分析基础和在农业中的应用，以及图像细化算法。

6.1　简介

6.1.1　常用术语

下面介绍图像处理技术中常用的术语。

1. **像素和分辨率**

像素是图像组成的基本单元，是图像显示基本单位。分辨率是指显示器所能显示的像素的多少，分辨率的大小直接影响图像的显示效果。如果设置分辨率为 1024×768，则表示显示器所显示的图像由 1024×768 个像素组成。针对同样大小的不同图像，分辨率越高，所包含的像素就越多，图像也就越清晰，同时占用的存储空间就越大。分辨率单位为“像素/英寸”（ppi），如 400ppi 表示该图像每英寸含有 400 个像素点。

2. 矢量图与位图

矢量图使用直线和曲线来描述图形，这些图形的元素是由一些点、线、矩形、多边形、圆和弧线等构成。这些元素都是通过数学公式计算获得的，只能靠软件生成，在计算机内部表示成一系列的数值而不是像素点，占用内存空间较小。因为这种类型的图像文件包含独立的分离图像，所以可以自由无限制地重新组合。矢量图最大的特点是放大后图像不会失真，与分辨率无关，适用于图形设计、文字设计和一些版式设计等。

位图是由称作像素的单个点组成的，这些点可以进行不同的排列和染色以构成图像，也被称为点阵图像或绘制图像。与矢量图形相比，位图更容易模拟照片的真实效果。位图的显示是基于方形像素点的，如果将这类图像放大到一定的程度时，就会看见构成整个图像的无数单个方块，这些小方块就是图形中最小的构成元素——像素点。因此，位图的大小和质量取决于图像中像素点的多少。

矢量图与位图最大的区别如下：矢量图不受分辨率的影响，即矢量图不会因为缩小和放大而失真，而位图会因为缩小和放大而失真。图形是一种矢量图，图像是一种位图。

3. 图像格式

图像文件的格式有很多种，下面简单介绍几种主流格式。

（1）TIFF 格式

TIFF 格式是应用最为广泛的标准图像文件格式，在理论上它具有无限的位深，TIFF 位图可具有任何大小的尺寸和任何大小的分辨率，它是跨越 Mac 与 PC 平台最广泛的图像打印格式，几乎所有的图像处理软件都能接受并编辑 TIFF 文件格式。

（2）JPEG 格式

JPEG 格式为印刷和网络媒体上应用最广的压缩文件格式，使用这种格式可以对扫描图像或自然图像进行大幅度的压缩，节约存储空间，尤其适用于图像在网络上的快速传输和网页设计。JPEG 格式图像文件保存时，会丢失一些数据，因此是一种有损压缩。

（3）BMP 格式

BMP 格式又称为位图格式，是 Windows 系统中广泛使用的图像文件格式。BMP 格式的缺点是占用的存储空间比较大。

（4）GIF 格式

GIF 扩展名为 gif，是一种压缩位图格式，将多幅图像保存为一个图像文件，从而形成动画。GIF 支持透明背景图像，适用于多种操作系统，体型很小，是一种在网络上非常流行的图形文件格式。

（5）PNG 格式

PNG 是一种无损压缩的位图图形格式，压缩比高，生成文件体积小，支持真彩和灰度级图像的 Alpha 通道透明度。PNG 格式广泛应用于 Java 程序、网页设计中。

（6）PSD 格式

PSD 是 Adobe 公司的图形设计软件 Photoshop 的专用格式。PSD 文件可以存储成 RGB 或 CMYK 模式，能够自定义颜色数并加以存储，还可以保存 Photoshop 的图层、通道、路径等信息，是目前唯一能够支持全部图像色彩模式的格式。

4. 灰度、对比度与饱和度

灰度以黑色为基准色，使用黑色来显示物体，用不同饱和度的黑色来显示图像。通常情况下，像素值量化后用一个字节来表示，如把有黑-灰-白变化的灰度值量化为256个灰度级，则用范围为0～255的灰度值来表示亮度从深到浅，对应图像中从黑到白的颜色变化。如果灰度范围为0～255，则0表示黑，255表示白。

对比度是指一幅图像中最亮的白和最暗的黑之间不同亮度层级的测量，差异范围越大代表对比越大，差异范围越小代表对比越小。

饱和度指色彩的纯洁性，又叫作彩度。例如，常说大红比玫红更红，就是说大红的饱和度要更高。

5. 图像灰度直方图

图像的灰度直方图是图像的灰度级函数，表示图像中具有每种灰度级的像素的个数，反映了图像中某种灰度出现的频率。图像在计算机中的存储形式，就像是有很多点组成一个矩阵，这些点按照行列整齐排列，每个点上的值就是图像的灰度值，直方图就是每种灰度在这个点矩阵中出现的次数。图 6-1（a）为粘虫板上潜蝇灰度化图像，图 6-1（b）为对应的灰度直方图，其中横坐标表示灰度值，范围为（0，255），纵坐标表示具有各个灰度值的像素在图像对应的频率，从图中可以看出像素灰度值集中在 125～150，对应为粘虫板图像背景。

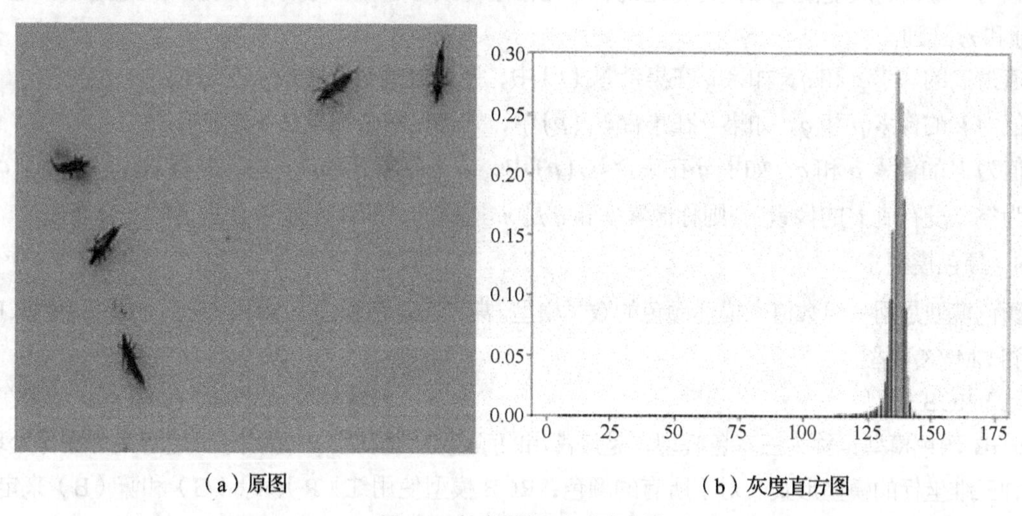

（a）原图　　　　（b）灰度直方图

图 6-1 灰度图像和灰度直方图

6. 图像噪声

各种妨碍人们对其图像信息接受的干扰因素称为图像噪声。图像噪声严重影响了图像的质量，对图像的分析和理解带来干扰和影响。因此，在对图像处理前需要对图像进行预处理，剔除干扰因素，减少噪声的影响，即图像的去噪。目前，常用的图像去噪声方法有均值滤波、中值滤波和小波变换等。根据服从的分布或概率密度函数，可将图像噪声分为高斯噪声、泊松噪声和椒盐噪声等。

（1）高斯噪声

高斯噪声是一种噪声概率密度函数服从高斯分布的噪声。一般由于图像传感器在拍摄时不够明亮、亮度不够均匀或者电路各元器件相互影响而产生。

（2）泊松噪声

泊松噪声是符合泊松分布的噪声模型。泊松分布适合于描述单位时间内随机事件发生次数的概率分布，如机器出现的故障次数、自然灾害发生的次数等。

（3）椒盐噪声

椒盐噪声又称脉冲噪声，这种噪声会随机改变图像中的一些像素值，是由图像传感器、传输信道、解码处理等产生的黑白相间的亮暗点噪声。椒盐噪声一般由图像切割引起。

7. 图像邻域与连通

图像邻域是图像中每个像素点的近邻像素点的集合，它反映图像素之间的一些基本关系。一般常用的邻域有 4 邻域、D 邻域和 8 邻域。

像素点 $p(x, y)$ 的 4 邻域是：$p_1(x+1, y)$、$p_2(x-1, y)$、$p_3(x, y+1)$ 和 $p_4(x, y-1)$，一般用 $\mathrm{N}_4(p)$ 表示像素 p 的 4 邻域。

像素点 $p(x, y)$ 的 D 邻域是：对角上的点 $p_1(x+1, y+1)$、$p_2(x+1, y-1)$、$p_3(x-1, y+1)$、$p_4(x-1, y-1)$，一般用 $\mathrm{ND}(p)$ 表示像素 p 的 D 邻域。

像素 $p(x, y)$ 的 8 邻域是：4 邻域的点与 D 邻域的点的集合，用 $\mathrm{N}_8(p)$ 表示像素 p 的 8 邻域，一般用 $\mathrm{N}_8(p)$ 表示像素 p 的 8 邻域，$\mathrm{N}_8(p)=\mathrm{N}_4(p)+\mathrm{ND}(p)$。

连通性是描述区域和边界的重要概念，两个像素连通的两个必要条件是：两个像素的位置是否相邻，两个像素的灰度值是否满足特定的相似性准则（或者是否相等）。一般常用的连通有 4 连通、8 连通和 m 连通。

值为 V 的像素 p 和 q，如果 q 在集合 $\mathrm{N}_4(p)$ 中，则称这两个像素是 4 连通的。

值为 V 的像素 p 和 q，如果 q 在集合 $\mathrm{N}_8(p)$ 中，则称这两个像素是 8 连通的。

值为 V 的像素 p 和 q，如果 q 在集合 $\mathrm{N}_4(p)$ 中，或 q 在集合 $\mathrm{ND}(p)$ 中，并且 $\mathrm{N}_4(p)$ 与 $\mathrm{N}_4(q)$ 的交集为空（没有值 V 的像素），则称像素 p 和 q 是 m 连通的，即 4 连通和 D 连通的混合连通。

8. 颜色模型

颜色模型是用一组数值来描述颜色的数学模型。常见的颜色模型有 RGB 模型、YCrCb 模型、HSB 模型和 CMYK 模型。

（1）RGB 模型

RGB 颜色模型也称为三基色模型，是最常用的颜色空间模型，一般用于颜色显示和图像处理，是一种三维坐标的模型形式。对于所有的颜色，RGB 模型使用红（R）、绿（G）和蓝（B）来定义，由 0～255 的整值来表示每一种颜色成分。例如，当所有的值为 0 时，所表示的颜色就为黑色。因此，它可以存储和显示多种颜色。

（2）YCrCb 模型

YCrCb 颜色模型定义颜色的成分时，使用亮度分量（Y）、红色色度分量（Cr）和蓝色色度分量（Cb）来定义。由于肉眼对视频的亮度分量更敏感，因此在通过对色度分量进行子采样来减少色度分量后，肉眼将察觉不到图像质量的变化。YCrCb 模型常用于肤色检测中。

（3）HSB 模型

HSB 颜色模型使用色度（H）、饱和度（S）和亮度（B）来定义颜色的成分。色度 H 描述颜色的色素，用度数 0～360° 表示在标准色轮上的位置。饱和度 S 描述颜色的鲜明度，范围 0～100，饱和度的值越大，颜色就越鲜明。亮度 B 描述颜色中包含的白色量，范围 0～100，值越大，颜色就越鲜明。

（4）CMYK 模型

CMYK 颜色模型使用青色（C）、品红色（M）、黄色（Y）和黑色（K）来定义颜色的成分，颜色成分的值的范围是 0～100，表示颜色百分比。CMYK 颜色模型主要用于打印。

6.1.2　图像处理与分析基础

图像处理是利用计算机对数字图像的信号进行处理和分析的过程。数字图像处理常用方法有：图像编码压缩、图像变换、图像增强和复原、图像分割、图像特征提取与选择、图像分类和图像几何变换等。

1. 图像编码压缩

图像编码压缩可以减少描述图像的数据量，节省图像传输时间、处理时间和减少存储容量。图像压缩分为失真（有损）压缩和不失真（无损）压缩。编码是压缩技术中最重要的方法，常见的图像编码压缩方法有哈夫曼压缩、矢量化压缩和小波变换压缩等。

（1）哈夫曼压缩

哈夫曼压缩是一种有效的无失真编码方法。它的编码思想是：对于出现概率大的信息，采用字短的码，对于出现概率低的信息采用字长的码，以达到缩短平均码长，从而实现数据的压缩。哈夫曼编码的最高压缩比可以达到 8∶1。

（2）矢量化压缩

矢量化压缩把图像数据分成很多组，每组看为一个矢量，然后对每个矢量进行量化编码。在矢量量化算法中，图像中的各种相关信息可通过有效编码设计得以充分地去除。矢量量化是限失真压缩编码方法，最高压缩比可达到 40∶1。

（3）小波变换压缩

小波变换压缩首先使用某种小波基函数将图像作小波变换，再根据 4 个通道的不同情况量化编码，例如，对低频频段（LL）采用较多的量化级别，而对中间频段（LH，RH）采用较少量化级别，对高频频段（HH）采用很少的量化级别。这样根据重构时对复原信号的重要程度分别对待的方式可以有效地提高压缩比，而又不产生明显的失真。

2. 图像变换

由于图像阵列大，直接在空间域中进行处理，计算量很大，需要对图像进行变换，将空间域的处理转换为变换域的处理，减少计算量。常用的图像变换有傅里叶变换、离散余弦变换和小波变换等。

（1）傅里叶变换

傅里叶变换是一种线性的积分变换，常在将信号在时域和频域之间进行变换时使用，在物理学和工程学中有许多应用。

（2）离散余弦变换

离散余弦变换是一种可分离的变换，其变换核为余弦函数。离散余弦变换除了具有一般的正交变换性质外，它的变换阵的基向量也能很好地描述人类语音信号和图像信号的相关特征。因此，在对语音信号、图像信号的变换中，离散余弦变换被认为是一种准最佳变换。

（3）小波变换

小波变换是一种新的变换分析方法，它继承和发展了短时傅里叶变换局部化的思想，同时又克服了窗口大小不随频率变化等缺点，能够提供一个随频率改变的“时间-频率”窗口，是进行图像信号时频分析和处理的理想工具。

3. 图像增强和复原

图像在采集过程中不可避免地会受到传感器灵敏度和噪声干扰，以及模数转化时量化问题等因素影响，从而导致图像无法达到人眼的视觉效果，为了实现人眼观察或者机器自动分析的目的，对原始图像所做的改善行为，被称作图像增强技术。

图像复原即利用退化过程的先验知识，恢复已被退化图像的本来面目。例如，对遥感图像资料进行大气影响的校正、几何校正，以及对由于设备原因造成的扫描线漏失、错位等的改正，图像复原将降质图像重建成接近于或完全无退化的原始理想图像。

图像增强和复原的目的是为了提高图像的质量。图像增强不考虑图像降质的原因，突出图像中所感兴趣的部分，例如，强化图像高频分量，可使图像中物体轮廓清晰，细节明显。图像复原要求对图像降质的原因有一定的了解，根据降质过程建立“降质模型”，再采用某种滤波方法，恢复或重建原来的图像。

4. 图像分割

图像分割是将图像中有意义的特征部分提取出来，例如图像中的边缘和区域等，是进一步进行图像识别、分析和理解的基础。图像分割把图像中具有不同灰度特征、不同组织特征和不同结构特征的区域分离开。目前还没有一种普遍适用于各种图像的分割方法。

5. 图像特征提取与选择

图像特征提取和选择是图像处理的一个关键环节。图像特征包括纹理特征、形状特征和颜色特征等。提取图像空间关系特征有两种方法：一种方法是首先对图像进行自动分割，划分出图像中所包含的对象或颜色区域，然后根据这些区域提取图像特征；另一种方法则简单地将图像均匀地划分为若干规则子块，然后对每个图像子块提取特征。

（1）纹理特征

纹理是反映图像中同质现象的视觉特征，它体现了物体表面的具有缓慢变化或者周期性变化的表面结构组织排列属性。纹理特征的特点是：某种局部序列性不断重复、非随机排列等。纹理不同于灰度、颜色等图像特征，它通过像素及其周围空间邻域的灰度分布来表现。一幅图像的纹理是在图像计算中经过量化的图像特征，描述图像或其中小块区域的空间颜色分布和光强分布。

（2）形状特征

各种基于形状特征的检索方法都可以比较有效地利用图像中感兴趣的目标来进行检索。但这种方法也有一些缺点：目前基于形状的检索方法还缺乏比较完善的数学模型。如果目标有变形时检索结果往往不太可靠；许多形状特征仅描述了目标局部的性质，要全面描述目标常对计算时间和存储量有较高的要求；许多形状特征所反映的目标形状信息与人的直观感觉不完全一致。例如，从 2D 图像中表现的 3D 物体实际上只是物体在空间某一平面的投影，反映出来的形状并不是 3D 物体真实的形状。

图像形状特征有两类表示方法，一类是轮廓特征，另一类是区域特征。图像的轮廓特征主要针对物体的外边界，而图像的区域特征则关系到整个形状区域。下面介绍几种典型的形状特征描述方法。

① 边界特征法

边界特征方法通过对边界特征的描述来获取图像的形状参数。其中，Hough 变换检测平行直线方法和边界方向直方图方法是经典方法。Hough 变换是利用图像全局特性而将边缘像素连接起来组成区域封闭边界的一种方法，其基本思想是点-线的对偶性。边界方向直方图法首先微分图像求得图像边缘，然后做出关于边缘大小和方向的直方图，通常的方法是构造图像灰度梯度方向矩阵。

② 傅里叶形状描述符法

傅里叶形状描述符基本思想是用物体边界的傅里叶变换作为形状描述，利用区域边界的封闭性和周期性，将二维问题转化为一维问题。由边界点导出 3 种形状表达，分别是曲率函数、质心距离和复坐标函数。

③ 几何参数法

形状的表达和匹配采用更为简单的区域特征描述方法，例如采用有关形状定量测度的形状参数法。形状参数的提取，必须以图像处理及图像分割为前提，参数的准确性必然受到分割效果的影响，对分割效果很差的图像，形状参数甚至无法提取。

（3）颜色特征

图像颜色特征是一种全局特征，描述了图像或图像区域所对应景物的表面性质。一般颜色特征是基于像素点的特征，由于颜色对图像或图像区域的方向、大小等变化不敏感，所以颜色特征不能很好地捕捉图像中对象的局部特征。另外，仅使用颜色特征查询时，如果数据库很大，常会将许多不需要的图像也检索出来。颜色直方图是最常用的表达颜色特征的方法，其优点是不受图像旋转和平移变化的影响，借助归一化操作还可不受图像尺度变化的影响，其缺点是没有表达出颜色空间分布的信息。

颜色直方图能简单描述一幅图像中颜色的全局分布，即不同色彩在整幅图像中所占的比例，特别适用于描述难以自动分割的图像和不需要考虑物体空间位置的图像。但是它无法描述图像中颜色的局部分布及每种色彩所处的空间位置。

特征选择是指从已有的特征集合中选出一组最有代表性、分类性能好的特征。它是特征空间降维的一种方法，一个好的特征选择方法能够有效地提升模型的性能。

6. 图像分类

图像分类或识别的主要过程：首先对原始图像进行预处理（如增强、复原、压缩），然后再进行图像分割和特征提取，最后对图像进行判决分类。

图像分类常采用经典的模式识别方法有统计模式分类、句法模式分类和基于机器学习分类。

（1）统计模式分类

统计模式分类是一种定量描述的识别方法，以模式集在特征空间中分布的类概率密度函数为基础，对总体特征进行研究，包括判别函数法和聚类分析法。统计模式分类是模式分类的基础技术，目前仍是模式识别的主要理论方法。

（2）句法模式分类

句法模式识别也称为结构模式识别，是根据识别对象的结构特征，以形式语言理论为基础的一种模式识别方法，主要用于自然语言处理。

（3）模糊模式分类

模糊模式分类是将模糊数学的一些概念和方法应用到模式识别领域而产生的一类新方法，以隶属度为基础，运用模糊数学中的关系概念和运算进行分类。

（4）基于机器学习分类

机器学习分类使用机器学习的方法，例如，支持向量机、BP 神经网路和深度学习等，对训练数据集图像进行训练，然后根据训练数据集中的数据所表现出来的类特征，给每一类确定一种准确的描述方式，由此生成类描述或模型，并运用这种描述方式对新的数据集进行分类。机器学习方法在目标识别、人脸识别、图像检索等方面，具有相当广泛的研究前景。

7. 图像几何变换

图像几何变换是图像处理的重要组成部分，图像几何变换主要包括：图像平移、图像镜像变换、图像转置、图像缩放、图像的剪取和图像旋转等。几何变换不改变图像的像素值，只是在图像平面上重新安排像素。一个几何变换需要两部分运算：首先是空间变换所需的运算，如平移、旋转和镜像等，需要用它来表示输出图像与输入图像之间的映射关系，然后使用灰度插值算法，因为按照这种变换关系进行计算，输出图像的像素可能被映射到输入图像的非整数坐标上。

（1）图像平移

图像平移是图像几何变换中最简单的一种形式。它是指将图像中的所有像素点沿着水平或垂直方向移动一个平移量的变换。平移只是改变图像的相对位置，并没有使图像本身发生变化。

（2）图像缩放

图像缩放指的是对图像的大小进行调整。当一个图像的大小增加之后，组成图像的像素的可见度将会变得更高，缩小一个图像将会增强它的平滑度和清晰度。缩小图像的主要目的是让图像符合显示区域的大小和生成对应图像的缩略图。放大图像的目的是放大原图像，从而可以显示在更高分辨率的显示设备上。

对图像的缩放操作并不能带来更多关于该图像的信息，因此图像的质量将不可避免地受到影响。但是有一些缩放方法能够增加图像的信息，从而使得缩放后的图像质量超过原图质量。

（3）图像旋转

图像旋转是以图像的中心为原点，旋转一定的角度，即将图像上的所有像素都旋转一个相同的角度，形成一幅新图像。旋转后图像的大小一般会改变，即可以把转出显示区域的图像截去，或扩大图像范围来显示所有的图像。

8. 数学形态学

数学形态学在图像处理中的应用非常广泛，应用的基本思想是使用具有一定形态的结构元素去度量和提取图像中的对应形状，以达到对图像进行分析和识别的目的。其主要是采用膨胀、腐蚀、开启和闭合等基本运算来进行图像处理。数学形态学在边缘检测、图像分割、图像细化以及噪声滤除等方面都取得了较好的应用。

6.2 图像处理技术在农业中的应用

6.2.1 农业图像特点

图像处理技术在农业中的应用，并不能简单套用成熟的工业图像处理技术。工业产品与农业产品相比具有稳定的外观和内部特性，图像处理技术的应用相对比较容易实现。而农业图像处理则需要更多考虑农业特性，例如农产品的生物多样性、环境和气候等复杂因素产生的影响。

大多数农产品是自然生长或栽培的产品，其外观或内在品质参差不齐，表现之一就是单一特征的离散度大，难以得到理想的判断条件。例如，购买西瓜时，净重大的西瓜不一定就卖相好，西瓜品质还涉及瓜的新鲜度、瓜形、口感和表面纹理等诸多因素。要得到一个理想的描述模型，需要选择多特征的模式，导致特征空间的复杂程度提高。

农产品的生命现象是工业产品所没有的，生命现象的存在，使大部分农产品内外部表征的图像具有相对不稳定性。例如，贮存中的生命现象可能会导致一种判别条件前后判断出现两种结果，采摘时特级的果实，由于贮存不当发生腐烂，再次分级的结果变为丢弃级。因此对果实来说，图像处理的结果有时效性。但是大部分农业物料的生命现象是个相对缓慢的过程，因此有关品质的图像检测结果仍然相对稳定。

6.2.2 农业应用场景

图像处理技术能够帮助人们更加客观准确地认识事物，具有再现性好、处理精度高、适用面宽、灵活性高和便于传输等优点，已经被广泛应用到各个领域中。图像处理技术在农业领域起步较晚，近年来随着计算机技术的飞速发展，在农作物病虫害诊断、长势检测、缺素识别和农产品检测分级等方面，数字图像处理技术展示出了巨大的应用前景。

1. 农作物病虫害诊断

及时而准确地诊断出农作物病虫害发生情况是作物高产稳产的重要环节。传统农业中最常用的检测农作物病虫害的方法是目测手查法，该方法需要较烦琐的人工统计运算，费时费力，不仅对从业人员的专业知识要求高，而且有些病害的早期症状十分相似，很难用目测区别，不能满足病虫害监测的实时性要求。基于图像处理的现代高科技检测技术与农业的有机结合为农业发展带来了新的动力，使农作物病虫害监测的便捷性、快速性和准确性得到极大提升。

2. 农作物长势检测

在农作物生长过程中，利用数字图像处理技术进行无损、快速、实时的监测，不仅可以对外部生长参数进行检测，如作物叶片面积、作物叶片周长和叶柄夹角等，还可以判别水果的成熟度或作物是否受害等情况。

3. 农作物的缺素识别

农作物生长发育期需要碳、氢、氧、氮、磷和钾等营养元素。其中，碳、氢和氧主要从空气和水中获取，其他营养元素则从土壤和肥料中吸收。作物缺乏营养元素会对生长造成很大的影响，例如，小麦缺少水分时，叶片就会变得枯黄、植株就会长得矮小，甚至会出现不长穗的情况，会导致严重减产。当农作物植株缺氮时，就会表现出生长缓慢、瘦弱、明显矮小、叶色发黄，严重缺氮时叶片变褐甚至死亡。提取农作物缺素时的特征，使用图像处理技术，能够快速识别农作物缺乏的营养元素。

4. 农产品检测与分级

农产品检测与分级一直都是农业领域研究的热点和难点。由于受到人为和自然复杂因素的影响，在生产过程中，农产品的品质（如形状、色泽和大小等）就会发生很大的变化。给图像处理技术用于农产品的检测与分级带来一定的困难。目前，利用图像处理技术对农产品品质检测与分级上应用较多，主要包括对水果、蔬菜的品质进行检测与分级。

另外，通过对遥感图像的分析，获取农作物的种植面积、绿化面积和虫害发生范围的估计也取得了很好的应用。

6.3 图像细化算法

6.3.1 细化算法原理

图像细化是指将图像骨骼提取，细化为单像素的骨架图像。

在数字图像处理的研究中，二值图像的细化是一项重要的工作。细化是指在保持图像拓扑结构的情况下，寻找目标图像的骨架或中轴线，以单像素骨架代替原有图像，极大消除图像中的冗余信息的过程。细化是图像处理中经常使用的一种预处理方式，它有助于排除干扰因素，快速提取图像的特征。图像细化效果的好坏直接影响后期图像处理的效果与精确度。理想细化后的骨架应该是在原图像的中心位置，并且保持了原图像的拓扑结构、连通性和细节特征。一个良好的细化算法应该满足下列条件。

收敛性：迭代必须是收敛的。

连接性：不破坏纹路的连接性。

拓扑性：不引起纹路的逐步吞食，保持原图像的基本结构特征。

保持性：保护元图像的细节特征。

细化性：骨架纹路的宽度为 1 个像素，即单像素宽。

中轴性：骨架尽可能接近条纹中心线。

快速性：算法简单，速度快。

对于二值图像已经有不少细化算法，按照细化处理顺序主要分为 3 类：串行细化、并行细化和串并行混合细化。常用的细化算法有 Hildith 细化算法、Rosenfeld 细化算法、Pavlidis 异步算法、OPTA（One-Pass Thinning Algorithm）细化算法、Zhang 快速并行细化算法等。而目前在图像处理中应用较多的是快速细化算法和改进的 OPTA 算法。快速细化算法速度较快，但细化不彻底，容易造成伪特征点。改进的 OPTA 算法是在经典的图像模板算法基础上将检测模板加以改进，以适应新的图像特征，但对于细化纹线较宽的图像容易出现毛刺，且细化过程中由于要检测模板的数目较多，细化速度较慢。下面主要介绍 Zhang 快速并行细化算法。

Zhang 快速并行细化算法具有速度快、保持细化后曲线的连通性和无毛刺产生等优点，但它细化后的结果不能保证曲线纹路为单一像素，细化不彻底。霍尔特（Holt）对 Zhang 快速并行细化算法进行了改进，进一步提高了该算法的运算速度，但细化效果并没有提升，并且细化结果拓扑结构易发生变化。

为了方便描述，下面先给出几个基本概念。

① 目标点和背景点：目标点指像素值为 1 的点，与此对应，背景点像素值为 0。

② 8 邻域：如图 6-2 所示，设有任意像素点 P_1，P_1 的 8 邻域即以 P_1 为中心的 3×3 区域中除了 P_1 点以外的 P_2 到 P_9 的 8 个点。

P_9	P_2	P_3
P_8	P_1	P_4
P_7	P_6	P_5

图 6-2　*P*1 的 8 邻域

③ 边界点：属于目标点，且其 8 邻域中至少有一个为背景点。

④ 端点：属于边界点，且其 8 邻域至少有一个为目标点。

设已知目标点标记为 1，背景点标记为 0。Zhang 快速并行细化算法执行过程对边界点进行如下操作。

（1）寻找以边界点为中心的 8 邻域，记中心点为 P_1，其邻域的 8 个点顺时针绕中心点分别记为 $P_2,P_3,\cdots,P_9$，其中 P_2 在 P_1 上方。首先标记同时满足下列条件的边界点：

① $2 \leqslant N(P_1) \leqslant 6$；

② $S(P_1)=1$；

③ $P_2 \times P_4 \times P_6 = 0$；

④ $P_4 \times P_6 \times P_8 = 0$。

其中，$N(P_1)$ 是 P_1 的非零邻点的个数，$S(P_1)$ 是以 $P_2,P_3,\cdots,P_9$ 为序时这些点的值从 0 到 1 变化的次数。

（2）同第 1 步，仅将前面条件③改为 $P_2 \times P_4 \times P_8 = 0$；条件④改为条件 $P_2 \times P_6 \times P_8 = 0$。同样当对所有边界点都检验完毕后，将所有标记了的点除去。

（3）以上两步操作构成一次迭代，直至没有点再满足标记条件，这时剩下的点组成区域即为细化后骨架。

图 6-3（b）是 Zhang 快速并行细化算法对图 6-3（a）细化后的结果，在图 6-3（c）中将细化结果局部放大后可以发现，细化后的曲线并非单一像素。为了改进这一缺点，下节提出一种改进思路。

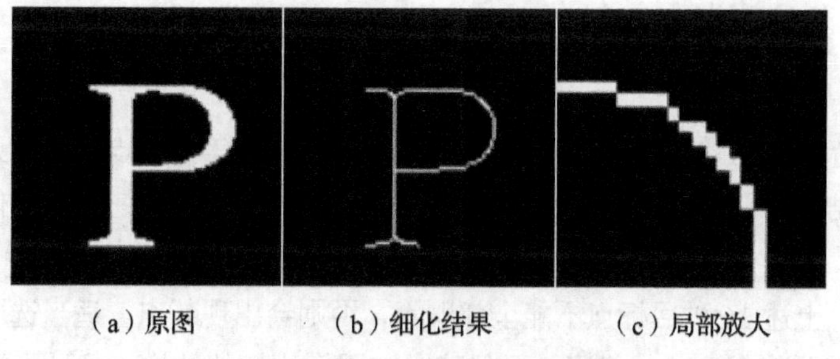

（a）原图　　（b）细化结果　　（c）局部放大

图 6-3　Zhang 快速并行细化结果

6.3.2　改进算法

1. 算法原理

经过分析 Zhang 算法的原理和细化后的图像，发现导致细化后纹路非单一像素原因是因为部分该删除的点由于不满足 Zhang 快速并行细化算法删除条件② $S(P_1)=1$ 而被遗漏掉，本节将这些点分为 3 类。

第一类为 8 邻域点中目标像素的个数为 2 个，共 4 种，如图 6-4 所示。

0	1	0		0	1	0		0	0	0		0	0	0
1	1	0		0	1	1		0	1	1		1	1	0
0	0	0		0	0	0		0	1	0		0	1	0

图 6-4　第一类的 4 种点

第二类为 8 邻域点中目标像素的个数为 3 个，共 8 种，如图 6-5 所示。

0	1	0		0	1	0		0	0	1		1	0	0
0	1	1		1	1	0		0	1	1		1	1	0
0	0	1		1	0	0		0	1	0		0	1	0

0	1	1		0	0	0		0	0	0		1	1	0
1	1	0		1	1	0		0	1	1		0	1	1
0	0	0		0	1	1		1	1	0		0	0	0

图 6-5　第二类的 8 种点

第三类为 8 邻域点中目标像素的个数为 4 个，共 4 种，如图 6-6 所示。

1	1	0		0	1	1		0	0	1		1	0	0
0	1	1		1	1	0		0	1	1		1	1	1
0	0	1		1	0	0		1	1	0		0	1	1

图 6-6　第三类的 4 种点

为了易于识别此类点，本节将 8 邻域点进行二进制编码，从 P_2 到 P_9 共 8 位，每一位用一位二进制数表示，若邻域点值为 1 则相对应的二进制位也为 1，若邻域点值为 0 则相对应二进制位为 0。如图 6-7（a）所示为目标点的 8 邻域，图 6-7（b）所示为转化后的二进制编码。

1	0	0
0	1	0
0	1	1

（a）某一目标点的 8 邻域

P_9	P_8	P_7	P_6	P_5	P_4	P_3	P_2
1	1	0	1	1	0	0	0

（b）转化后的二进制编码

图 6-7　目标点的 8 邻域与二进制编码转换

对所有遗漏目标点的 8 邻域进行编码，并转化为十进制。第一类点转化结果为：65、5、20 和 80；第二类点转化结果为：13、97、22、208、67、88、52 和 133；第三类点转化结果为：141、99、54 和 216。

在扫描过程中，上述 16 种目标点不能全部删除，否则会出现断点。适当选取删除点，以达到最好的细化效果，使其既能保证单一像素，又保持原有图像的拓扑结构。经过实验发现，删除以下组合中的 10 个点效果最为良好。第一类中 4 种全部删除，编码组合为$\{65,5,20,80\}$；第二类中选择 4 种删除，编码组合为$\{13,22,52,133\}$；第三类中删除 2 种，编码组合为$\{141,54\}$，总的删除点集合为$\{65,5,20,80,13,22,52,133,141,54\}$。

在改进算法扫描过程中，如果目标点不满足 $S(P_1)=1$，则再进行如下处理。

计算目标点 8 邻域二进制编码 $\mathrm{B}(P_1)=\sum_{n=2}^{9}(P_n \times 2^{n-2})$，如果 $\mathrm{B}(P_1)$属于编码集合{65,5,20,80,13,22,52,133,141,54}，则将其标记为删除。

提出的改进算法描述如下。

（1）寻找以边界点为中心的 8 邻域，记中心点为 P_1，其邻域的 8 个点顺时针绕中心点分别记为 $P_2,P_3,\cdots,P_9$，其中 P_2 在 P_1 上方。首先标记同时满足下列条件的边界点：

① $2 \leqslant N(P_1) \leqslant 6$；

② $S(P_1)=1$ 或者 $B(P_1) \in \{65,5,20,80,13,22,52,133,141,54\}$；

③ $P_2 \times P_4 \times P_6 = 0$；

④ $P_4 \times P_6 \times P_8 = 0$。

其中，$N(P_1)$ 是 P_1 的非零邻点的个数，$S(P_1)$ 是以 $P_2,P_3,\cdots,P_9$ 为序时这些点的值从 0 到 1 变化的次数，$B(P_1)$ 为 P_1 8 邻域点的二进制编码的值，即 $B(P_1)= \sum_{n=2}^{9}(P_n \times 2^{n-2})$。

（2）同第 1 步，仅将前面条件③改为 $P_2 \times P_4 \times P_8 = 0$；条件④改为条件 2.4 $P_2 \times P_6 \times P_8 = 0$。同样当对所有边界点都检验完毕后，将所有标记的点除去。

（3）以上两步操作构成一次迭代，直至没有点再满足标记条件。

2. 实验结果及分析

为了验证算法的有效性，在 Windows 系统、Visual C++环境下，分别实现 Zhang 快速并行细化算法、霍尔特（Holt）改进 Zhang 细化算法、OPTA 细化算法和本节的细化算法，并对一系列有代表性的图像分别进行细化处理，选取其中一组图像如图 6-8 所示，处理结果如图 6-9 所示。

图 6-8 原始图像

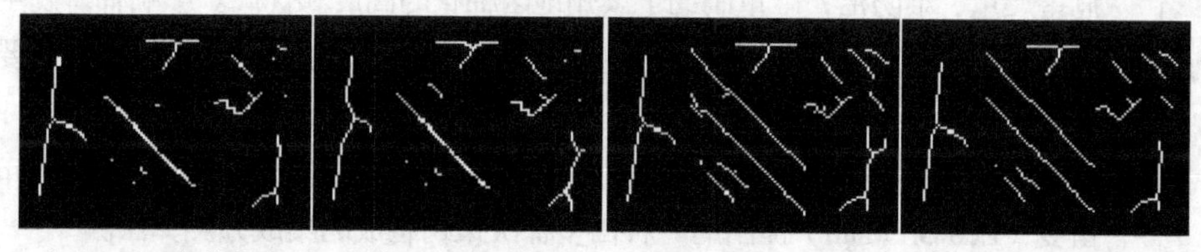

（a）Zhang 细化算法 （b）Holt 改进算法 （c）OPTA 细化算法 （d）本节的细化算法

图 6-9 实验结果对比

从图 6-9 实验结果对比可知，本节的细化算法的细化效果较为优异，改进了 Zhang 细化算法结果中的非单一像素及某些线条细化后消失的现象，并且较好地避免了 Holt 细化算法目标图像拓扑结构的变化和 OPTA 中的毛刺现象。改进的细化算法的处理结果保证为单一像素，且无毛刺产生，保持了原图的拓扑结构和连通性，细化效果较为理想。

07 第7章 机器学习、大数据技术和图像处理技术的应用——以农业应用为例

机器学习、大数据及图像处理技术的迅速发展，为其在农业中的应用提供了强有力的支撑。例如，为了提高农业生产效率，2017 年 9 月，美国卡耐基·梅隆大学提出了 FarmView 计划，就是设计和实现集人工智能、物联网技术、计算机视觉和大数据技术于一体的农业智能机器人。

传统的病虫害预测预报方法有统计法、实验法和观察法。本章主要结合作者的科研工作，介绍机器学习、大数据技术和图像处理技术在农业病虫害预测预报等方面的应用。

7.1 随机森林在棉蚜等级预测中的应用

棉花是我国的重要经济作物，在山东省滨州地区种植比较广泛。棉蚜是造成棉花减产的主要害虫之一，棉蚜虫害的特点是发生时间长、繁殖速度快、危害严重、难防治，严重制约了滨州地区棉花的高产和优产。影响棉蚜发生的条件中，气象条件和天敌数量均会对棉蚜的发生产生直接影响。本节主要介绍随机森林在棉蚜等级预测中的应用。

随机森林（Random Forest，RF）算法是由加利福尼亚州立大学的里奥·布雷曼（Leo Breiman）提出的一种由多棵决策树构成的集成分类算法。

7.1.1 随机森林原理

1996 年，里奥·布雷曼首次提出了 bagging 算法。bagging 算法在训练过程中抽取部分数据样本进行训练，从而提高了随机森林的训练速度，在规模大的数据集中体现明显。抽样时采取有放回的抽样方法，这样使得一些出现概率低的样本被选取的概率也会降低，减少了样本中噪点的影响。bagging 算法的分类过程类似于简单多数投票法，是从基分类器集合中各分类器的分类结果中选取分类器投票数最多的分类结果的过程。具体的过程为：首先各分类器对数据集的测试样本进行分类，并把每个分类器的分类结果记录下来，然后对分类器的选取结果进行统计，得票数最多的分类结果就是最终模型的分类结果。bagging 算法的原理如图 7-1 所示。

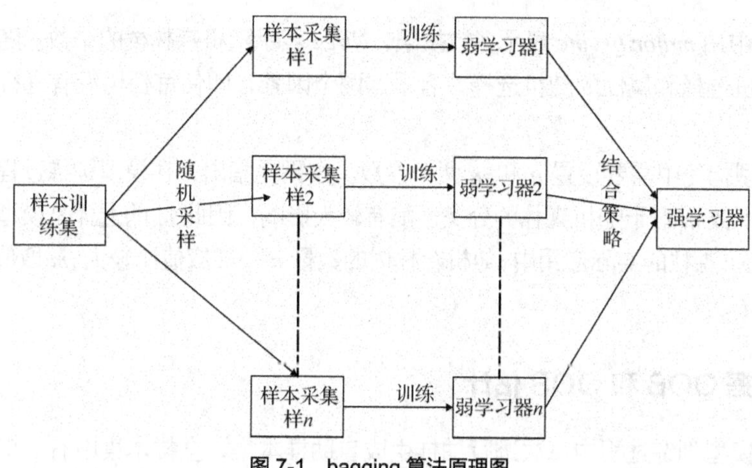

图 7-1　bagging 算法原理图

随机子空间算法对随机抽取特征集的部分进行训练，提高了高维数据集的训练过程。该算法的工作原理如下。

（1）采用无放回的抽样方法在特征集中随机抽取一部分特征形成特征子集。

（2）对特征子集的数据进行训练，形成基分类器。

（3）重复上述步骤（1）和步骤（2），直到生成 n 个分类器。

（4）把生成的每个分类器对需要分类的测试样本进行分类，并且对分类器分类的结果进行统计，最终分类器投票数最多的分类结果就是最终的分类结果。

随机森林（RF）算法以决策树为基分类树，引入了上述两个随机化的过程，结合了 bagging 算法和随机子空间算法的优点，从而使得每棵分类树具有不同的分类能力。采用 bagging 算法的有放回抽样对训练集进行抽样，并结合随机子空间的算法，使得训练集中只抽取部分特征进行训练。当输入待分类样本时，随机森林输出的结果由每棵决策树的分类结果投票决定。

随机森林是一个树型分类器 $\{h(x,\theta_k),k=1,2,\cdots,n\}$ 的集合。$h(x,\theta_k)$ 作为算法中的元分类器是由 CART 算法组成但没有剪枝的分类回归树。θ_k 作为独立分布的随机向量，决定了每棵决策树的生长；参数 x 作为分类器的输入向量。

7.1.2　随机森林构建

随机森林的算法构建的步骤如下。

（1）首先假设数据集的样本总数为 N，N 为每棵决策树采样的样本数。在 N 个样本中有放回的抽样随机性选择 n（$n<N$）个样本，用选取的 n 个样本训练一棵决策树。

（2）假定每个样本有 M 个属性，在每棵决策树的节点需要分裂时，从 M 个属性中随机选择 m（$m<M$）个属性，然后从已选择的 m 个属性中依据 Gini 指标选择最佳属性作为当前节点的分裂属性。

（3）每棵决策树的节点分裂过程是遵循步骤②进行的，从而使得决策树中的每个节点不纯度达到最小值，直到不能分裂，此过程不对树进行剪枝。

（4）根据生成的多个树分类器对新的测试数据 x_t 进行测试，分类结果按每个树分类器的投票而决定，即分类公式为

$$f(x_t)=majority\ vote\{h_i(x_t)\}_{i=1}^{Ntree} \tag{7-1}$$

公式（7-1）中用 *majority vote* 表示多数投票，*Ntree* 表示随机森林树的个数。随机森林的随机性体现在样本的随机选择和属性的随机选择，有了这两个因素，即使每棵树没有进行剪枝也不会出现过拟合。

随机森林模型构建中需要设置 n 和 m 两个参数。布雷曼指出，在模型训练过程中，随机从特征集中抽取特征的个数 m 对于随机森林的分类性能有较大影响，因此 m 的选择是模型训练过程中比较重要的环节。在随机森林的实际应用中，随机森林树的数量 n 一般取值比较大，m 取值为 $m=(\text{int})\sqrt{M}$ 或 $m=(\text{int})\log_2 M$ 。

7.1.3 袋外数据 OOB 和 OOB 估计

在随机森林模型训练过程中每次进行抽样生成自助样本集，全样本集中有一部分的样本数据不会出现在自助样本集中，没有选取的样本个数比例是初始训练样本集的$(1-1/N)^N$（其中 N 是初始训练样本集中的样本个数）。当 N 足够大时，$(1-1/N)^N$ 收敛于 1/e≈0.368。公式结果表明约有 37%的样本不会选中，称这 37%的样本数据为袋外数据（Out of Bag，OOB）。袋外数据可以用来预测 Bagging 算法生成的基分类器的分类能力，用袋外数据准确率作为分类器的预测指标。袋外数据准确率对基分类器提供的分类结果准确率的预判有重要的参考作用。

使用袋外数据对随机森林泛化误差进行估计，也称为 OOB 估计。进行 OOB 估计时每棵生成的决策树计算出 OOB 误差率，并且需要耗费很少的资源就可以得到随机森林的泛化误差估计。交叉验证也能用来进行估计泛化误差，在进行交叉验证法估计时，由于数据的划分和合并处理导致算法运行过程中进行大量的计算，这样就使得算法的时间复杂度和空间复杂度过高，导致随机森林算法的运行效率变低。与交叉验证相比，OOB 估计的效率是很高的。沃尔珀特（Wolpert）等人建议，OOB 估计一般作为随机森林泛化误差估计。

7.1.4 实验结果与分析

本实验将随机森林用于数据分类预测中，几乎不需要输入准备，模型训练速度快，样本选择具有随机性，而且随机森林不易产生过拟合，从而有着更好的效率和准确率。

1. 数据预处理

由于数据的预处理是数据进行分类的前提，有时数据影响因子的冗杂和数据本身的不平衡性会影响最终结果预测的准确性，所以进行实验之前对数据进行预处理，可以提高数据集分类的速度和精确度。

不平衡性是指数据中的被解释变量分布不均衡，如果数据集的被解释变量在类别的分布上差别较大，可以认为该数据集是不平衡的。对不平衡数据进行分类时，机器学习算法可能产生不稳定，导致预测结果可能是有偏差的，而且预测的精度可能变得具有误导性。机器学习算法在不平衡数据集上精度下降的主要原因有以下两点。

① 算法模型的目标是最小化总体的误差，小类对于总体误差的贡献是很低的。

② 算法模型本身假设数据集是分布平衡的，假定不同类别的误差带来相同的损失。

从表 7-1～表 7-3 可以看出，总数据集、训练集和测试集是不平衡的。

表 7-1　总体数据集的不平衡性结果

类别	记录数	数据所占比
1	198	0.798
2	50	0.202

表 7-2　训练集不平衡性结果

类别	记录数	数据所占比
1	155	0.799
2	39	0.201

表 7-3　测试集不平衡性结果

类别	记录数	数据所占比
1	43	0.800
2	11	0.200

由表 7-1 看出全部实验数据的类别比例约为 4:1，由表 7-2 和表 7-3 看出测试集和训练集的数据类别比例也是 4:1，数据中类别是 2 的数据量偏少，这会导致模型训练时没法从样本量少的类别中获取足够的信息来进行精确预测。因此本实验进行前选择了对数据进行平衡性修补。本实验选择的是过采样和欠采样相结合的方式对数据进行不平衡性修正。通过表 7-1、表 7-2 和表 7-3 看出训练集和测试集类别的比例和总体数据集的比例是一样的，所以只对总体实验数据集中的类别是 2 的数据进行补充，补充之后的数据平衡性结果如表 7-4 所示。

表 7-4　修正之后的数据平衡性结果

类别	记录数	数据所占比
1	100	0.493
2	103	0.507

补充之后的数据类别比例约为 1:1，属于平衡数据集，这样模型建立时不会因为没有获取到足够的信息导致预测精度的下降，因此补充后的数据集可以用来构建模型。

2. 棉蚜发生的影响因子及筛选

（1）棉蚜发生的影响因子

棉蚜虫害的发生受多种因素的影响，主要包括以下几种影响因素。

① 温度。适宜的温度是导致棉蚜数量急剧增长的主导因素，棉蚜生长发育的适宜温度是 24～28℃，平均气温高于 29℃对棉蚜有抑制作用。

② 湿度和降水。降水是抑制棉蚜种群数量增长的重要因素。降水不仅对棉蚜有冲刷作用，还能增加田间湿度，导致蚜茧蜂寄生棉蚜的量增多，抑制棉蚜的增长。

③ 天敌。天敌也是造成棉蚜种群数量减少的主要因素，棉蚜的天敌包括瓢虫、蜘蛛、食蚜蝇、草蛉、蚜茧蜂等。棉蚜的主要天敌是瓢虫，它对棉蚜的数量增长起抑制作用，与棉蚜的增长相关性比较大。

④ 施氮量。希斯内罗斯（Cisneros）等研究表明，棉蚜的发生与施氮量呈正相关，即氮肥水平高的农田，蚜虫发生趋于严重。但也有研究表明，蚜虫的发生与施氮肥水平二者呈不相关或负相关。

⑤ CO_2浓度。大气CO_2浓度对于棉蚜的生长发育和繁殖都有影响，CO_2浓度升高显著影响棉蚜的相对生长率。

（2）影响因子的筛选

由于各种因素的限制，前期采集到的数据中只包括了气象数据和棉蚜天敌数据。在滨州市采集的气象数据中包括了15个影响因子数据：20-20时降水量（*X*1）、极大风速（*X*2）、平均本站气压（*X*3）、平均风速（*X*4）、平均气温（*X*5）、平均水汽压（*X*6）、平均相对湿度（*X*7）、日照时数（*X*8）、日最低本站气压（*X*9）、日最低气温（*X*10）、日最高本站气压（*X*11）、日最高气温（*X*12）、最大风速（*X*13）、最小相对湿度（*X*14）、天敌数据（*X*15）。为了减少因子中变量的冗余性，提高变量的独立性，需要对这15个影响因子数据进行皮尔逊相关性分析，计算影响因子和棉蚜等级之间的相关系数。用R软件计算得到的相关系数如表7-5所示。

表7-5　　相关系数

X	*X*1	*X*2	*X*3	*X*4	*X*5	*X*6	*X*7	*X*8	*X*9	*X*10	*X*11	*X*12	*X*13	*X*14	*X*15
相关系数	0.05	0.12	−0.22	−0.019	0.30	0.34	0.13	−0.09	−0.19	0.30	−0.22	0.23	−0.0019	0.19	0.19

从表7-5的相关系数得出，影响因子中的20-20时的降水量、日照时数、平均风速、最大风速这4个气象因子的相关系数偏小，说明这4个气象因子对于等级的分类预测影响较小。另外，因为棉蚜的增长受相对湿度影响较大，降雨量的多少会影响相对湿度的大小，所以对20-20时降水量因子进行了保留。目前在棉蚜发生程度预测的论文中只考虑了气象因子的影响，从表7-5中看到*X*15的相关系数是比较大的，说明天敌和棉蚜的发生相关性比较大，所以影响因子数据中最终保留了前期加的棉蚜天敌数据。筛选后的相关系数表如表7-6，表中的一条记录表示5～9月采集到的一天的数据。

表7-6　　筛选后相关系数

X	*X*1	*X*2	*X*3	*X*5	*X*6	*X*7	*X*9	*X*10	*X*11	*X*12	*X*14	*X*15
相关系数	0.05	0.12	−0.22	0.30	0.34	0.13	−0.19	0.30	−0.22	0.23	0.19	0.19

3. 评价指标

（1）虫害发生统计方法

我国对于虫害发生预测预报的方法可以分为以下几种类型。

① 虫害发生量预测。可以提前预测虫害的发生量或者虫害的密度，通过预测得到的发生量大小给农作物提供防治的方法。

② 虫害发生期预测。在虫害常见的发生期中主要分为始见期、始省期、高峰期、省末期和终见期。可以通过预测虫害的发生时期确定虫害的防治方法，以便确定的适当防治时期。

③ 虫害发生程度预测。虫害发生的分级标准主要分为轻发生、偏轻发生、中等发生、偏重发生、大发生5个等级。通过预测虫害的发生等级及时明确农作物受虫害危害情况，以便制定防止策略。

④ 虫害分布预测。预测虫害发生的面积和区域范围，主要是针对一些迁飞性害虫的扩散方向和范围进行预测预报。

主要是从虫害的发生程度进行的预测分析，具体应用在棉蚜虫害发生程度预测中。按照《主要农作物病虫害测报技术规范应用手册》对棉蚜的发生程度分级标准划分等级。棉蚜发生程度分级标准如表7-7所示。

表 7-7　棉蚜发生程度分级标准

级别	1 轻发生	2 偏轻发生	3 中等发生	4 偏重发生	5 大发生
百株蚜量/头	<1000	1000～10000	10001～30000	30001～50000	>50000

（2）预测评判标准

为了对模型的泛化能力和预测能力进行评判，采用 OOB 估计和模型的预测准确率作为模型的预测评判标准。使用袋外数据对随机森林泛化误差进行估计，进行 OOB 估计时每棵生成的决策树计算出 OOB 误差率，OOB 误差率在利用训练集进行模型训练时自动计算数值，OOB 误差率的大小体现模型泛化能力的好坏。模型预测准确率体现模型预测性能的优劣。

4. 实验结果与分析

（1）基于随机森林的棉蚜等级预测

本实验的编程语言是 R 语言，在 RStudio 环境下运行，加载 RandonForest 包，将数据导入进行实验。

随机森林算法的优点是在运算量没有显著提高的前提下提高了分类预测精度，并且对于多元共线性不敏感，对缺失数据的分类预测表现比较稳健，而且模型训练速度快，样本选择具有随机性不易产生过拟合。本实验将随机森林算法用于棉蚜虫害等级的短期预测中，提高了棉蚜预测的效率和准确率，及时地为农业生产者提供准确的预警信息，提前采取防治措施，从而降低棉蚜对棉花的危害。

基于随机森林的棉蚜短期预测模型如下。

① 有放回地进行随机抽样。随机森林对训练集中的样本有放回的随机选择，选择的样本数小于训练集总的样本数。

② 设置模型参数。随机森林预测模型中树的个数 n 取 100，通过计算得出节点 m 为 4。

③ 模型训练。通过训练集中选取的样本对模型进行训练，得到模型的 OOB 和模型内分类的误差率。

④ 预测。使用构建的随机森林预测模型对测试集进行分类预测，结合表 7-7 得到棉蚜的发生程度。

随机森林预测模型的构建流程图如图 7-2 所示。

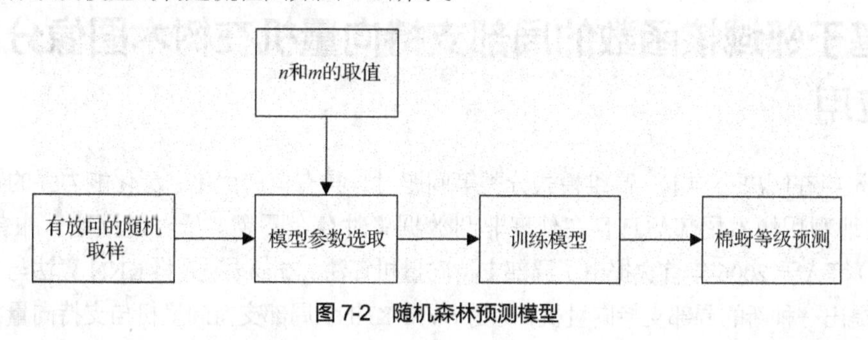

图 7-2　随机森林预测模型

（2）实验结果分析

实验采用的数据来源是滨州市植保站。

从表 7-8 可以看出，实验分类结果中等级 1 的分类错误率为 9.5%，等级 2 的分类错误率为 1.9%，表明模型分类结果中每一类的分类错误率都比较小，棉蚜虫害等级判别的准确率比较高。测试样本的分类准确率为 82.2%，测试集实验分类结果如表 7-9 所示。随机森林模型内含有判别函数，输入采集到的样本数据可以判别棉蚜的等级，部分样本数据的棉蚜等级预测结果如表 7-10 所示，*Y*1 代表的是随机森林模型预测的等级结果，*Y*2 代表的是棉蚜实际等级。结合表 7-10 可以得到棉蚜的发生程度，从而提前对棉区采取相应的防治措施，减少棉蚜给棉花带来的危害。

表 7-8　训练集分类结果

类别	1	2	分类误差率
1	143	15	9.5%
2	3	155	1.9%

注：每行表示实际的类别，每列表示随机森林判定的类别。

表 7-9　测试集分类结果

类别	1	2
1	36	4
2	4	1

表 7-10　棉蚜预测等级

序号	*X*1	*X*2	*X*3	*X*5	*X*6	*X*7	*X*9	*X*10	*X*11	*X*12	*X*14	*X*15	*Y*1	*Y*2
1	0	32766	10077	227	162	58	10058	171	10091	273	46	0	1	1
2	32700	71	10083	226	228	84	10074	192	10092	270	58	10	2	2
3	0	96	10025	307	345	79	10010	262	10038	344	55	12	2	2
4	7	100	10053	191	133	63	10020	158	10074	251	28	5	1	1
5	32700	63	10023	290	234	61	10011	243	10034	339	32	37	2	2
6	0	32766	10015	302	357	84	9992	242	10040	352	61	7	2	1
7	0	32766	10079	227	249	91	10065	197	10086	275	70	12	1	1

实验将随机森林算法用于棉蚜等级的短期预测中，实验结果表明模型泛化性好，误分类率低。随机森林为棉蚜虫害等级预测提供了一种新的方法。

7.2 基于邻域核函数的局部支持向量机在树木图像分类中的应用

支持向量机在解决小样本、高维模式分类等问题时，具有全局优化、泛化能力强的特点。但其不能够有效地利用样本局部信息且在处理非凸数据集时存在不足。针对此问题，布雷洛夫斯基（Brailovsky）等人于 2006 年首次提出了局部支持向量机算法。Zhang 等人将 KNN 算法与支持向量机进行结合，提出一种新的局部支持向量机，称为 SVM-KNN。局部支持向量机与支持向量机相比具有较高的分类精度，已被广泛应用于生物信息和网络流量预测等领域。

支持向量机与局部支持向量机都是将分类样本通过核函数映射到高维空间 H 中，使之具有线性可分性。核函数的实质是一种映射关系 $\varphi(\cdot)$，将样本数据从输入空间 R^n 映射到高维空间 H 中。核函数的定义如下。

设 $\chi \subseteq R^n$ ，$K(x,x')$ 为定义在 $\chi \times \chi$ 上的函数，若存在从 χ 到高维空间 H 的映射

$$\varphi\begin{cases}\chi \to H \\ x \to \varphi(x)\end{cases} \tag{7-2}$$

使 $K(x,x') = (\varphi(x) \bullet \varphi(x'))$ ，则称 $K(x,x')$ 为一个核函数。

几种常见的核函数如表 7-11 所示。

表 7–11　　常用核函数

名称	表达式	说明
Gauss 径向基核	$K(x,z) = \exp\left(-\frac{\|x-z\|^2}{2\delta^2}\right)$	Gauss 径向基核是最为常用的核函数
多项式核	$K(x,z) = [(x\bullet z) + c]^d$	其中 $c \geqslant 0$
多层感知核	$K(x,z) = \tanh(\rho < x,z > +\lambda)$	ρ 为标量，λ 为偏离参数
傅里叶核	$K(x,z) = \frac{1-q^2}{2[1-2q\cos(x-z)+q^2]}$	$\forall x,z \in R$ 且 q 是 $0<q<1$ 的常数
	$K(x,z) = \frac{\pi}{2\gamma}\frac{\cosh\left(\frac{\pi-\|x-z\|}{\gamma}\right)}{\sinh\left(\frac{\pi}{\gamma}\right)}$	γ 为常数
B-样条核	$K(x,z) = B_{2p+1}(x-z)$	B_{2p+1} 是 $2p+1$ 阶 B-样条核函数

对于局部支持向量机，目前缺乏一种能够有效处理图像纹理信息的核函数。将布雷洛夫斯基等人提出的邻域核函数应用于局部支持向量机中，使其能够有效地处理图像数据，以弥补局部支持向量机在图像分类上的不足。

7.2.1　邻域核函数

邻域核函数能反映图像像素点邻域信息变化的差异，对图像的分类具有重要意义。假设有两幅大小为 M（$M=N\times N$）像素点的图像，分别存储于两个矩阵中。将图像中某个像素点编号为 t，并对每幅图像的相邻像素点进行编号，如图 7-3 所示。

t:−11	t:−7	t:−6	t:+8	t:+12
t:−9	t:−3	t:−2	t:+4	t:+10
t:−5	t:−1	t	t:+1	t:+5
t:−10	t:−4	t:+2	t:+3	t:+9
t:−12	t:−8	t:+6	t:+7	t:+11

图 7-3　对像素点进行编号

根据图像像素点的编号，定义图像的二级（d=2）邻域核函数 $K(x,y)$，如公式（7-3）和公式（7-4）所示。

$$K_t(x,y)=\sum_{r=-s}^{s} x_t x_{t:+r} y_t y_{t:+r} \tag{7-3}$$

$$K(x,y)=\sum_{t=1}^{M} K_t(x,y) \tag{7-4}$$

二级邻域核函数使用像素点 t 的四邻域像素的变化信息。其中，S 的取值为 2，M 为图像像素点的总个数，x 和 y 分别为两幅图像中对应的像素点。可以看出，二级邻域核的实质是将两幅图像中 t 像素点及其邻域点求积的累加和。通过 $K(x, y)$值的大小反映两幅图像邻域信息变化的差异。对于像素点取值为±1 的二值化图像来说，两幅图像邻域信息变化差距越大，则 $K(x, y)$的值越小。反之，$K(x, y)$的值越大。

根据二级邻域核函数，可以定义三级（d=3）邻域核函数，如公式（7-5）和（7-6）所示。

$$K_t(x,y)=\sum_{r=1}^{s}\sum_{p=1}^{s} x_t x_{t:+r} x_{t:+p} y_t y_{t:+r} y_{t:+p} \tag{7-5}$$

$$K(x,y)=\sum_{t=1}^{M} K_t(x,y) \tag{7-6}$$

三级邻域核函数中 S 的取值为 4。n 级邻域核函数的定义依次类推，在此不再进行赘述。

7.2.2 基于邻域核函数的局部支持向量机

通过邻域核函数的定义可以看出，邻域核函数能较好地反映不同图像之间邻域信息变化的差异。将邻域核函数应用于局部支持向量机中，提出一种新的局部支持向量机算法——基于邻域核函数的局部支持向量机（Neighborhood-LSVM），该算法能够在一定程度上提高图像的分类精度。

基于邻域核函数的局部支持向量机算法如图 7-4 所示。

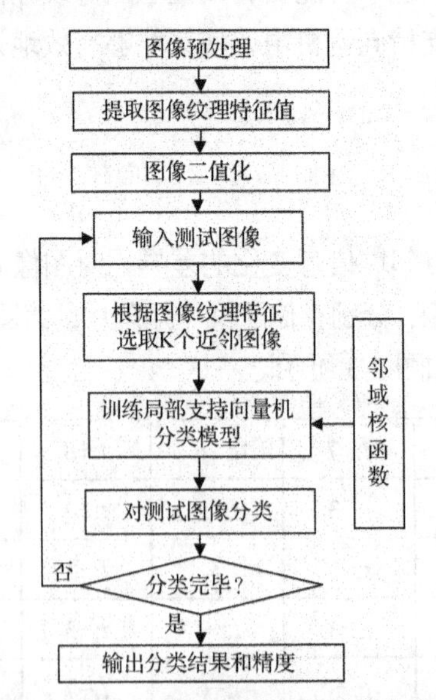

图 7-4 基于邻域核函数的局部支持向量机

（1）图像预处理：统一图像大小，并将图像灰度化。

（2）提取图像纹理特征值：针对树木图像数据集的特点，算法中提取了树木图像的对比度、相关性、熵等纹理特征值。

（3）将所有图像进行二值化处理：图像中每个像素点的取值定为+1（黑）或−1（白）。

（4）利用提取的图像纹理特征值，使用 K 近邻算法选取测试图像的 K 个近邻图像。对于选取的近邻图像和测试图像使用二级邻域核函数计算 $K(x，y)$的值，公式（7-7）中 $x_t x_{t:+r} y_t y_{t:+r}$ 的取值如下：

$$x_t x_{t:+r} y_t y_{t:+r} = \begin{cases} +1 & (x_t = x_{t:+r} \& y_t = y_{t:+r}) \| (x_t \neq x_{t:+r} \& y_t \neq y_{t:+r}) \\ -1 & \text{其他情况，包含边界点} \end{cases} \quad (7\text{-}7)$$

（5）使用 $K(x，y)$的值构建分类模型，对测试图像进行分类。

7.2.3　实验结果与分析

为检验基于邻域核函数的局部支持向量机在图像分类上的有效性，使用树木图像数据集进行测试。树木图像数据集共采集白玉兰、槐树等 8 种树木 351 幅图像。树木图像数据集如表 7-12 所示。

表 7–12　树木图像数据集

编号	C1	C2	C3	C4	C5	C6	C7	C8
名称	白玉兰	暴马丁香	槐树	黄连木	黄山栾	美国黑核桃	柿	乌桕
数量	50	33	65	39	29	16	30	89

根据树木图像数据集共进行了 8 组实验。针对每组实验分别使用基于邻域核函数的局部支持向量机（Neighborhood-LSVM）、局部支持向量机（SVM-KNN）和标准支持向量机（SVM）3 种算法。

在每组实验中，SVM-KNN 算法使用不同的 K 值进行测试，对于 Neighborhood -LSVM 算法只是选取部分 K 值进行测试。分别取每种分类算法中分类精度最高的结果进行展示。实验数据集如表 7-13 所示，分类精度如表 7-14 所示。

表 7–13　实验数据集表

测试编号	训练图像数	测试图像数	标准化图像大小	图像种类
1	235	116	256 × 256	C1～C8
2	101	53	256 × 256	C3、C8
3	235	116	800 × 800	C1～C8
4	93	46	800 × 800	C1、C8
5	86	44	800 × 800	C3、C8
6	102	52	800 × 800	C3、C8
7	83	32	800 × 800	C1、C3
8	83	32	1000 × 1000	C1、C3

表 7–14　分类精度结果

测试编号	Neighborhood-LSVM	SVM KNN	SVM
1	0.4237	0.4661	0.2881
2	0.7547	0.7547	0.7170
3	0.3898	0.1864	0.1610
4	0.8085	0.5106	0.4468
5	0.6136	0.5227	0.5000
6	0.7143	0.6071	0.5893
7	0.9375	0.8750	0.5625
8	0.9063	0.8125	0.5625

将表 7-15 的分类精度绘制成折线图，如图 7-5 所示。

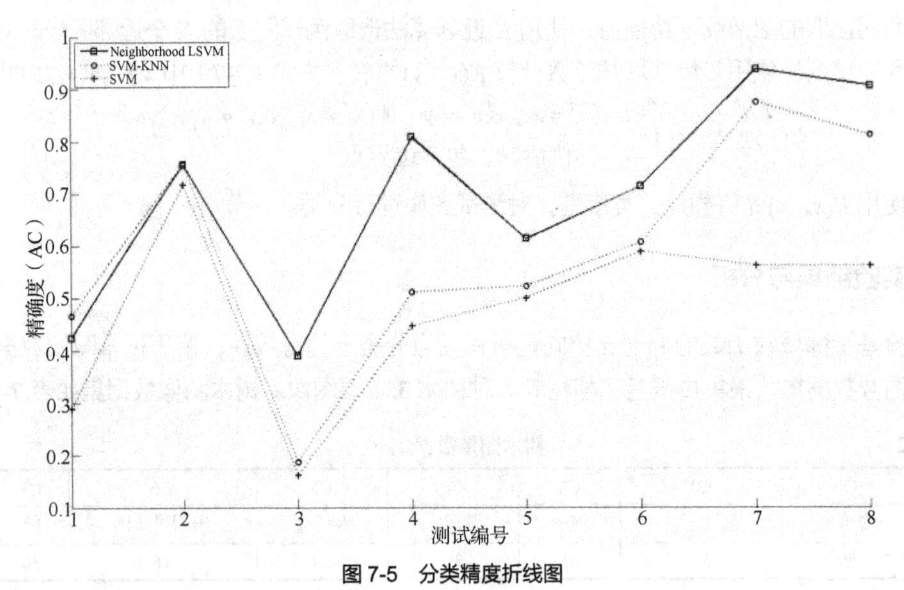

图 7-5 分类精度折线图

由图 7-5 可以看出，针对树木图像数据集，Neighborhood-LSVM 的分类精度要高于 SVM-KNN，SVM 是 3 种分类方法中精度最低的。

使用 SVM 算法对树木图像进行分类时，首先提取图像特征值，然后使用所有训练图像的特征值训练分类模型，最后使用分类模型进行分类。SVM-KNN 与 SVM 不同之处是 SVM-KNN 需要根据提取的特征值选取测试图像的 K 个近邻，使用 K 个近邻图像的特征值训练分类模型，最后使用分类模型进行分类。

Neighborhood-LSVM 算法根据图像的特征值选取测试图像的 K 个近邻图像，对于选中的 K 个近邻图像借助于邻域核函数构建分类模型，而放弃使用提取的图像特征值构建分类模型。相对于前两种算法，Neighborhood-LSVM 中影响分类结果的因素更为广泛和准确，减少了对图像特征值提取的依赖，因此其分类精确度要高于 SVM 和 SVM-KNN 算法。

基于邻域核函数的局部支持向量机利用图像像素点邻域变化等信息，提高了图像分类精度。经树木图像数据集测试验证，结果表明该算法对图像的分类精度高于标准的 SVM 和 SVM-KNN，为图像的分类提供了一种可行方案。

7.3 局部支持向量回归在小麦蚜虫预测中的应用

近年来，随着对支持向量机研究的深入，斯坦沃特（Steinwart）于 2002 年证明了在一般情况下，支持向量机并不能满足全局一致性。因此需进一步改进支持向量机，满足算法的一致性需求。2006 年 ZHANG 等人在局部学习算法的启发下提出了局部支持向量机的思想。局部支持向量机不但具有适合小样本、非线性、高维模式的优势，同时能够满足算法的一致性要求。

将局部支持向量回归应用于小麦蚜虫百株蚜量预测中，构建基于局部支持向量回归的小麦蚜虫短期预测模型，可以提高小麦蚜虫预测的准确率，具有一定的研究和应用价值。

7.3.1 小麦蚜虫预测原理

小麦蚜虫的预测一般分为长期预测、中期预测和短期预测 3 种类型，其中短期预测由于其期限较短，预测准确率较高而使用广泛，短期预测的期限一般是 7～10 天。对小麦蚜虫的短期发生情况进行预测，可以帮助农民及时掌握小麦蚜虫的发生情况，以便采取有效的防治措施。通常构建小麦蚜虫短期预测模型主要步骤如下。

（1）数据的获取。通过田间采集直接计数或者通过传感器采集与小麦蚜虫发生相关的农田信息。

（2）数据预处理。对采集到的小麦蚜虫数据进行统计分析，以及对影响因子进行特征选择、特征变换及归一化处理。

（3）构建预测模型。将预处理后的数据划分为训练集和测试集两部分。利用训练集数据进行模型参数的学习。

（4）模型的评价。通过测试集检验预测模型的预测效果，使用均方误差等评价指标对模型的预测效果进行评价。

7.3.2 数据来源与预处理

1. 数据来源

实验采用的数据主要包含两部分：1990—2013 年山东烟台地区小麦蚜虫百株蚜量数据和烟台地区气象数据。将 1990—2007 年（缺 1992—1994 年数据）的 78 条数据作为训练集，2008—2013 年的 26 条数据作为测试集。预测对象为小麦蚜虫的百株蚜量及发生程度，其中发生程度分为 5 级，轻发生（1 级）、偏轻发生（2 级）、中发生（3 级）、偏重发生（4 级）、大发生（5 级），主要以小麦蚜虫发生盛期的百株蚜量来确定，各级指标如表 7-15 所示。影响因子为虫源基数（$x19$）以及降雨量、气温、日照时数等气象因子（$x1$～$x18$）。

表 7-15　小麦蚜虫发生程度分级指标

发生程度	1	2	3	4	5
百株蚜量 Y/头	$Y \leq 500$	$500 < Y \leq 1500$	$1500 < Y \leq 2500$	$2500 < Y \leq 3500$	$Y > 3500$

2. 特征选择

选择正确有效的特征，对回归模型的构建及预测预报具有重要意义。特征选择作为数据预处理的一个重要过程，其主要任务是去除不相关或者冗余的特征。首先，特征选择可以揭示各个特征对预测对象的重要程度；其次，进行特征选择，可以删掉无关的特征，从而降低数据的维数，缩小问题规模，提高模型的构建效率；最后，特征选择可以使构建的模型具有更好的泛化能力。

相关分析是研究随机变量之间是否存在某种依存关系的一种常用方法，通过相关分析找到各影响因子与预测对象的相关关系，达到特征选择的目的。相关分析得到的相关关系是一种非确定性的关系，它并不能确切到由其中的一个变量去精确决定另一个变量的程度。皮尔森（Pearson）相关系数和斯皮尔曼（Spearman）相关系数是相关分析中常用的两种相关系数。其中，Pearson 相关系数研究的是连续数据之间的相关关系，适用于两个变量之间的相关关系的计算；Spearman 相关系数是一种秩相关系数，通过将两列数变为相应的等级，根据等级之差计算相关系数。

小麦蚜虫短期预测模型的构建，其影响因子包含多个气象因子，考虑到各气象因子之间存在一定的相关关系，因此通过相关分析删除无关的或者冗余的影响因子，提高构建预测模型的准确率和泛化能力。另外，特征选择主要研究的是各个影响因子与预测对象的相关关系，属于变量之间的相关关系，因此采用 Pearson 相关系数计算相关关系。影响因子 X_i 与预测对象 Y 的 Pearson 相关系数 r_{X_iY} 的计算公式如下：

$$r_{X_iY}=\frac{S_{X_iY}}{\sqrt{S_{X_iX_i}}\sqrt{S_{YY}}} \tag{7-8}$$

其中，$S_{X_iX_i},S_{YY},S_{X_iY}$ 为 X_i,Y 的样本方差和协方差。

将百株蚜量与 19 个影响因子进行相关分析，相关系数及显著性检验结果如表 7-16 所示，其中 r 为相关系数，p 为显著性检验的值。

表 7-16　相关分析结果

变量	x1	x2	x3	x4	x5	x6	x7	x8	x9	x10
r	0.00495	0.00495	0.00495	−0.03086	−0.12044	0.01201	0.23146	0.12303	−0.03104	0.0991
p	0.9602	0.9602	0.9602	0.7558	0.2233	0.9037	0.0181	0.2134	0.7545	0.3169
变量	x11	x12	x13	x14	x15	x16	x17	x18	x19	
r	0.0991	0.0991	−0.11039	0.28725	−0.11984	0.13983	−0.07264	0.02879	0.79788	
p	0.3169	0.3169	0.2646	0.0031	0.2256	0.1569	0.4637	0.7717	<0.0001	

取显著性水平为 0.5，由表 7-16 相关分析的显著性检验结果可知，变量 x1～x4、x6、x9、x18 的 p 值均明显大于 0.5，与百株蚜量的相关关系不显著，因此，使用其余 12 个变量预测百株蚜量的值。

3. 归一化处理

归一化方法是一种常用的数据预处理方法。归一化方法主要有两种：一种是为了数据处理的方便，将数据映射为 0、1 之间的小数；另一种是去掉量纲，将有量纲的表达式化为无量纲的表达式，成为纯量。由于不同影响因子的取值范围差距较大，为了避免“大数吃小数”的情况，选用第二种归一化的方法，对各个影响因子进行无量纲化处理，去掉其量纲，公式如下：

$$x_{ij}=\frac{x_{ij}-x_i^{\min}}{x_i^{\max}-x_i^{\min}} \tag{7-9}$$

其中，x_{ij} 为第 j 个样本的第 i 个特征，$x_i^{\max}$，$x_i^{\min}$ 为第 i 个变量的最大值和最小值。

针对小麦蚜虫数据，通过多次对比实验发现，仅对影响因子进行归一化的效果明显好于对影响因子及预测对象均归一化，因此，将小麦蚜虫的各个影响因子归一化到[0，1]范围内，预测对象未进行归一化处理。

7.3.3　支持向量回归与局部支持向量回归

1. 支持向量回归

支持向量回归解决回归问题的基本思路为：首先通过一个非线性映射 φ 将样本由输入空间映射到高维特征空间 H 中；然后在高维特征空间中对样本进行线性回归，找到拟合最优的回归函数 $f(x)=w\bullet\varphi(x)+b$，即最优回归超平面；最后使用最优回归函数对其他样本进行回归预测。标准的支持向量回归的损失函数为 ε 不敏感损失函数，其数学表达式为：

$$L_\varepsilon(y)=\begin{cases}0 & |f(x)-y|\leqslant\varepsilon \\ |f(x)-y|-\varepsilon & \text{else}\end{cases} \tag{7-10}$$

其中，ε 为核宽，即回归函数允许的最大误差，使用 ε 不敏感损失函数可以提高回归模型的泛化能力。

支持向量回归构建回归模型的原则是结构化风险最小化原则，即不仅要使经验风险最小，同时也要降低模型的复杂度，提高模型的泛化能力。支持向量回归求最优回归超平面的问题可以转化为如下的优化问题。

目标函数：

$$\min \ \|w\|^2/2 + C\sum_{i=1}^{n}(\xi_i + \xi_i^*) \tag{7-11}$$

约束条件：

$$\begin{cases} y_i - f(x_i) \leqslant \varepsilon + \xi_i \\ f(x_i) - y_i \leqslant \varepsilon + \xi_i^* \qquad i = 1,2,\cdots,n \\ \xi_i, \xi_i^* \geqslant 0 \end{cases} \tag{7-12}$$

其中，C 为惩罚系数，n 为样本个数，ξ_i, ξ_i^* 为松弛变量。

根据对偶原理，用 Lagrange 乘数法，可求解公式（7-11）和公式（7-12）对应的优化问题，最优回归超平面为

$$f(x) = \omega \bullet \varphi(x) + b = \sum_{i=1}^{n}(a_i - a_i^*)K(x_i, x) + b \tag{7-13}$$

其中，a_i，a_i^* 是拉格朗日乘子，且 $0 \leqslant a_i, a_i^* \leqslant C$；$x_i$ 为支持向量，满足 $y_i - f(x_i) = \varepsilon$ 或 $f(x_i) - y_i = \varepsilon$；$b$ 为常数，可通过支持向量 x_i 求出；$K(x_i, x) = (\varphi(x_i) \bullet \varphi(x))$ 为核函数。

2. 局部支持向量回归

支持向量机使用全部训练样本构造回归模型，忽略了样本的局部变化信息。而局部支持向量机则是在支持向量机的基础上引入了局部学习算法，因此局部支持向量机构造的回归模型蕴含局部化的思想，能够有效地捕捉样本的局部变化趋势，从而提高模型的预测精度。

2007 年，有学者根据训练样本与测试样本的相似度提出了一种新的局部支持向量机（Localized Support Vector Machine，LSVM）。LSVM 使用相似度函数 $\sigma(x_i, x_j^*)$ 表示训练样本 x_i 与测试样本 x_j^* 的相似度。根据相似度函数 σ 取值的不同，可产生两种 LSVM 的变种，当 σ 取[0，1]之间的实数时，得到的 LSVM 称为 SLSVM（Soft Localized Support Vector Machine）；当 σ 为二值函数时，得到的 LSVM 称为 HLSVM（Hard Localized Support Vector Machine），此时的相似度函数表达式为：

$$\sigma(x_i, x_j^*) = \begin{cases} 1 & x_i \in x_j^* \text{的} K \text{近邻} \\ 0 & \text{else} \end{cases} \tag{7-14}$$

其中，计算 x_j^* 的 K 近邻时使用的距离函数为欧氏距离。

基于 HLSVM 的局部支持向量回归（Hard Localized Support Vector Regression，HLSVR）构造回归模型的步骤如下。

（1）确定 K 值。

（2）选取每个测试样本的 K 个近邻样本。

（3）对于选取的 K 近邻样本，使用支持向量机进行回归建模。

（4）使用建立的支持向量回归模型对该测试样本进行预测。

（5）对每个测试样本执行（2）～（4），直到所有测试样本预测完成。

与标准的 SVR 相比，使用 HLSVR 对测试样本进行预测，可以充分利用样本的局部信息，选取

与测试样本相似度较大的样本参与模型的构建，能够有效提高预测精度；并且 HLSVR 能够减少参与模型构建的样本数量，从而降低构建单个模型的时间。

7.3.4 实验结果与分析

1. 基于 HLSVR 的小麦蚜虫百株蚜量短期预测模型

虫害的发生量是对虫害发生情况预测的主要指标，以小麦蚜虫百株蚜量作为预测对象，使用 HLSVR 构造小麦蚜虫百株蚜量的短期预测模型。由于气象条件对小麦蚜虫的发生有重要影响，因此该模型使用某一时期的百株蚜量（简称虫源基数）和同时期的气象因子作为影响因子，下一时期的小麦蚜虫百株蚜量作为预测对象，进行回归模型的构建。

基于 HLSVR 的小麦蚜虫百株蚜量短期预测模型建模过程如下：首先，通过特征选择剔除对预测对象无显著影响的因子；然后，对数据进行归一化处理，提高建模效率；最后，选择合适的核函数及参数构建回归预测模型，并对未来样本进行预测。

2. 实验结果及分析

利用局部支持向量回归构造小麦蚜虫短期预测模型，并与支持向量回归进行对比实验。核函数是解决非线性回归问题的关键，它可以将样本从低维空间向高维空间进行映射。核函数的类型、核参数的选取直接影响着模型预测精度的高低。目前，RBF 核是应用最广泛的核函数。无论样本维数高低、样本数量多少，RBF 核函数均可以通过调节其核参数得到较为理想的预测结果。上述两种模型均使用 RBF 核函数。支持向量回归模型参数的选取采用网格参数寻优，寻优过程采用十折交叉验证法，十折交叉验证可以有效避免过拟合，是对预测误差的一种比较好的估计。由于局部支持向量回归目前并无较好的调参算法，其惩罚系数 C、核宽 ε、核参数 δ 的值与支持向量回归中对应参数的值相等。而对于近邻数 K，给定多个值，使用十折交叉验证选择最优的 K 值。具体选取的参数值如表 7-17 所示。

表 7-17 模型参数

SVR			HLSVR			
C	δ	ε	C	δ	ε	K
4096	9.77E-04	5	4096	9.77E-04	5	40

使用上述两个模型对 2008—2013 年小麦蚜虫百株蚜量进行预测，百株蚜量的均方误差（Mean Square Error，MSE）及发生程度的准确率如表 7-18 所示。MSE 表达式为：

$$MSE = \sum_{i=1}^{n}(y_i - y_i')^2 / n \tag{7-15}$$

其中，y_i, y_i' 分别为实际值、预测值，n 为测试样本的数目。MSE 越小，预测模型的准确度越高。

为了对小麦蚜虫的发生程度进行评价，使用准确率（Accuracy，AC）作为发生程度的评价指标，计算准确率时按照预测发生程度与实际发生程度等级相同时准确率为 100%，预测与实际的发生程度相差一级时准确率为 50%，相差两级及以上级时准确率记为 0 进行计算，表达式如公式（7-16）所示：

$$AC = \frac{M + D \times 0.5}{N} \times 100\% \tag{7-16}$$

其中，M 表示发生程度的实际值与预测值相等的样本个数，D 表示发生程度等级的实际值与预测值相差一级的样本个数，N 代表训练集或测试集样本总数。

表 7-18　　均方误差及发生程度准确率

模型	百株蚜量均方误差		发生程度准确率	
	预测	回代	预测	回代
SVR	199366	213108	80.77%	91.03%
HLSVR	196362	198780	82.69%	91.03%

支持向量回归只需要针对所有训练样本构建一个回归预测模型，对所有测试集样本采用该模型进行预测。而局部支持向量回归则是针对每个测试样本分别建立预测模型，理论上局部支持向量回归比支持向量回归有更好的预测能力及推广能力。由表 7-18 的均方误差可以看出，用 HLSVR 对 1990—2007 年的小麦蚜虫数据进行回代检验，其均方误差小于 SVR，对于未参与模型构建的 2008—2013 年的小麦蚜虫的数据，HLSVR 模型预测百株蚜量的均方误差明显小于 SVR。HLSVR 模型及 SVR 模型的回代检验的均方误差均高于预测的均方误差，主要是因为 1990—2007 年小麦蚜虫的百株蚜量存在比较大的值，而 2008—2013 年小麦蚜虫的百株蚜量值相对比较小，导致回代检验时，较大的百株蚜量对应较大的误差。

由表 7-18 发生程度的准确率可以看出，对 1990—2007 年的小麦蚜虫发生程度进行回代检验，HLSVR 的回代准确率等于 SVR 的回代准确率。但是，对 2008—2013 年的小麦蚜虫的 26 条数据进行预测，HLSVR 的预测准确率明显高于 SVR。因此，与 SVR 相比，基于 HLSVR 的小麦蚜虫百株蚜量短期预测模型的准确度更高，泛化能力更强。

7.4　深度学习在小麦蚜虫短期预测中的应用

目前，罗杰斯特回归、神经网络，以及支持向量机等模型均已用于小麦蚜虫的预测预报。但是这些浅层学习模型对输入特征具有很强的依赖性，并且它们的特征学习能力有限。深度学习通过多隐藏层的学习结构，实现对底层特征的高度抽象，从而提取更有利于回归预测的特征。将深度信念网络与局部支持向量回归进行结合，可以充分发挥深度信念网络自动提取特征的优势，提高小麦蚜虫短期预测的准确率。

7.4.1　数据来源与预处理

实验数据主要包括两部分，一是小麦蚜虫的百株蚜量，二是对应的气象数据。小麦蚜虫的百株蚜量数据来自《山东省农作物病虫预测预报观测数据集》和山东省烟台植保站，从 1978—2013 年共 36 年的数据。

由于小麦蚜虫百株蚜量在采集及计数的过程中均存在一定的误差，而发生程度是根据百株蚜量的取值范围计算得出，其范围较大，误差相对较小，因此发生程度成为衡量小麦蚜虫危害程度的重要指标。发生程度的分级标准及计算方法见表 7-15。

气象数据主要来源于国家气象信息中心。每条记录均包含区站号、20-20 时降水量、平均风速等 18 个属性。为更好地利用气象数据，对其进行预处理。由于 1978—1989 年的气象数据中，极大风速、日最低本站气压、日最高本站气压 3 项数据缺损严重，并且考虑到这 3 个因子在虫害预测中使用频率较低，因此去掉这 3 个因子，最终保留了 15 个气象因子，与虫源基数共同构成影响因子，预测因子为当前日期对应的百株蚜量。实验数据共 222 条记录，其中 180 条用作训练集，剩余的 42 条构成测试集。

为避免计算过程中因量纲不同而产生较大的误差，对实验数据进行归一化处理。

7.4.2 模型评价指标

为检验预测模型对小麦蚜虫百株蚜量的预测能力及模型的泛化能力，使用构建好的预测模型对测试集样本进行预测，并对训练集样本进行回代检验。使用的评价指标包括均方根误差（Root Mean Square Error，RMSE）、平均绝对误差（Mean Absolute Error，MAE），见公式（7-17）和公式（7-18）。

$$RMSE=\sqrt{\frac{1}{n}\sum_{i=1}^{n}(\hat{y}_i-y_i)^2} \tag{7-17}$$

$$MAE=\frac{1}{n}\sum_{i=1}^{n}|\hat{y}_i-y_i| \tag{7-18}$$

其中，y_i 表示第 i 个小麦蚜虫样本的实际值，$\hat{y}_i$ 表示使用预测模型得到的第 i 个样本的预测值。

为了对小麦蚜虫的发生程度进行评价，使用准确率作为发生程度的评价指标，准确率的计算方法如公式（7-16）所示。

7.4.3 基于 DBN_LSVR 的小麦蚜虫短期预测模型

深度学习在特征的自动提取方面有较强的优势，而局部支持向量回归也是目前浅层学习中预测能力较好的模型，因此将深度信念网络与局部支持向量回归进行结合，提出了 DBN_LSVR 模型，并用于小麦蚜虫的百株蚜量的短期预测模型，根据表 7-15 中的发生程度的分级标准得到小麦蚜虫的发生程度的等级。

相比于分类问题，深度学习在回归预测领域的研究相对较少，目前在回归预测方面的应用，深度学习的隐藏层层数一般设置为 2 或 3。主要有两个原因，一个是随着模型的层数增多，模型内部及模型外部的参数也随之增多，进行参数学习所需要的数据量也就更多；二是对于大多数结构化的回归数据集，其构建数据集时，已经预先进行了特征的选择，因此不需要使用层数很多的模型对特征进行高度的抽象。本节采用的数据集的数据量较少，因此综合考虑，选取了有两个隐藏层的深度信念网络进行特征的进一步学习。

基于 DBN_LSVR 的小麦蚜虫短期预测过程如下。

（1）归一化处理。对数据集进行归一化处理，消除不同量纲对建模的影响。

（2）设置 DBN 的各层节点数等超参数的值。输入层的节点个数即为影响因子数 16，输出层节点个数设置为 1，对于两个隐藏层的节点个数及分块大小等超参数通过多次实验，选取更适合本数据集的超参数。

（3）逐层预训练。使用训练集数据对 DBN 中的两个 RBM 逐个进行无监督学习，使得每个 RBM 的参数达到局部最优。

（4）有监督微调。训练好的两个 RBM 与输出层构成一个 4 层的 BP 神经网络，对其进行有监督训练，并将误差逐层反向传播，微调各层参数，直到收敛。

（5）提取最后一个隐藏层的特征。使用训练好的 DBN 对整个数据集的影响因子进行特征提取，得到的新特征即 DBN 的第 2 个隐藏层的数据。

（6）预测模型的构建。使用新的特征及 LSVR 构建小麦蚜虫百株蚜量的预测模型，对测试集进行预测，并对训练集进行回代检验。

7.4.4 实验结果与分析

使用 DBN_LSVR 对小麦蚜虫百株蚜量进行预测，实验结果如图 7-6 和图 7-7 所示，其中图 7-6 是百株蚜量的预测结果与实际值的对比，图 7-7 是发生程度的预测值与实际值的对比。

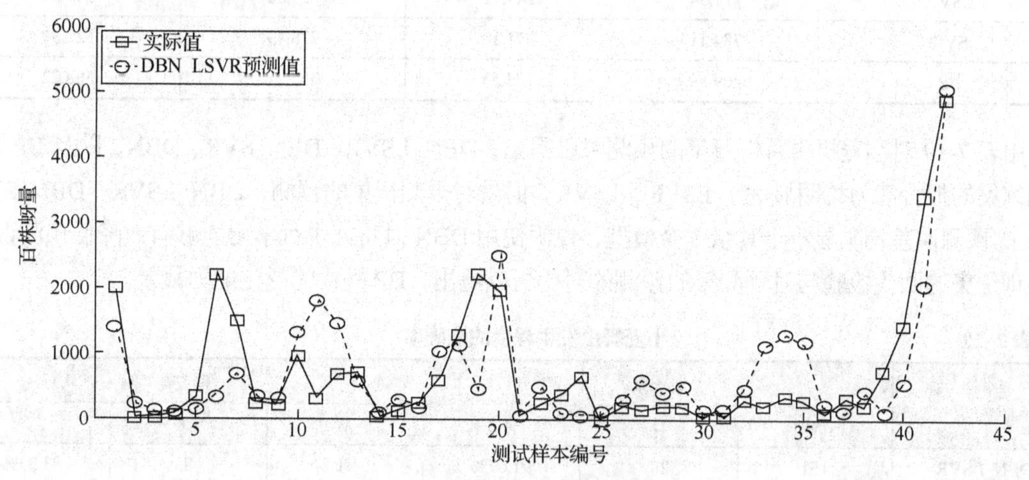

图 7-6　小麦蚜虫百株蚜量预测结果

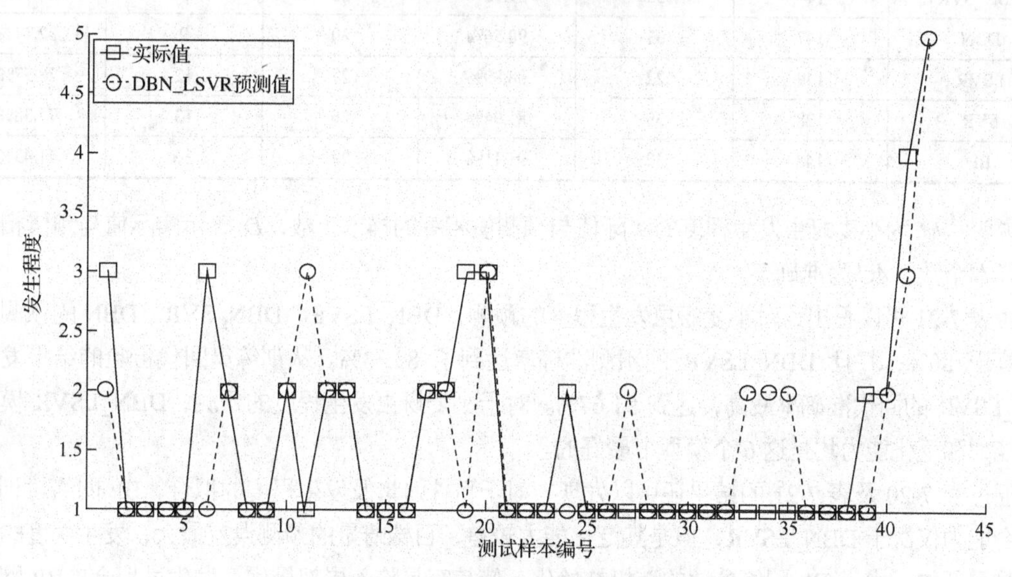

图 7-7　小麦蚜虫发生程度预测结果

从图 7-6 和图 7-7 可以看出，对于测试集样本，DBN_LSVR 的预测值与实际值拟合较好，特别是对于发生程度等级较大的情况也能准确的预测。为进一步验证DBN_LSVR对小麦蚜虫的预测能力，将其与 DBN、LSVR、SVR 等模型进行对比实验，使用 *RMSE*、*MAE* 及准确率 *AC* 对各模型的预测能力进行评价，结果如表 7-19 和表 7-20 所示，其中表 7-19 是对百株蚜量的预测误差的衡量，表 7-20 是对发生程度等级的准确率的对比。

表 7-19　　小麦蚜虫百株蚜量的预测误差

模型	训练集		测试集	
	RMSE	*MAE*	*RMSE*	*MAE*
DBN_LSVR	258.99	161.97	649.20	448.15
DBN_SVR	290.73	196.42	646.34	438.99
DBN	276.55	192.88	626.62	439.07
LSVR	717.34	247.72	829.86	549.04
SVR	784.11	371.18	778.49	525.81
BP	269.89	195.56	951.71	588.22

由表 7-19 对小麦蚜虫百株蚜量的预测可以看出，DBN_LSVR、DBN_SVR、DBN，以及 BP 网络对训练集的拟合能力均明显优于 LSVR 和 SVR。但是对于测试集的预测，DBN_LSVR、DBN_SVR、DBN 的预测误差均明显小于其余 3 个模型，说明使用 DBN 对特征进行学习能够有效降低预测误差。从对训练集的回代检验与对预测集的预测的对比可以看出，BP 网络的泛化能力最差。

表 7-20　　小麦蚜虫发生程度的准确率

模型	训练集			测试集		
	M	*D*	*AC*	*M*	*D*	*AC*
DBN_LSVR	151	28	91.67%	31	8	83.33%
DBN_SVR	144	35	89.72%	30	9	82.14%
DBN	147	32	90.56%	30	9	82.14%
LSVR	149	22	88.89%	27	12	78.57%
SVR	128	39	81.94%	26	13	77.38%
BP	148	32	91.11%	22	16	71.43%

说明：*M* 为小麦蚜虫发生程度的实际值与预测值相等的样本个数，*D* 表示实际值与预值相差一级的样本个数，*AC* 为准确率。

由表 7-21 可以看出，对小麦蚜虫发生程度的预测，DBN_LSVR、DBN_SVR、DBN 的预测准确率均高于 80%，并且 DBN_LSVR 的预测准确率达到了 83.33%。从训练集回代检验的结果发现，DBN_LSVR 的回代准确率最高，达到 91.67%。对于小麦蚜虫发生程度的预测，DBN_LSVR 模型的拟合能力和泛化能力均是这 6 个模型中最好的。

通过表 7-20 及表 7-21 的结果还可以发现，对于百株蚜量及发生程度的拟合，BP 网络对训练集的拟合能力仅次于 DBN_LSVR，但是其泛化能力较差，百株蚜量的预测误差最大，发生程度的准确率也是最低的。由于 BP 网络参数的随机初始化，使其容易陷入局部最优，发生过拟合。BP 网络的隐藏层只有一层，对特征的学习效果不理想。

虽然 LSVR 和 SVR 对训练集的回代检验的误差较大，发生程度准确率也较低，但是对训练集拟合能力与对测试集的预测能力差距不大，泛化能力较好，这与核函数的使用及结构风险最小化有关。由于 LSVR 能够更好地利用样本的局部信息，所以 LSVR 模型的预测效果优于 SVR 模型。

DBN_LSVR、DBN_SVR、DBN 这 3 个模型对训练集进行回代检验，以及在对测试集的预测能力方面，效果差距不大。主要是因为这 3 个模型均使用 DBN 进行特征的自动提取，使学习到的新特征优于原特征，与预测因子相关性更强。在这 3 个模型中，DBN_LSVR 的预测能力最好，主要是因为该模型在使用学到的新特征的基础上，又使用 LSVR 进行建模，充分发挥 LSVR 的优势，进一步提高预测准确率。

将深度信念网络与局部支持向量回归结合，构造 DBN_LSVR 模型，既可以通过 DBN 的多隐层结构对特征进行更好的学习，又可以发挥 LSVR 泛化能力强的优势。通过对小麦蚜虫的百株蚜量及发生程度的预测，并且与其他模型进行对比，可以看出，DBN_LSVR 的拟合能力及泛化能力均较好，为小麦蚜虫的短期预测提供了帮助，同时也为其他虫害的预测提供了一种可行的方案。

7.5 基于 Spark 的支持向量机在小麦病害图像识别中的应用

目前，小麦病害识别基本上是凭借植保专家和务农人员的专业知识和工作经验进行判断和归类，费时费力，效率较低，严重影响小麦病害防治工作的精准性和时效性。支持向量机是由瓦普尼克（Vapnik）提出的一种机器学习分类算法，因其严密的数学推理和较好的实践结果而备受关注，被广泛应用到农作物叶部病害图像识别中。但 SVM 适用于小样本，在处理大规模数据时，算法的时间、空间复杂度急剧增加，传统串行 SVM 无法较好地处理大规模数据集。针对 SVM 处理海量数据开销大、速度慢的缺点，研究人员寻求解决方法，目前主要有两种途径：原始算法改进和并行计算。伍德森（Woodsen）等将信息传递接口（MPI）与开放式信息传递接口（OpenMP）混合，实现了多核 SVM；Grafs 等提出基于级联算法的层叠 SVM；Lin 等利用置信区间牛顿法并行化 Linear SVM，加快了运算速度；中山大学张奕武实现了基于 Hadoop 的 SVM，但依赖于 MapReduce，速度提升不明显；厦门大学唐振坤利用 Spark 实现 SVM 等算法，较大幅度降低了算法时间复杂度。随着近年来信息规模的增长，大数据处理技术快速兴起，在 Hadoop 基础上发展起来的内存式并行计算框架 Spark 能够较好地应对大规模迭代运算。

因此，将 Spark 与 SVM 结合实现并行的 SVM，在保证不损失分类精度的前提下，提高小麦病害图像的识别效率，对于小麦病害自动快速的诊断和防治具有一定借鉴价值。

7.5.1 数据来源与预处理

在山东农业大学试验田和周边小麦种植基地对小麦叶部病害图像进行采集，由于采集环境状况复杂多变，图像中充斥着部分噪声，需要对其进行同态滤波降噪处理，再从颜色、纹理和形状 3 个角度提取图像的 49 个特征向量，作为算法的输入数据。

1. 小麦病害图像的采集和预处理

为验证本节算法在处理速度和分类精度上的优势，从山东农业大学和山东省泰安市周边地区的济麦 20 号、烟农 19 号小麦生产基地及试验田等处，人工对小麦发病叶片进行高质量图像采集，采集工具为数码单反相机。

由于受到光照不均、设备抖动等因素的影响，在采集到的小麦病害彩色图像中，存在病斑的边缘和颜色会发生弥散、模糊、反光等现象，影响图像质量。为去除噪声，强化病斑对比度，本节采用同态滤波，对图像进行增强处理。同态滤波将图像的照度模型由乘积形式变为加和形式，通过照度范围的压缩和对比度的增强提升图像质量。同态滤波的具体步骤如图 7-8 所示。

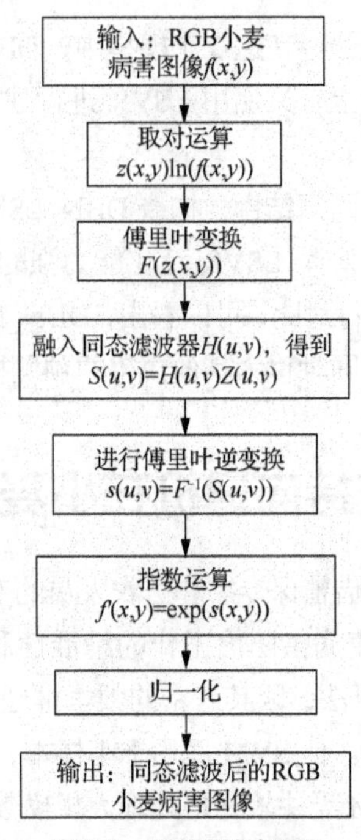

图 7-8　同态滤波流程图

本节利用 Matlab 7.0 对小麦病害图像进行同态滤波处理，滤波处理后的效果如图 7-9 所示。

图 7-9（a）是一幅曝光度过高的小麦白粉病叶部原始图像，由于采光较强，图像整体发白模糊，此外，叶片自身弯曲度使叶部存在阴影部分，影响对病斑的颜色、形状等图像特征的提取。图 7-9（b）是同态滤波去除噪声后的图像，同态滤波可以降低入射光照的低频分量，增加反射光照的高频分量，压缩图像照度值域的同时，又提高相邻区域像素的对比度，消除因光照过强引发的图像模糊现象，并对阴影区域进行有效的增强。

（a）原始图像

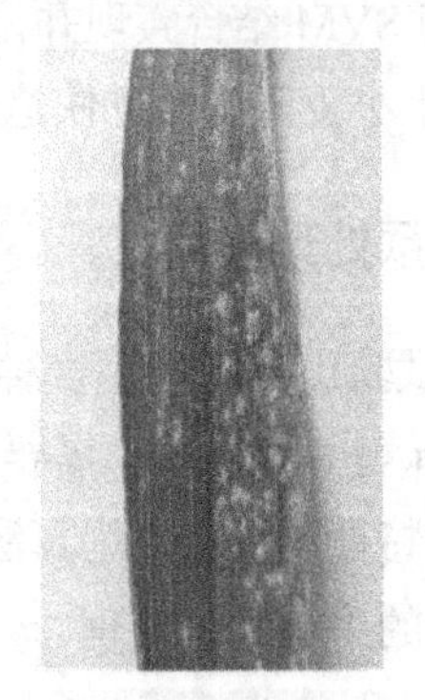

（b）同态滤波处理后图像

图 7-9　小麦白粉病叶部图像同态滤波处理效果

2. 小麦病害图像的特征提取

由于众多病害机理的差异，不同病害下的小麦叶片呈现出不同外表，合理的图像特征提取能最大化突出每种叶部病害外观的特点，有利于计算机对小麦病害的类别进行精准的识别。

本节以预处理后的 5120 张小麦病害图像为试验样本，图像样本如表 7-21 所示。图像大小为 5 312×2 988，格式为 JPEG，24 位图，分为锈病和白粉病两类病害。

表 7-21　小麦叶部病斑样本实例

类别	小麦叶锈病	小麦白粉病
病症外观	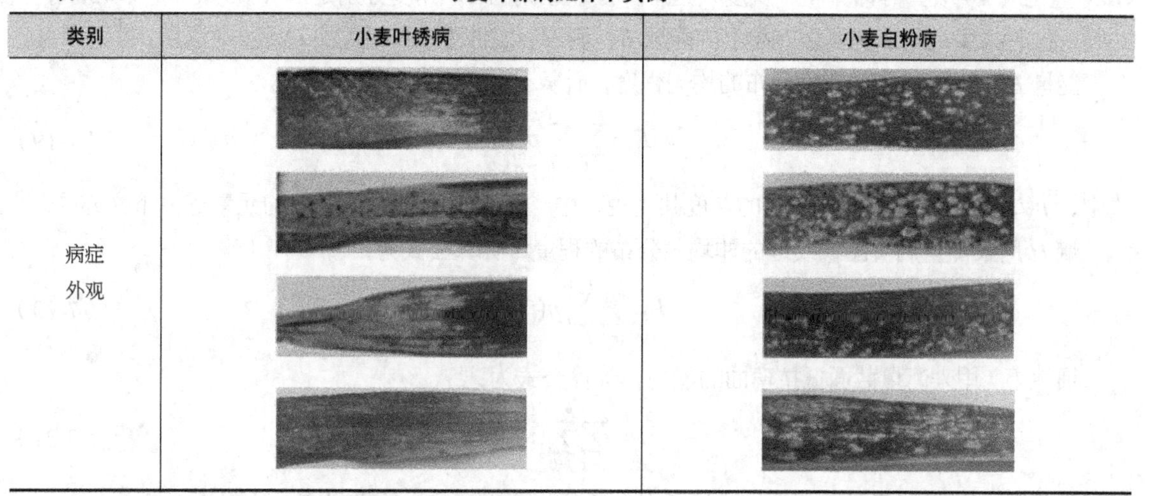	

获得小麦叶片的病变区域后，从颜色、纹理和形状 3 个方面提取 49 个特征向量，其中颜色特征 6 个，纹理特征 32 个，形状特征 11 个。具体的小麦病害图像特征提取参数如表 7-22 所示。

表 7-22　小麦锈病和白粉病图像特征提取参数

种类	参数	数量	总数
颜色特征	HSV 颜色空间一阶矩灰度值（H, S, V）	3	6
	HSV 颜色空间二阶矩灰度值（H', S', V'）	3	
纹理特征	RGB、HSV 颜色空间 θ=0° 灰度共生矩阵中能量 E、熵 H、惯性矩 I、相关性 C	8	32
	RGB、HSV 颜色空间 θ=45° 灰度共生矩阵中能量 E、熵 H、惯性矩 I、相关性 C	8	
	RGB、HSV 颜色空间 θ=90° 灰度共生矩阵中能量 E、熵 H、惯性矩 I、相关性 C	8	
	RGB、HSV 颜色空间 θ=135° 灰度共生矩阵中能量 E、熵 H、惯性矩 I、相关性 C	8	
形状特征	Hu 不变矩阵：$m(1)$，$m(2)$，$m(3)$，$m(4)$，$m(5)$，$m(6)$，$m(7)$	7	11
	面积（S）	1	
	周长（L）	1	
	圆度（C）	1	
	复杂度（E）	1	

（1）颜色特征提取

先通过遍历算法读取指定文件夹下所有 JPEG 格式的小麦病害图像，获得纹理区域后，将各颜色分量转化为灰度值，获得灰度图像，再将 RGB 空间转换成 HSV 空间，得到一、二阶矩上 H、S、V 3 个分量的值。

（2）纹理特征提取

采用 RGB、HSV 颜色空间。为减少计算量并提高处理精度，对原始图像进行灰度等级压缩，将

Gray 量化成 16 级。再计算 4 个灰度共生矩阵，取距离为 1，角度分别是 0°、45°、90°、135°，再对归一化的共生矩阵求解 4 个方向上的能量 E、熵 H、惯性矩 I 和相关性 C。

能量 E 用来衡量图像灰度分布的均匀程度，计算公式为：

$$E=\sum_{i=0}^{P-1}\sum_{j=0}^{P-1}p^2(i,j) \tag{7-19}$$

式中，$p(i,j)$ 表示在大小为 $P\times P$ 的灰度共生矩阵中，处于坐标 (i,j) 位置上的元素值，下文亦同。

熵 H 用来衡量病害图像纹理的非均匀分布的程度，计算公式为：

$$H=\sum_{i=0}^{P-1}\sum_{j=0}^{P-1}p(i,j)\log_2 p(i,j) \tag{7-20}$$

惯性矩 I 用来衡量截面抵抗弯曲的能力，计算公式为：

$$I=\sum_{i=0}^{P-1}\sum_{j=0}^{P-1}(i-j)^2 p(i,j) \tag{7-21}$$

相关性 C 用来衡量灰度共生矩阵的所有元素在行列方向分布的相似度，计算公式为：

$$C=\frac{\sum_{i=0}^{P-1}\sum_{j=0}^{P-1}ijp(i,j)-\mu_x\mu_y}{\sigma_x\sigma_y} \tag{7-22}$$

式中，μ_x 和 μ_y 表示 $p_x(i)$ 和 $p_y(j)$ 的均值，σ_x 和 σ_y 表示 $p_x(i)$ 和 $p_y(j)$ 的标准差。

（3）形状特征提取

先用 Canny 边缘检测法提取图像边缘，保留边缘灰度图像，再依次计算面积 S、周长 L、圆度 C、复杂度 E 和 Hu 不变矩阵。

面积 S 是边缘封闭区域内像素的总和，计算公式为：

$$S=\sum_{x=0}^{N}\sum_{y=0}^{N}f(x,y) \tag{7-23}$$

式中，$f(x,y)$ 是二值图像函数，可求得图像矩阵中位于坐标 (x,y) 位置上像素点的面积。

周长 L 是保留下来的边缘的长度，计算公式为：

$$L=\sum_{i=1}^{N}\Delta l_i \tag{7-24}$$

式中，Δl_i 表示病斑图形的微元长度。

圆度 C 用来衡量病斑边缘的拟圆程度，计算公式为：

$$C=\frac{4\pi S}{L^2} \tag{7-25}$$

式中，S 表示病斑面积，L 表示病斑周长，下文亦同。

复杂度 E 用来衡量小麦病变叶面区域的离散程度，计算公式为：

$$E=\frac{L^2}{S} \tag{7-26}$$

用 Otsu 阈值法为每一幅图像选定阈值，并用该阈值对图像二值化处理。为减少计算过程中的精度丢失，将像素矩阵中各元素的数据类型转换成双精度，之后依次计算灰度图像的零阶几何矩，图像的二阶、三阶几何矩，图像的二阶、三阶中心矩，图像的归一化中心矩，最后将各阶中心矩组合获得 Hu 的 7 个不变矩。求 Hu 不变矩算法流程如图 7-10 所示。

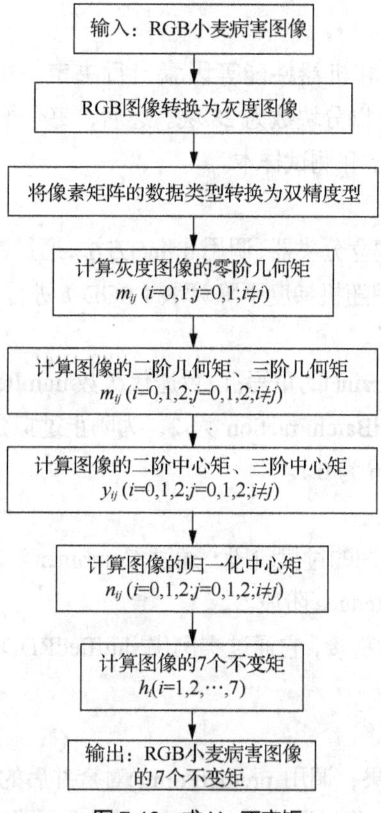

图 7-10　求 Hu 不变矩

7.5.2　基于 Spark 的支持向量机

本节将大数据并行处理框架 Spark 与 SVM 相结合，实现了传统串行算法的并行重写，后期与其他算法的对比实验结果表明，该算法在不损失分类精度的前提下，明显降低了算法时间复杂度。

1. 方法简介

SVM 适用于小样本，处理大规模数据时，传统串行 SVM 处理速度会降低。针对此问题，本节将并行框架 Spark 与 SVM 结合，实现了基于 Spark 的 SVM。

算法过程分为 Map、Combine 和 Reduce 3 个阶段，采用分而治之的思想：算法利用 Spark 框架，将数据集分割为若干数据子块，并分配给各线程 Executor，进行局部性 SVM 的并行训练，再将各子分类器整合。通过数据子块训练出的子分类器具有局部性，还要对整合后的全局分类器进行再训练。由于 Executor 的并行训练已使分类器较快地收敛，全局分类器只需在 Reduce 阶段微调即可，节省运算时间。

该算法除了提高运算速度外，还能提升分类精度，这是由于采用多道设计，每个线程能精细利用分割后的数据集子块，进行局部分类子模型的训练，规避了传统串行 SVM 无法较好利用样本局部信息的缺陷，一定程度上提升了分类器的性能。

2. 方法设计与实现

首先是数据集切分。将数据样本上传到分布式文件存储系统（HDFS），根据特征维度和指定分块数，通过 Spark 所提供的 partitione 类中的分割规则，将数据集切分转换成弹性分布式数据集（RDD），并分布到各 Executor 上。

切分块数可根据集群节点数和机器性能等因素自行决定，由于本节每个 Worker 设置两个 Executor，集群共有 14 台机器，所以分块数为 28 块。之后，每个子块调用 randomSplit()将数据集按照 7：3 的比例随机划分成训练样本和测试样本。

（1）Map 阶段

每个 Executor 根据目标函数建立分类器，调用 train()方法，通过数据子块对分类器进行迭代训练。为适应大规模训练样本，本节采用随机梯度下降算法（SGD）进行参数调优，每次迭代只有部分样本参与计算，内存开支小，耗时低。

本节创建 setter 对象，实现对 train()的重写：设置迭代次数 numIterations 为 300，迭代步长 stepSize 为 2，每次迭代样本参与比例 miniBatchFraction 为 2，为防止过拟合，引入岭回归 L2 regularization 作为修正函数，正则因子 regRaram 为 0.1。

（2）Combine 阶段

Combine 是 Map 和 Reduce 之间的过渡阶段，通过 Combiner 对象，将所有数据子块及 Map 阶段训练出的局部分类器合并，交予 Reduce 阶段。

Combine 阶段不是简单的线性拼接，它通过实例化 shuffledRDD 类的对象调用 repartition()，实现原数据与子分类器洗牌后的拼接。

（3）Reduce 阶段

接收 Combine 阶段返回的结果，调用 predictPoint()对合并后的分类器测试。计算测试样本每条记录的预测值，与原始数据对比，获得误分率，并通过接收器操作特性曲线（ROC）打分。若分值小于阈值，分类器不合格，继续优化，分值大于阈值，分类器达到标准，测试阶段结束，打印全局最优分类器对测试集每条记录的预测值和隶属程度、分类精度、分类时间、ROC 系数等。基于 Spark 的 SVM 数据流如图 7-11 所示。

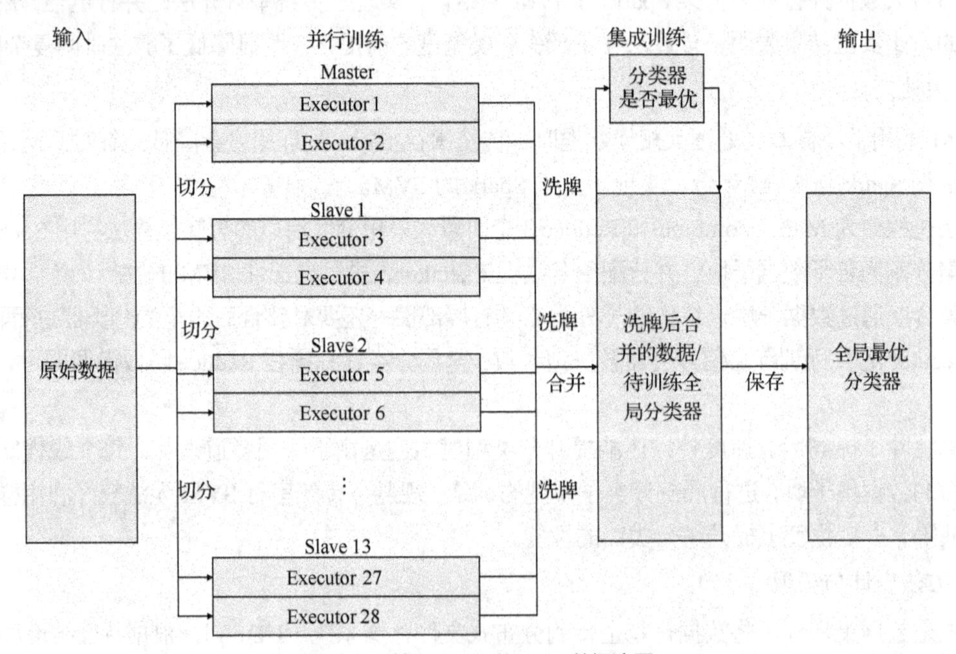

图 7-11　基于 Spark 的 SVM 数据流图

7.5.3　实验结果与分析

1. 试验环境

试验基于 14 台计算机所构成的 Spark 完全分布式环境，每台机器硬盘容量为 1.5 TB，可用内存 3.8 GB，双核处理器，处理器型号为 Intel(R) Pentium(R) CPU G645 @ 2.90 GHz。其中 1 台机器作为 Master，其余 13 台机器作为 Slave，运行模式为 Standalone。每台机器软件信息如表 7-23 所示。

表 7-23　Spark 集群机器软件信息

软件名称	软件版本
Linux operating system	Ubuntu 14.0
Hadoop	Hadoop1.20.2
Spark	Spark v1.2.2
JDK	jdk-8u60-linux-i586
Scala	Scala2.9.3
Intellij IDEA	idealC-15.0.3

2. 并行 SVM 与串行 SVM 图像识别对比试验

将基于 Spark 的并行 SVM 与串行 SVM 作对比试验，两者的优化目标均为：

$$\begin{aligned} &\min\ \frac{1}{2}\|w\|^2 + C\sum_{i=1}^{l}\zeta_i \\ &\text{subject to}\ \ y_i[(wx_i)+b] \geqslant 1-\zeta_i\ \ (i=1,2,\cdots,l) \\ &\qquad\qquad\ \zeta_i \geqslant 0 \end{aligned} \tag{7-27}$$

式中，惩罚参数 C 设为 10，松弛变量 ζ 取 0.001。

核函数均采用目前广泛应用的径向基核函数（RBF），它能将一组无法直接进行线性分割数据集映射到高维空间中，较好地解决种类和属性值之间非线性的情况。径向基核函数为：

$$\begin{aligned} &\text{radial basis function}: K(x_i,x_j)=\exp(-\gamma\|x_i - x_j\|^2) \\ &\text{subject to}\ \ \gamma>0 \end{aligned} \tag{7-28}$$

式中，参数 γ（gamma）设为试验样本特征向量总数的倒数，即 γ=1/49≈0.02，核函数的宽度 q 取 3。

试验共采用 5 120 张小麦病害图像，根据随机抽出样本数量的不同分为 4 组，分别命名为 Sample_1、Sample_2、Sample_3 和 Sample_4，将每组样本的 70%作为训练集，30%作为测试集，数据样本的具体状况如表 7-24 所示。

表 7-24　试验样本分组

样本名称	数据样本/条数	训练样本/条数	测试样本/条数
Sample_1	1 300	910	390
Sample_2	2 600	1 820	780
Sample_3	3 900	2 730	1 170
Sample_4	5 120	3 584	1 536

本节将改进的并行 SVM 与串行 SVM 在相同条件下进行试验，通过处理样本数量依次递增的 4 组小麦病害图像数据集，得到并观察两者的分类精度和分类时间，分析样本规模大小对两种算法的影响，如表 7-25 和表 7-26 所示。

表 7-25　　基于 2 种算法的试验分类精度

试验样本	并行 SVM/%		串行 SVM/%	
	锈病	白粉病	锈病	白粉病
Sample_1	91.20	93.82	89.76	91.64
Sample_2	76.03	83.27	74.94	82.63
Sample_3	81.18	85.91	80.06	84.09
Sample_4	77.82	83.14	76.01	82.58

表 7-26　　基于 2 种算法的试验分类时间

试验样本	并行 SVM /ms	串行 SVM /ms
Sample_1	11 014.5	10 456.7
Sample_2	13 928.0	14 845.1
Sample_3	18506.1	20 510.1
Sample_4	24897.2	38298.1

通过表 7-25 可知，在处理 4 组不同规模大小的数据样本时，基于 Spark 的并行 SVM 比串行 SVM 的分类精度有所提升，原因是并行支持向量机采用多道设计和数据集分割，每一线程能够精细利用分割后的部分数据集，规避了传统串行 SVM 无法较好利用样本局部信息的缺点，比起串行 SVM 直接从全部样本中训练分类器，学习效果更好。

通过表 7-26 可知，当试验数据集规模较小时，两者处理速度持平，甚至串行 SVM 的效率略高于并行 SVM。这是由于样本过少，Spark 集群在数据集切分和任务调度上投入过多时间，并行效果不明显，不如串行 SVM 直接训练分类器效率高。当试验样本数量上涨到一定程度，串行 SVM 所用时间显著增加，而并行 SVM 所用时间平稳增加，可见，当测试样本规模较大时，Spark 集群的并行处理效果显著，从整体上节省了算法运行时间。

基于 Spark 的支持向量机实现了传统串行算法的并行化，可将大规模数据集切分，并应用到分类器的并行训练上，与传统 SVM 相比，该算法的分类精度有所提升，分类时间明显缩减，体现出大数据技术 Spark 并行处理的优势。

7.6　Hadoop 平台下基于粒子群的局部支持向量机

粒子群算法是靠粒子群的群体不断迭代进化寻找最优解的，但是这样就会产生一个问题，当群体较大时，找到最优解的时间就越长，这样就会使得算法的时间复杂度变得更高。因此需要寻找一种方法能够降低粒子群算法的时间复杂度。Hadoop 是一种分布式计算平台，可以利用 Hadoop 分布式计算的优点与粒子群算法相结合降低基于粒子群的局部支持向量机的时间复杂度。

7.6.1　相关技术及算法

MapReduce 在 Hadoop 中称为 MR2 或 YARN，将 JobTracker 中的资源管理及任务生命周期管理（包括定时触发及监控），拆分成两个独立的服务，用于管理全部资源的 ResourceManager 及管理每个应用的 ApplicationMaster，ResourceManager 用于管理向应用程序分配计算资源，每个 ApplicationMaster 用于管理应用程序、调度及协调。一个应用程序可以是经典的 MapReduce 架构中的一个单独的任务，也可以是这些任务的一个 DAG（有向无环图）任务。ResourceManager 及每台机器上的 NodeManager

服务，用于管理那台机器的用户进程，形成计算架构。每个应用程序的 ApplicationMaster 实际上是一个框架具体库，并负责从 ResourceManager 中协调资源及与 NodeManager(s)协作执行并监控任务。Hadoop 的架构如图 7-12 所示。

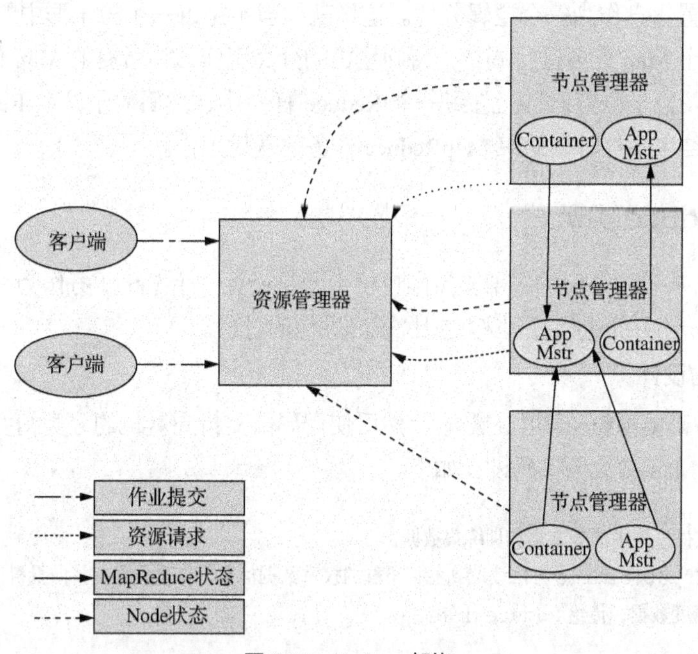

图 7-12　Hadoop 架构

其中，ResourceManager 包含两个主要的组件：定时调用器（Scheduler）及应用管理器（ApplicationManager），另外，还有节点管理器（NodeManager）和应用总管（ApplicationMaster）等组件。

（1）定时调用器

定时调度器负责向应用程序分配置资源，它不做监控及应用程序的状态跟踪，并且它不保证会重启由于应用程序本身或硬件出错而执行失败的应用程序。

（2）应用管理器

应用程序管理器负责接收新任务，协调并提供在 ApplicationMaster 容器失败时的重启功能。

（3）节点管理器

节点管理器是 ResourceManager 在每台机器上的代理，负责容器的管理，并监控其资源使用情况（CPU、内存、磁盘及网络等），以及向 ResourceManager/Scheduler 提供这些资源使用报告。

（4）应用总管

每个应用程序的应用总管负责从 Scheduler 申请资源，跟踪这些资源的使用情况，以及任务进度的监控。

基于粒子群的局部支持向量机在解决大量样本分类时的时间复杂度较高，它主要是利用粒子群算法对局部支持向量机进行优化，利用粒子群不断迭代的功能，寻找样本的特征在分类中的权重，但是这样的算法会产生一个问题，即需要根据粒子群中个体的数量及迭代的次数来构造大量的局部支持向量机模型，这样就会大大提高算法的时间复杂度，不利于算法的使用。因此拟采用 Hadoop 的分布式计算能力与基于粒子群的局部支持向量机相结合，利用 Hadoop 降低算法的时间复杂度。

7.6.2 改进算法原理

将设计粒子群中粒子的位置信息，存储在文件中，然后自定义一个逻辑分片的工具类读取文件，将每一个粒子的位置信息作为一个逻辑分片。这样就相当于是每一个粒子群中的粒子个体作为一个Map任务，利用这个Map任务进行局部支持向量机的分类工作，当所有的Map任务执行完成以后，将所有的分类结果及粒子位置信息汇总到一个Reduce任务中，然后粒子群在Reduce任务中进行进化操作，最终符合结束条件时，结束MapReduce任务的迭代工作。

7.6.3 MapRuduce实现

Hadoop平台下基于粒子群的局部支持向量机主要是设计一个job任务作为一次粒子群进化的过程，然后将通过job任务的迭代过程来模拟粒子群进化的过程。

1. Map任务的设计

使用Map任务来模拟粒子群中的粒子，然后使用局部支持向量机的分类精度作为粒子群的适应度函数值。具体的Map函数伪代码设计如下。

```
Map{
    读取 HDFS 文件系统中的测试集和训练集数据。
    利用 NlineInputFormate 方法读取到的粒子群的权重数据信息，结合局部支持向量机训练分类模型。
    获取分类的精度数据，传给 Reduce 任务。
}
```

2. Reduce任务的设计

Reduce任务主要是用来对Map阶段的分类精度进行汇总，并对粒子群进行进化操作。最终将进化的结果存储在HDFS文件系统中，方便下一次群体的进化操作。具体的Reduce任务设计如下所示。

```
Reduce{
    读取 Map 任务传递的精度信息。
    利用粒子群中的进化方法，根据分类的精度进行粒子群的进化操作。
    将进化的粒子群的粒子信息存放在 HDFS 文件中方便下次迭代的读取操作。
}
```

7.6.4 改进算法

改进的算法主要是利用Hadoop分布式计算的特点，使用粒子群并行的优化局部支持向量机算法，同时每次的迭代过程中可以有多个粒子同时构建局部支持向量机模型，并进行分类计算。局部的算法步骤如下。

（1）初始化粒子群及局部支持向量机的参数信息，并将粒子群中粒子的位置信息全部都写入到一个文件中。

（2）利用Hadoop平台中的NLineInputFormat，作为算法的逻辑分片算法，每行的数据作为一个Map任务。

（3）在每个Map任务中读取训练集和测试集的数据信息，训练局部支持向量机的分类模型，并对测试集进行分类测试。

（4）Reduce任务接收所有Map任务分类精度和粒子的位置信息等，并根据每个粒子的分类精度，对粒子群进行迭代进化。

（5）Reduce 任务进行判断是否符合结束的条件，若不符合则粒子群进行进化，继续从（2）开始执行。

（6）输入分类精度及粒子信息。

基于 Hadoop 的特征加权局部支持向量机算法流程图如图 7-13 所示。

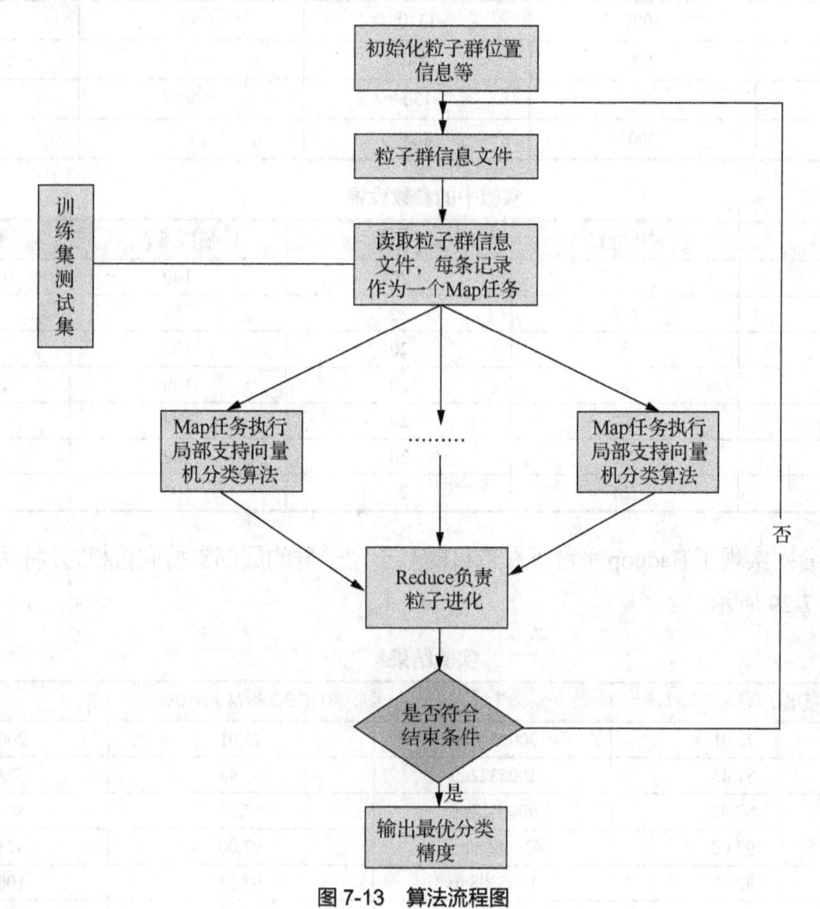

图 7-13 算法流程图

首先算法需要对粒子群的位置及运动信息进行初始化操作，然后将初始化的信息写入 HDFS 文件系统中。利用 Hadoop 中 MapReduce 算法读取粒子群文件中的信息，每个粒子作为一个 Map 任务，并在 Map 任务中读取 HDFS 文件系统中的训练集和测试集，进行局部支持向量机的分类算法。最后在 Reduce 任务中进行粒子群的进化操作，通过粒子群算法的不断迭代寻找最优解。

7.6.5 实验结果与分析

为了验证算法的有效性，在 Statlog 和 AVU06a 数据集上进行了测试工作，为了保证测试结果的可信度，在 Statlog 和 AVU06a 的数据集上提取部分数据作为测试集，剩余的数据作为测试集，数据集的具体情况如表 7-27 所示。表 7-28 所示为实验中的参数设置。

表 7–27 测试数据集

数据集	测试记录数	训练记录数	属性个数	类别数
Adult	290	400	14	2
Heart	70	200	13	2

续表

数据集	测试记录数	训练记录数	属性个数	类别数
Sonar	60	148	60	2
segment	1000	1310	59	7
wine	90	88	13	3
glass	81	130	9	6
diabetes	300	468	8	2

表 7-28　　实验中的参数设置

数据集	*K*近邻数	粒子数	惩罚因子	核函数参数
Adult	35	20	100	0.000976563
Heart	170	20	256	0.000005
Sonar	5	20	400	0.000005
segment	34	20	100	0.000976563
wine	42	20	3000	0.000005
glass	26	20	100	1
diabetes	101	20	100	0.000005

本节实验分别实现了Hadoop平台下和单机的基于粒子群的局部支持向量机，并将两者进行对比，实验结果如图 7-29 所示。

表 7-29　　实验结果

数据集	PSOSVM-KNN/%	T1	HPSOSVM-KNN/%	T2
Adult	73.01	3002544ms	73.01	2004821ms
Heart	81.43	1005322ms	81.43	700213ms
Sonar	87.93	9005322ms	87.93	8002120ms
segment	97.00	43468080ms	97.00	4234558ms
wine	92.22	1605388ms	92.22	1002579ms
glass	74.07	1300543ms	74.07	1001254ms
diabetes	82.33	3302544ms	82.33	2109731ms

两种算法的测试精度和分类时间结果如图 7-14 和图 7-15 所示。从表 7-29 中可知，两种算法的精度相同，因此两条曲线重叠，看上去像只有一条曲线。

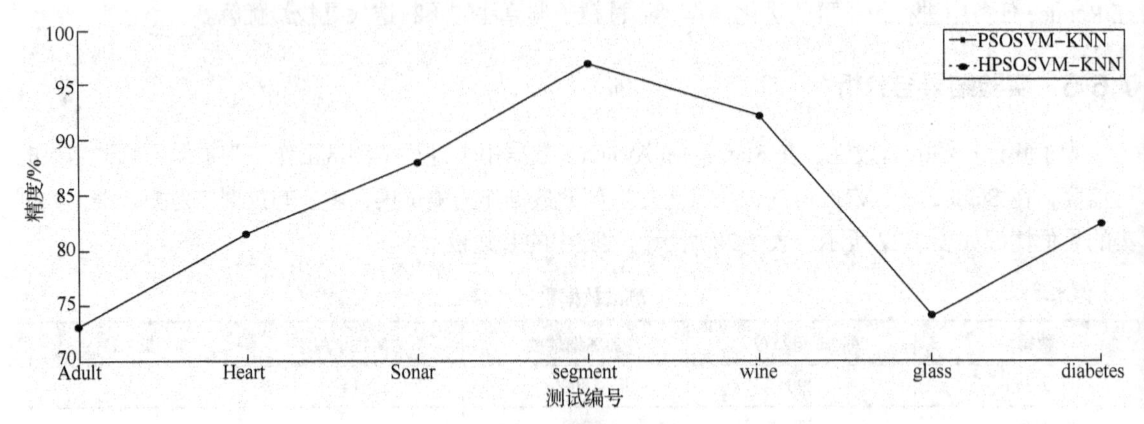

图 7-14　分类精度折线图

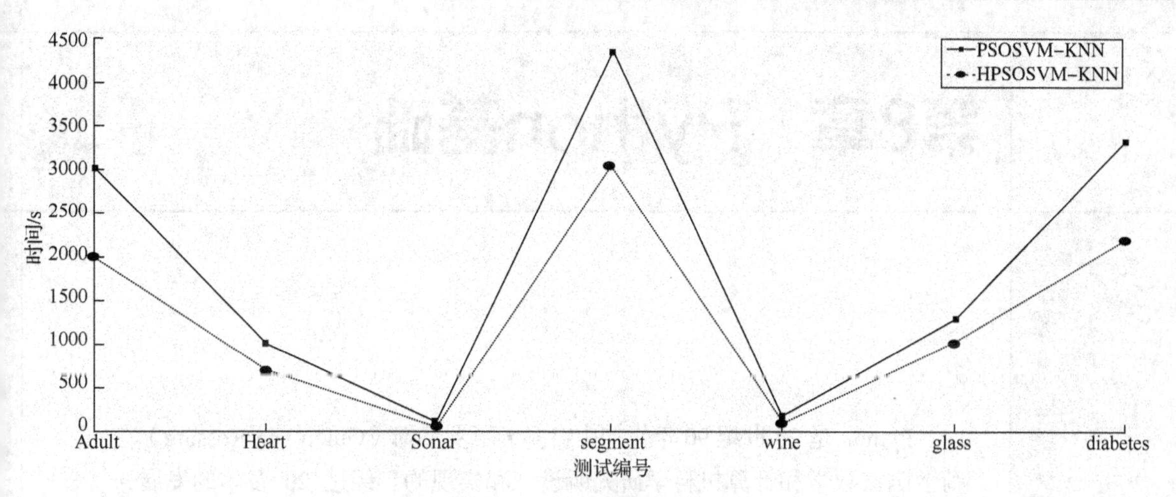

图 7-15　分类时间折线图

从图 7-14 和图 7-15 可以看出，在分类精度上 HPSOSVM-KNN 与 PSOSVM-KNN 两种算法基本上可以保持一致，因为 HPSOSVM-KNN 与 PSOSVM-KNN 选取的 K 近邻样本是保持一致的，训练的分类模型也保持一致，所以精度也不会有变化。但是利用分布式平台将粒子群中的多个粒子同时构建分类模型，这样就很大程度上降低了分类的时间负责度。HPSOSVM-KNN 在 wine 数据集上的时间优势不明显，主要是 wine 的数据集较小，改进算法对于文件的读写比较频繁，所以时间优势不明显，当数据集不断增大时，改进算法的优势会越来与明显。

08 第8章 Python基础

Python是20世纪90年代初由吉多·范罗苏姆（Guido van Rossum）在荷兰国家数学和计算机科学研究所设计和实现的。经过20多年的发展，Python已经成为深度学习和机器学习最好的编程语言之一，也是计算机视觉、人工智能等优选的语言和编程工具。Python的特点是简单易学，功能强大，可移植性和可扩展性强，开源免费，支持面向对象编程。本章主要介绍Python的基础知识。

8.1 基础知识

8.1.1 Python安装与使用

目前，Python有两个不同的版本：Python 2和较新的Python 3。Python的开发者一直致力于丰富和强化其功能。

Python的安装很简单，打开Python官方主页后，选择适合自己的版本下载并安装。如果使用的是Linux系统，例如Ubuntu，可能已经预装了某个版本的Python，可以根据自己的需要进行升级。

Python自带了一个在终端窗口中运行的解释器IDLE，无需保存整个程序就能够运行Python代码片段。IDLE使用交互式编程模式，直接在提示符“>>>”后面输入相应的命令并回车执行即可，如果执行顺利，就可以返回执行结果，否则会抛出异常。

例8-1 简单的Python异常测试，源码见二维码。

例8-1

8.1.2 编码规范

（1）缩进。Python程序依靠代码块的缩进来体现代码之间的逻辑关系。对于类定义、函数定义、选择结构、循环结构，以及异常处理结构、行尾的冒号及下一行的缩进表示一个代码块的开始，而缩进结束则代表一个代码块的结束。在编写程序时，同一个级别的代码块的缩进量必须相同。

（2）注释。注释对于程序理解和团队合作开发具有非常重要的意义。一个可维护性和可读性都很强的程序一般会包含 30%以上的注释。

Python 中常用的注释方式主要有两种：以符号#开始，表示本行#之后的内容为注释；包含在一对三引号之间且不属于任何语句的内容将被解释器认为是注释。

（3）每个 import 语句只导入一个模块，尽量避免同时导入多个模块。

（4）如果一行语句太长，可以在行尾使用续行符“\”表示下面紧接的一行仍属于当前语句。

（5）使用必要的空格与空行增强代码的可读性。一般来说，运算符两侧、函数参数之间、逗号两侧使用空格进行分隔。

（6）适当使用异常处理结构提高程序容错性和健壮性，但不能过多依赖异常处理结构，仍然需要适当的显式判断。

8.1.3 模块导入

Python 默认安装仅包含部分基本或核心模块，但用户可以很方便地安装其他扩展模块，pip 是管理扩展模块的重要工具。在 Python 启动时，仅加载了很少的一部分模块，在需要时由程序员显式地加载其他模块。这样可以减小程序运行的压力，仅加载真正需要的模块和功能，且具有很强的可扩展性。模块中可以定义变量、函数和类，也可以包含可执行语句。

1. 导入方法

当完成某些特定功能的一段程序需要反复执行时，可以将它以文件的形式存储起来构成一个模块。定义好模块之后，使用 import 语句引入模块，from 方法导入模块，通过下面 3 个步骤来完成。

（1）在 Python 模块加载路径中查找相应的模块文件。

（2）将模块文件编译成中间代码。

（3）执行模块文件中的代码。

import 语句语法如下：

```
import 模块名
```

例如，要引用模块 math，在文件最开始处加入 import math。调用 math 模块中函数的形式是：

```
模块名.函数名
```

```
import math                 #引用 math 模块
math.floor()                #调用 math 模块中函数
```

模块能够有效地组织 Python 代码，把相关的代码分配到一个模块里能使代码更容易管理。

例 8-2

例 8-2　使用模块管理 Python 代码，源码见二维码。

2. 标准库模块

标准库是 Python 自带的开发包，包含的模块非常多，一些常用的模块如表 8-1 所示。

表 8-1　Python 常用标准库

序号	模块名称	模块的功能
1	sys	获取命令行的参数、程序的路径和当前系统等信息的功能
2	os	os 模块包含基本的操作系统功能

续表

序号	模块名称	模块的功能
3	glob	Python 自带的一个文件操作相关模块，用它可以查找符合自己目的的文件。它的主要方法就是 glob，该方法返回所有匹配的文件路径列表
4	math	实现基本的数据运算
5	random	用于生成随机数
6	platform	获取所用操作系统的详细信息和与 Python 相关的信息
7	subprocess	用来生成子进程，可以通过管道连接它们的输入/输出错误，并获得它们的返回值
8	Queue	提供队列操作的模块
9	StringIO	实现在内存缓冲区中读写数据
10	time	提供各种关于时间的函数
11	datetime	日期格式化操作

使用 help()函数可以查看函数或模块用途的详细说明，显示帮助信息。

例 8-3　简单的 help 函数使用方法，源码如下。

```
>>>help('sys')                    #查看 sys 模块的帮助，显示帮助信息
>>>help('int')                    #查看 str 数据类型的帮助，显示帮助信息
>>>list1 = [2,3,4]
>>>help(list1)                    #查看列表 list 帮助信息，显示帮助信息
>>>help(list1.append)             #显示 list 的 append 方法的帮助，显示帮助信息
```

8.1.4 异常处理

异常是指程序运行时发生错误。引发错误的原因有很多，例如，下标越界、除零、网络异常、磁盘空间不足、文件不存在等。异常处理就是系统处理这些非正常的状态，保证程序不因运行这些错误而导致崩溃。

Python 使用异常对象表示异常，若程序在编译或运行过程中发生错误，就会抛出异常对象，程序进入异常处理。如果没有处理这些异常对象，程序就会终止，然后执行回溯。

1. 异常的表现类型

例 8-4

例 8-4　异常几种表现形式，源码见二维码。

2. 异常处理结构

捕获异常语法格式如下。

```
try:
    可能触发异常的语句块
except [exceptionType]:
    捕获可能触发的异常，并指定处理的异常类型
except [exceptionType],[date]:
    捕获指定的异常并获取附加数据
except:
    没有指定异常类型，可以捕获任意异常
else:
```

没有触发异常时，执行的语句块

程序执行一个 try 语句时，如果发生异常，程序流能够根据上下文的标记返回至标记位，可以避免程序崩溃并终止。异常的执行过程如下。

① 如果执行 try 语句时发生异常，自动向下执行第一个与该异常匹配的 except 子句。当异常处理完成后，程序流通过整个 try 语句。

② 如果没有与异常相匹配的 except 子句，异常就会被逐层向上提交，直到能找到与之相匹配的 except 子句。如果最终没有找到，程序就会终止，然后返回异常的错误信息。

③ 当程序没有发生异常时，执行 else 后的语句。

其中，except 语句与 else 语句不是必需的，但二者中必须要有一个。except 语句可以有多个，Python 会按 except 语句的顺序依次匹配指定的异常，如果异常成功处理，就不会进入后面的 except 语句。except 后如果不指定异常类型，则默认捕获所有异常。通过 logging 或者 sys 模块，可以获取当前异常。

例 8-5 下标越界异常测试，源码见二维码。

例 8-6 除零异常测试，源码见二维码。

例 8-5

例 8-6

3. 异常的回溯

当异常发生时，程序会回溯异常，返回大量错误信息。这可能会给程序员定位及纠错带来困难，这时可以使用 sys 模块回溯最近一次异常。

例 8-7 利用 sys 模块回溯异常，源码如下。

```
import sys
try:
    block
except:
    return = sys.exc_info()
    print(return)
```

sys.exc_info()函数的返回值 return 是一个三元组（type，message，traceback），其中 type 是异常的类型，message 是异常的信息或者参数，traceback 包含调用栈信息的对象。

8.2 语言基础

8.2.1 基本数据类型

1. 标识符

标识符用来标识函数名、变量名、常量名、数组名和文件名等有效字符序列。标识符的命名规则如下。

① 标识符可以包含字母、数字和下划线，但不能以数字开头。

② 标识符区分大小写。

③ 标识符不能与保留字同名。

Python 中的保留字不能用作常数或变数，或任何其他标识符名称，所有的关键字只包含小写字母，所有保留字如下：

```
and exec not assert finally or break for passclass from print continue global raise def
```

```
if return del import try elif in while else is with except lambda yield
```

2. 变量与常量

变量是在程序运行过程中，值可以改变的量。所有的变量对应唯一的变量名，变量名和变量值是两个不同的概念，变量在内存中占有一定的存储单元，变量值就存储在内存单元中。变量的命名规则与标识符的命名规则相同。变量名区分大小写，如变量 Machine 和 machine 是两个不同的变量。

Python 是强类型编程语言，解释器会根据代码中的赋值或运算自动判断变量类型，在定义时不需要预先声明变量的类型。同时 Python 还是一种动态类型语言，变量的类型也可以随时发生变化。

例 8-8

例 8-8 变量类型简单测试，源码见二维码。

Python 采用基于值的内存管理方式，当为不同变量名赋相同值时，这个值在内存中只存储一份，多个变量名指向同一块内存地址。使用 id 函数可以返回变量的地址值。

例 8-9

例 8-9 变量地址简单测试，源码见二维码。

Python 有自动内存管理的功能，会自动跟踪所有的值，然后删除没有任何变量指向的值，因此在编程时不需要考虑内存管理的问题。

Python 中变量按照作用域可以分为局部变量和全局变量。

局部变量是在函数内定义的变量，其作用域只有函数内部，局部变量的生命周期伴随着函数代码块的结束而结束。

全局变量又称外部变量，是在函数外部定义的变量。全局变量可以被文件内任何函数和外部文件访问，其作用域是整个程序。global 保留字可以用于引用全局变量。

例 8-10

例 8-11

例 8-10 局部变量与全局变量简单调用，源码见二维码。

例 8-11 使用局部变量与全局变量进行简单计算，源码见二维码。

在程序运行过程中，值不发生改变的量称为常量。Python 中数字、字符串、字典、元组和列表都是常量，通常使用大写变量名表示常量。各种常量类型会在后面章节中做详细介绍。

3. 数字

Python 中数字数据类型用于存储数值，其数值是不允许改变的。因此如果改变数字数据的值，系统将为数字重新分配内存空间。Python 中数字类型分为以下 4 种。

（1）整型 int，又称为整型或整数，只有正或负整数，不包含小数点，例如：1234、-1234。整数类型有一定的位数限制，在 32 位机器上，整数的位数为 32 位，在 64 位机器上，整数的位数为 64 位。

（2）长整型 long，无限大小的整数，最后一位是大写或小写的字母 L。

（3）浮点型 float，由整数部分与小数部分组成，浮点型也可以使用科学计数法表示。

例 8-12 浮点数简单计算，源码如下。

```
>>>float=10.4
>>>print(float)
>>>type(float)
```

结果显示：

```
10.4
<class 'float'>
```

（4）复数 complex，复数的表示与数学中的复数表示一致，都是由实数部分和虚数部分构成，可

以用 $a+bj$ 或 complex(a，b)表示，复数的实部 a 和虚部 b 都是浮点型。

例 8-13

例 8-13 复数简单计算，源码见二维码。

8.2.2 运算符与表达式

与其他计算机语言一样，Python 支持大多数算术运算符、关系运算符等，并遵循与大多数语言一样的运算符优先级。Python 还有一些特有的运算符，例如，成员测试运算符、集合运算符、同一性测试运算符等。

Python 运算符包括算术运算符、关系运算符、逻辑运算符、位运算符、赋值运算符、成员运算符和身份运算符。Python 表达式是将不同类型的数据（常量、变量、函数）用运算符按照一定的规则连接起来的式子。

1. 算术运算符和算术表达式

Python 算术运算符包括四则运算符、求模预算符和幂运算符等，如表 8-2 所示。

表 8-2　　算术运算符表达式与说明

算术运算符	表达式	说明
+	x + y	加法运算
-	x - y	减法运算
*	x * y	乘法运算
/	x / y	除法运算
%	x%y	求模运算
**	x**y	幂运算
//	x // y	两数相除向下取整

Python 中的除法运算采用浮点数计算，x/y 运算返回的结果是浮点类型。“%”为取模运算，x%y 的运算结果是 x 除以 y 得到余数。操作符“//”可以从两数相除中向下取整得到一个整数，丢弃小数部分。

例 8-14

例 8-14 算术运算符简单计算，源码见二维码。

2. 关系运算符和关系表达式

Python 中各种关系运算符如表 8-3 所示，运算结果为布尔型 True 或 False。

表 8-3　　关系运算符表达式和说明

运算符	表达式	说明
==	a==b	等于，比较对象是否相等
!= 或 <>	a !=b a <>b	不等于，比较两个对象是否不相等
>	a > b	大于，比较 a 是否大于 b
<	a < b	小于，比较 a 是否小于 b
>=	a>=b	大于等于，比较 a 是否大于或者等于 b
<=	a<=b	小于等于，比较 a 是否小于或者等于 b

例 8-15

例 8-15 关系运算符简单计算，源码见二维码。

3. 逻辑运算符与逻辑运算表达式

Python 中逻辑运算符包括与（and）、或（or）、非（not），如表 8-4 所示。

表 8-4　逻辑运算符表达式和说明

运算符	表达式	说明
and	a and b	逻辑与
or	a or b	逻辑或
not	not a	逻辑非

例 8-16

例 8-16 逻辑运算符简单计算，源码见二维码。

4. 位运算符和位运算表达式

Python 按位运算符把数字按照二进制来进行计算，如表 8-5 所示。

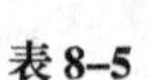
表 8-5　位运算符表达式和说明

运算符	表达式	说明
&	a & b	按位与运算符：参与运算的两个数，如果对应的二进制位都为 1，则该位的运算结果为 1，否则为 0
|	a | b	按位或运算符：参与运算的两个数，只要其中一个数对应的二进位为 1 时，则运算结果就为 1
^	a ^ b	按位异或运算符：当两个数对应的二进位不同时，结果为 1，否则为 0
～	～a	按位取反运算符：数字每个二进制位进行取反操作，即把 1 变为 0，把 0 变为 1
<<	a<<2	左移动运算符：运算数的各二进位全部左移若干位，由“<<”右边的数指定移动的位数，高位丢弃，低位补 0
>>	a>>2	右移动运算符：运算数的各二进位全部右移若干位，“>>”右边的数指定移动的位数

位运算符简单计算如表 8-6 所示。

表 8-6　位运算符计算实例

运算	操作	结果
a&b	0011 1100& 1000 1110	0000 1100 12
a|b	0011 1000|0000 1101	0011 1101 61
a^b	0011 1111^0000 1110	0011 0001 49
～a	～ 0011 1100	1100 0011 −61（有符号二进制数的补码）
a << 2	0011 1100 << 2	1111 0000 240
a >>2	0011 1100>>2	0000 1111 15

5. 赋值运算符与赋值表达式

赋值语句是 Python 中最常用的运算语句，赋值语句最基本格式为：变量=对象。“=”运算符将赋值号右边对象的值赋值给赋值号左边的变量。“+=”的作用是将赋值号右边的变量或值与赋值号左边的变量或值求和，再赋值给赋值号左边的变量，其他赋值运算符与“+=”类似。赋值运算符表达式及说明如表 8-7 所示。

表 8–7 赋值运算符表达式和说明

运算符	表达式	说明
=	z=x + y	将 x + y 的运算结果赋值给 z
+=	z +=x	等价于 z = z + x
-=	z-=x	等价于 z = z - x
*=	z *=x	等价于 z = z * x
/=	z /=x	等价于 z = z / x
%=	z %=x	等价于 z = z % x
//=	z //=x	等价于 z = z // x
**=	z **=x	等价于 z = z ** x

例 8-17 赋值运算符简单关系。

z += x 等价于 z = z + x;

z -=x 等价于 z = z – x;

z *=x 等价于 z = z * x;

z /= x 等价于 z = z / x;

幂赋值运算符 z **= x 等价于 z = z ** x;

取整除赋值运算符 z //= x 等价于 z = z // x。

6. 成员运算符与成员表达式

Python 中成员运算符判断一个元素是否在一个指定序列中，包括 in 与 not in，如表 8-8 所示。

表 8–8 成员运算符表达式和说明

运算符	表达式	说明
in	a in b	如果在指定的序列 b 中找到值返回 True，否则返回 False
not in	a not in b	如果在指定的序列 b 中没有找到值返回 True，否则返回 False

例 8-18 成员运算符应用举例，源码如下。

```
a=2
c=6
list=[1,2,3,4,5]
if (a in list):
  print("a 在序列中")
if (c not in list):
  print("c 不在序列中")
```

输出结果：

```
a 在序列中 not in list
c 不在序列中
```

7. 转义字符

如果想要在字符中使用特殊字符，需要使用转义字符，可以通过反斜杠“\”来实现，常用的转义字符用法如表 8-9 所示。

表 8–9　　常用转义字符用法

转义字符	描述
\（在行尾时）	续行符
\\	反斜杠符号
\'	单引号
\"	双引号
\a	响铃
\b	退格
\e	转义
\000	空
\n	换行
\v	纵向制表符
\t	横向制表符
\r	回车
\f	换页
\oyy	八进制数，yy 代表的字符，例如：\o12 代表换行
\xyy	十六进制数，yy 代表的字符，例如：\x0a 代表换行
\other	其他的字符以普通格式输出

8.2.3　选择与循环

1. 选择语句

选择语句通过判断某些特定条件是否满足，执行两个或多个分支中的某个分支，决定下一步程序的执行流程，是一种非常重要的控制结构。常见的选择语句有单分支选择结构、双分支选择结构、多分支选择结构等，语言形式灵活多变，使用时根据具体的需求选择合适的语句。Python 中条件分支语句有 if 语句、if else 语句和 if elif 语句。

（1）单分支结构

单分支选择结构是最简单的选择结构。其中表达式后面的冒号“:”表示一个语句块的开始，是不可缺少的，语句格式如下。

```
if 表达式:
    执行语句块
```

语句功能：当判定条件为真时，执行语句块；条件为假时，不执行语句块。

例 8-19　单分支结构实例，源码如下。

```
x = input('请输入两个数')
x, y = map(int, x.split())
if x > y:
    x, y = x, y
print(x, y)
```

（2）双分支结构

双分支选择结构的语句格式如下。

```
if 表达式:
```

```
    执行语句块 1
else:
    执行语句块 2
```

语句功能：当表达式为真时，执行语句块 1，否则执行语句块 2。

其中，if 语句后面紧跟表达式和冒号，else 语句后无表达式但需要冒号。if 和 else 后语句块不需要左右花括号。

例 8-20　双分支选择结构实例，源码如下。

```
cTest = ['1','2','3', '4', '5', '6']
if cTest:
     print(cTest)
else:
     print('数据为空')
```

输出结果：

```
['1', '2', '3', '4', '5', '6']
```

（3）多分支结构

多分支选择结构可以实现更为复杂的逻辑，语句格式如下。

```
if 表达式 1:
    执行语句块 1
elseif 表达式 2:
    执行语句块 2
elseif 表达式 3:
    执行语句块 3
    ..........
else:
    执行语句块 n
```

语句功能：如果表达式 1 成立，则执行语句块 1；当表达式 1 不成立时，程序流向下依次判断，如果表达式 2 成立则执行语句块 2，并以此类推，否则最终执行语句块 n。

例 8-21　利用多分支结构将学生成绩从分数转换到等级，源码见二维码。

例 8-21

2. 循环语句

在 Python 中可以使用循环语句有规律地反复执行某些操作，解决一些实际应用。

Python 中的循环语句有 while 循环和 for 循环。当循环次数未知时，一般使用 while 循环；当循环次数已知时，一般使用 for 循环。Python 中还有几个循环控制语句 break、continue 和 pass。

（1）while 循环

while 循环语句的基本形式如下。

```
while 表达式:
    循环体
```

循环体可以是单个语句或语句块，判断条件可以是任意表达式，其中任何非零或非空的值均为真。

语句功能：当给定表达式为真时，执行循环体中语句或者语句块，否则退出循环体。需要注意的是程序会先判断表达式是否成立，然后执行循环体。

例 8-22 使用 while 循环求 1 到 100 的累计和，源码如下。

```
a = 1
count= 0
while (a<=100):
    count+=a
    a=a+1
print(count)
```

输出结果：

```
5050
```

while 循环可以嵌套使用 else 语句。当表达式为假时执行 else 语句块，语法格式如下。

```
while 判断条件:
    代码块 1
else:
    代码块 2
```

如果运行时 while 循环被 break 语句中断，则 else 中的代码块不会执行。while 循环正常执行完后，else 中的代码会继续执行。

例 8-23 while 循环正常执行结束，源码如下。

```
count = 0
while count <=9:
    print(count)
    count += 1
else:
    print('循环结束')
```

输出结果：

```
0 1 2 3 4 5 6 7 8 9 循环结束
```

（2）for 循环

for 循环也称为计数循环，通常用于遍历序列、集合和映射对象等。语句的基本形式如下。

```
for 变量 in 序列或迭代对象:
    循环体
```

语句功能：for 循环语句每次循环时，判断变量是否还在序列或迭代对象中。如果仍在序列中，取出该值提供给循环体内的语句使用；如果不在序列中，则循环结束。下面的代码使用 for 循环遍历打印一个列表中的全部元素。

例 8-24 for 循环输出学生姓名，源码如下。

```
names = ['Tom', 'Peter','Jerry','Jack']
for name in names:
    print(name)
```

例 8-25 通过索引迭代，输出学生姓名，源码见二维码。

例 8-26 使用 for 循环求 1 到 100 的和，源码见二维码。

例 8-25　例 8-26

（3）嵌套循环

嵌套循环又称为多重循环，是指循环结构中包含其他循环结构。二重循环是最常用的嵌套循环。在嵌套循环中外层循环称为外循环，内层循环称为内循环。

例 8-27

例 8-27 使用 while 循环打印乘法表，源码见二维码。

3. break 与 continue 语句

break 和 continue 语句在 while 循环和 for 循环中都可以使用，一般常与选择结构结合使用，当满足特定条件时跳出循环。

在循环体内使用 break 语句会直接跳出循环，回到循环的顶端，并忽略 continue 之后的所有语句，提前进入下一次循环。过多的 break 和 continue 语句会降低程序的可读性。

例 8-28

例 8-28 计算小于 100 的最大素数，源码见二维码。

8.2.4 字符串

字符串是使用单引号、双引号引起来的若干的字符组成的集合，是 Python 中最常用的数据类型。其中，单引号、双引号可以互相嵌套，用来表示复杂字符串。

1. 字符串创建

使用“=”直接赋值创建字符串变量。

例 8-29 字符串赋值实例，源码如下。

```
s="hello"
print(s)
```

例 8-29

输出结果：

```
hello
```

字符串创建后就不能改变，如果想改变变量引用的字符串，只能创建新的字符串，然后使用变量引用新的字符串。

字符串中有可能包含引号，如果包含的是单引号，则使用双引号括起来；如果包含的是双引号，则使用单引号括起来；如果既有单引号又有双引号就需要使用转义字符。例如：

```
Print ("I think,\"why?,'what?'\"")
```

Python 3 完全支持中文字符，默认使用 UTF8 编码格式。每一个数字、英文字母、汉字，都按一个字符进行处理。

例 8-30 Python 输出中文字符，源码如下。

```
s = '山东农业大学'
len(s)                        #字符串长度，或者包含的字符个数
```

输出结果：

```
6
s = '山东农业大学 SDAU'        #中文与英文字符同样对待，都算一个字符
len(s)
```

输出结果：

```
10
```

2. 字符串方法

字符串是 Python 重要的数据类型，Python 内置了大量的函数支持字符串操作，可以使用 dir()函数查看所有字符串操作函数列表，使用 help()函数可以查看每个函数的帮助。字符串是一种 Python 序列，很多 Python 内置函数也支持字符串操作，例如，求最大值的 max()方法，用来计算序列长度的 len()方法等。

（1）find()和 rfind()

find()方法检验字符串是否包含子字符串。如果包含，则返回开始的索引值，否则返回-1。语法格式如下：

```
str.find(str,beg=0,end=len(string))
```

其中，str 是指定检索的字符串，beg 是开始索引位置，默认值为 0，end 是结束索引位置，默认值为字符串的长度。

rfind()方法从右向左查询，返回字符串最后一次出现的位置，如果没有匹配项则返回-1。

例 8-31 find()方法的简单使用，源码见二维码。

例 8-31

（2）index()和 rindex()

index()方法和 rindex()方法用来返回一个字符串在另一个字符串指定范围中首次和最后一次出现的位置，如果不存在就会抛出异常。index 方法语法格式如下：

```
str.index(str,beg=0,end=len(string))
```

str 是指定检索的字符串，beg 是开始索引，默认值为 0，end 是结束索引，默认值为字符串的长度。

例 8-32 index()方法的简答使用，源码见二维码。

例 8-32

（3）count()

count()方法返回一个字符串在另一个字符串中出现的次数。语法格式如下：

```
list.count(obj)
```

obj 是列表中要计数的对象，返回值是列表中出现 obj 的次数。在应用的时候最好是把列表赋给一个变量，之后再用 count()方法来操作。当对象是一个嵌套的列表时，要查找嵌套列表中的列表参数，count()方法同样可以完成。

例 8-33 count()方法的简单使用，源码如下。

```
>>> s=" peach,banana ,pear"
>>> s.count('p')
```

输出结果：

```
2
>>> s.count('pe')
```

输出结果：

```
2
>>> s.count('ppp')
```

输出结果：

```
0
```

（4）其他常见字符串方法

split()方法指定字符为分隔符，从字符串左端开始，将原始字符串分割成多个字符串，并返回分割结果的列表。

join()方法将列表中多个字符串进行连接，并在相邻两个字符串之间插入指定字符。

replace()方法用来替换字符串中指定字符。

maketrans()方法用来生成字符映射表，translate()方法按映射表关系转换字符串并替换其中的字符，组合使用这两种方法可以同时处理多个不同的字符。

lower()和 upper()方法将字符串转换为小写、大写。

例 8-34 编程使用字符串方法实现凯撒加密，源码见二维码。

例 8-34

8.2.5 列表、元组与字典

序列是 Python 中最基本的数据结构，是一块用来存放多个值的连续空间。常见的序列结构包括字符串、列表、元组和集合等。所有类型的序列都可以进行索引、分片、加乘等操作。其中，列表、元组、字符串支持双向索引，第一个元素下标为 0，第二个元素下标为 1，并以此类推；最后一个元素下标为-1，倒数第二个元素下标为-2，并以此类推。另外，Python 还有与序列相关的内置函数，例如，计算序列长度、求最大和最小元素等。

1. 列表

列表是最常用的 Python 数据类型，是用中括号“[ ]”括起来的元素的集合。在 Python 中，一个列表中元素的数据类型可以各不相同，既可以为整数、实数、字符串等基本类型，也可以是列表、元组、字典等。列表中每个元素之间用逗号分隔，当列表元素增加或删除时，列表对象自动进行扩展或收缩内存，从而保证各个元素之间没有缝隙。

例 8-35 列表简单举例。

```
[10, 20, 30, 40]
['crunchy frog', 'ram bladder', 'lark vomit']
['spam', 2.0, 5, [10, 20]]
```

Python 中列表提供了许多基本操作，下面介绍一些基本操作。

（1）列表的创建

使用赋值运算符“=”直接将一个列表赋值给变量即可创建列表对象。

例 8-36 列表的创建方法，源码如下。

```
x = ['a', 'b', 'c', 'z', 'python']
x = [ ]                                  #创建空列表
list1 = ['physics', 'chemistry',2018,100]
list2 = [1, 2, 3, 4, 5 ]          #通过函数 list 可以将字符串转换为列表
list3 = ["a", "b", "c", "d"]
bicycles = ['trek', 'cannondale', 'redline']
print(bicycles)
```

输出结果：

```
['trek', 'cannondale', 'redline']
```

（2）列表元素的增加

append 函数可在列表尾部添加新元素，同时不改变列表在内存中的首地址。

例 8-37 编程使用 append 函数队列表添加新元素，源码如下。

```
x=['python',1,'Java',2,[1,2]]
x.append(3)
print(x)
```

输出结果：

```
['python', 1, 'Java', 2, [1, 2], 3]
aList = [3,4,5,7]
aList.append(9)
print(aList)
```

输出结果：

```
[3, 4, 5, 7, 9]
```

extend 函数可在列表后追加另一列表的全部元素。

例 8-38 编程使用 extend 函数对列表添加新元素，源码如下。

```
x=['python',1,'Java',2,[1,2]]
y=[3,4]
x.extend(y)
```

```
print(x)
```

输出结果：

```
['python', 1, 'Java', 2, [1, 2], 3, 4]
```

insert 函数可以在列表任意位置插入新元素。

例 8-39 编程使用 insert 函数对列表添加新元素，源码如下。

```
x=['python',1,'Java',2,[1,2]]
x.insert(0, 0)
print(x)
```

输出结果：

```
x=[0, 'python',1,'Java',2,[1,2]]
```

Python 采用的是基于值的自动内存管理方式，当对值进行修改时，并不是真的直接修改内存中变量的值，而是使变量指向新的值。

例 8-40 检测 Python 中同一个数值在内存中的地址是否相同，源码见二维码。

例 8-40

（3）列表元素的删除

del 命令可以删除列表中的指定位置上的元素。

例 8-41 del 命令的简单使用，源码如下。

```
>>>x = [1,3,5,7,9,11]
>>> del x[1]
>>>x
[3,5,7,9,11]
```

也使用 pop()方法删除并返回指定位置上的元素。如果没有指定位置则默认为最后一个元素，如果给定的索引超出了列表的范围则抛出异常。

例 8-42 编程使用 pop()方法删除列表上的元素，源码见二维码。

例 8-42

（4）列表值的访问

在 Python 中使用下标直接访问列表元素，如果指定下标不存在，则抛出异常。

例 8-43 编程实现对列表中的值进行简单访问，源码见二维码。

例 8-43

（5）列表的切片

切片是 Python 序列中非常重要的操作。切片使用 2 个冒号分隔的 3 个数字完成对序列的操作。第 1 个数字表示切片开始位置，默认为 0；第 2 个数字表示切片截止位置（但不包含），默认为最后一项元素；第 3 个数字表示切片的步长，默认为 1。当步长为空时可以省略最后一个冒号。切片可以用来截取列表中的任何部分，得到一个新列表，也可以用来修改和删除列表中部分元素，甚至可以通过切片操作为列表对象增加新元素。

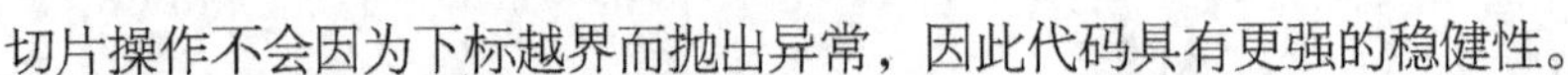

切片操作不会因为下标越界而抛出异常，因此代码具有更强的稳健性。

例 8-44 编程实现列表几种切片操作，源码见二维码。

例 8-44

（6）列表常用的方法

list.index()方法：从列表中找出某个值第一个匹配项的索引位置。

list.insert()方法：将对象插入列表。

list.pop()方法：移除列表中的一个元素（默认最后一个元素），并且返回该元素的值。

list.remove()方法：移除列表中某个值的第一个匹配项。

list.reverse()方法：反向列表中元素。

list.sort()方法：对原列表进行排序。

len()方法：返回列表元素个数。

max()方法：返回列表元素最大值。

min()方法：返回列表元素最小值。

list()方法：将元组转换为列表。

2. 元组

元组与列表十分类似，但是元组创建后，内容不能被修改。元组使用圆括号“()”括起来，列表使用方括号“[ ]”括起来。

元组中的数据一旦定义就不允许更改，因此没有 append()、extend()和 insert()等方法，无法向元组中添加元素，也没有 remove()或 pop()方法，无法对元组元素进行删除操作。元组读取速度比列表快，因此如果定义了一系列常量值，需要对这些常量值进行遍历，则使用元组而不用列表。

（1）元组的创建

通过使用圆括号“()”，圆括号里的每一个元素用逗号进行分隔来创建一个元组，也可以使用内建函数 tuple()创建新元组。与列表相似，元组中的每一个元素可以是不同的数据类型。创建元组的语法格式如下：

```
tuple_name= (element1,element2,element3,…)
```

创建元组时，如果只含有一个元素的元组，元素后面的逗号不能省略，否则解析器就会认为该括号中的内容是一个表达式，而不是元组的元素。当创建含多个元素的元组时，最后一个元素后面的逗号可以省略。使用 tuple 函数可以转换其他序列，创建元组。

例 8-45　编程实现元组的创建，源码见二维码。

例 8-46　使用 tuple 函数创建元组，源码见二维码。

例 8-45

例 8-46

（2）元组的访问

访问元组和访问列表类似，通过切片操作来实现，其返回值也是一个对象或者多个对象的集合。元组的切片操作遵循正负索引规则，有一个开始索引和一个结束索引，如果没指定这两个索引，则默认为序列的开始和结束位置。

例 8-47　编程实现对元组 x 的简单访问，源码见二维码。

（3）元组组合

元组中的元素值是不允许被修改的，但可以连接组合元组。

例 8-48　编程实现对元组 x 和 y 的组合操作，源码见二维码。

例 8-47　例 8-48

（4）删除元组

元组中的元素值是不允许删除的，但可以使用 del 语句删除整个元组。

例 8-49　编程实现对元组 x 的删除操作，源码如下。

```
x = ('physics', 'chemistry', 2008, 2018)
print (x)
del x
print (x)
```

以上实例中元组被删除后，输出结果会有异常信息，输出如下所示：

```
Traceback (most recent call last):
  File "test.py", line 9, in <module>
     print tup;NameError: name 'tup' is not defined
```

3. 字典

字典是用大括号“{ }”括起来的键值对的集合，字典由键和值两个属性组成。字典的一个元素就是一个键值对，通常用数字或者字符串作为键，值可以是任意类型的对象。每个键和它的值之间用冒号分隔，项之间用逗号分隔，字典中的键是唯一的，但是值并不唯一。如果把列表和元组当作有序的对象集合类型，字典就是无序的对象集合类型。

（1）创建字典

创建字典时将键值对用大括号{ }括起来，键值之间用冒号分隔，键值对之间用逗号分隔。

例 8-50 使用多种方法创建字典，源码如下。

```
d={1:'python',2:'java',3:'php'}
print(d)
```

输出结果：

```
{1: 'python', 2: 'java', 3: 'php'}
a=dict(a='a', b='b', t='t')                #使用工厂函数 dict 创建字典
print(a)
```

输出结果：

```
{'b': 'b', 't': 't', 'a': 'a'}
```

（2）访问字典中的元素值

与列表和元组不同，列表和元组根据索引来存取对象，字典则根据键来存取对象。

例 8-51 编程实现对字典 a 中元素值的访问，源码如下。

```
a={'Bob':'2012031', 'Mary':'2012032', 'Lina':'t'}
print(a['Bob'])
```

输出结果：

```
2012031
print(a['Mary'])
```

输出结果：

```
2012032
```

（3）添加字典元素

例 8-52 为字典 a 添加新的元素，源码如下。

```
a={'Bob':'2012031', 'Mary':'2012032', 'Lina':'t'}
a['Ann']='2012033'
print(a)
```

输出结果：

```
{'Ann': '2012033', 'Lina': 't', 'Bob': '2012031', 'Mary': '2012032'}
```

（4）修改字典元素

修改字典元组与添加字典元组的格式相似，不同的是[ ]为字典中已有的键。

例 8-53 编程实现修改字典 a 中的元素，源码如下。

```
a={'Bob':'2012031', 'Mary':'2012032', 'Lina':'2012033'}
a['Bob']='2012039'
print(a)
```

输出结果：

```
{'Mary': '2012032', 'Bob': '2012039', 'Lina': '2012033'}
```

（5）删除字典元素

可以使用 del 或字典的 pop 方法来删除字典元素，删除字典元素时，必须指定要删除的元素的键。

例 8-54 编程实现删除字典 a 中的元素，源码如下。

```
a={'Bob':'2012031', 'Mary':'2012032', 'Lina':'2012033'}
a.pop('Bob')
```

```
print(a)
```

输出结果：

```
{'Lina': '2012033', 'Mary': '2012032'}
```

（6）清空字典

使用 clear()方法可以清空字典中所有的元素。

例 8-55　编程实现清空字典 a 中的元素，源码如下。

```
a={'Bob':'2012031', 'Mary':'2012032', 'Lina':'2012033'}
a.clear()
```

（7）删除整个字典

使用 del 命令可以删除整个字典。

例 8-56　编程实现删除整个字典 a，源码如下。

```
a={'Bob':'2012031', 'Mary':'2012032', 'Lina':'2012033'}
del a
```

4. 序列的常用操作

（1）索引

索引是对每个序列元素分配一个位置编号，所有的元素的编号从 0 开始递增，通过编号可以对序列元素进行访问。从右边开始索引时，最右边的一个元素的索引为-1，向左依次递减。

例 8-57　对'Hello'字符串的索引操作，源码如下。

```
>>> greeting='Hello'
>>> greeting[2]
'l'
>>> greeting[-1]
'o'
```

（2）分片

索引用来对单个元素进行访问，分片可以对一定范围内的元素进行访问。分片通过冒号相隔的两个索引来实现，需要提供两个索引作为边界，第一个索引的元素是包含在分片内，而第二个则不包含在分片内。

例 8-58　对序列 x 进行多种不同的分片操作，源码见二维码。

例 8-58

对于一个正数步长，Python 会从序列的头部开始向右提取元素，直到序列最后一个元素；而对于负数步长，则是从序列的尾部开始向左提取元素，直到序列第一个元素。

（3）序列相加

使用“+”可以相加两个序列，相加的两个序列必须是同一种类型。

例 8-59　将列表和字符串进行相加，结果会报错，源码如下。

```
>>> [1,2,3,4]+[5,6,7,8]
[1, 2, 3, 4, 5, 6,7,8]
>>> 'Hello '+'World!'
'Hello World!'
>>> [1,2,3,4]+'Hello'
Traceback (most recent call last):
  File "<stdin>", line 1, in <module>
TypeError: can only concatenate list (not "str") to list
```

（4）乘法

用数字 *n* 乘以一个序列会生成新的序列，在新的序列中，原来的序列将会被重复 *n* 次。

例 8-60 将'python'字符串和空字符串乘以 4 生产新的字符串，源码如下。

```
>>> 'python'*4
'pythonpythonpythonpython'
>>> [None]*4  #None 为 Python 的内建值，这里创建长度为 4 的元素空间
[None, None, None, None]
```

（5）成员资格

in 运算符用来检查一个值是否在序列中，如果在就返回 Ture，如果不在就返回 False。

例 8-61 使用 in 运算符检查是'r'和'x'是否在序列 x1 中，源码如下。

```
>>>x1='rw'
>>> 'r' in x1
True
>>> 'x' in x1
False
```

（6）长度、最小值和最大值

len()函数返回序列中所包含元素的数量，min()函数和 max()函数分别返回序列中最大和最小的元素。

例 8-62 使用 len()函数取得序列 *x* 中的最大值和最小值，源码如下。

```
>>>x = [100,66,897]
>>> len(x)
3
>>> max(x)
897
>>> min(x)
66
>>> max(2, 3)
3
>>> min(9, 3, 2, 5)
2
```

8.2.6 正则表达式

正则表达式使用单个字符串来描述、匹配一系列句法规则，通常被用来检索、替换某个模式的文本，是一种字符串处理的有力工具。正则表达式按照某种预定义的模式去匹配一类具有共同特征的字符串，主要用于字符串处理，可以快速准确地完成复杂的查找、替换等要求。

Python 提供了 re 模块，可以完成正则表达式操作所需要的基本功能。re 模块中正则表达式由元字符及其不同组合来构成，通过构造正则表达式可以匹配任意字符串，并完成复杂的字符串处理任务。

re 模块提供了 Perl 风格的正则表达式模式，拥有全部的正则表达式功能。下面主要介绍 re 模块中常用的正则表达式处理函数。

1. re.match 函数

re.match 函数尝试从字符串的起始位置匹配一个模式，如果匹配失败，match()方法返回 none，函数语法如下：

```
re.match(pattern, string, flags=0)
```

re.match 函数的参数说明如表 8-10 所示。

表 8-10　　　　函数参数说明

参数	描述
pattern	匹配的正则表达式
string	要匹配的字符串
flags	标志位，用于控制正则表达式的匹配方式

可以使用 group()或 groups()函数获取匹配表达式，匹配对象的方法描述如表 8-11 所示。

表 8-11　　　　匹配对象方法描述

匹配对象方法	描述
group(num=0)	匹配的整个表达式的字符串，可以一次输入多个组号，返回一个包含组所对应值的元组
groups()	返回包含所有小组字符串的元组

例 8-63　使用 re.match 函数对字符串“www.baidu.com”进行对象匹配，源码如下。

```
import re
print(re.match('www', 'www.baidu.com').span())          #在起始位置匹配
print(re.match('com', 'www.baidu.com'))                 #不在起始位置匹配
```

输出结果：

```
(0, 3)
None
```

例 8-64　使用 re.match 函数对字符串“Cats are smarter than dogs”进行多种不同的对象匹配，源码见二维码。

例 8-64

2. re.search 方法

re.search 方法扫描整个字符串并返回第一个成功匹配的对象，语法格式如下：

```
re.search(pattern, string, flags=0)
```

re.match 函数的参数说明如表 8-12 所示。

表 8-12　　　　search 方法参数说明

参数	描述
pattern	匹配的正则表达式
string	要匹配的字符串
flags	标志位，用于控制正则表达式的匹配方式

若匹配成功，re.search 方法返回一个匹配的对象，否则返回 None。

例 8-65　使用 re.search 方法对字符串“www.baidu.com”进行对象匹配，源码如下。

```
import re
print(re.search('www', 'www.baidu.com').span())         #在起始位置匹配
print(re.search('com', 'www.baidu.com').span())         #不在起始位置匹配
```

输出结果：

```
(0, 3)
(11, 14)
```

例 8-66　使用 re.search 方法对字符串“Cats are smarter than dogs”进行多种不同的对象匹配，源码见二维码。

例 8-66

re.match 方法只匹配字符串的开始，因此若字符串开始不符合正则表达式，则匹

配失败，函数返回 None；re.search 方法匹配整个字符串，直到找到一个合适匹配。

例 8-67 具体说明 re.search 方法与 re.match 方法的不同，源码见二维码。

例 8-67

8.3 函数

函数是一种组织好的、可重复使用的、用来实现单一或相关联功能的代码段。函数能提高应用的模块性和代码的重复利用率。Python 不仅提供了许多内建函数，例如 print()函数，用户也可以自己创建函数完成某种特定功能。

8.3.1 函数定义

函数定义规则如下。

① 函数代码块以 def 关键词开头，后接函数标识符名称和圆括号()。

② 任何传入参数和自变量必须放在圆括号中间，圆括号之间可以定义参数。

③ 函数的第一行语句可以使用文档字符串，用于存放函数说明。

④ 函数内容以冒号起始，且需要缩进。

⑤ return 语句结束函数，然后返回一个值给调用方，默认为 None。

函数定义语法格式如下：

```
def functionname(parameter):
    function_suite
    return [expression]
```

关键字 def 引出函数定义，后接函数名和用小括号括起来的一系列参数，最后是函数体。

例 8-68 使用关键字 def 定义一个函数，对输入的两个数完成取出其中较大数的功能，源码如下。

```
def max(x,y):
    return x if x > y else y
print(my_max(1,2))
```

默认情况下，参数值和参数名称是按函数声明中的顺序进行匹配。

例 8-69 自定义一个简单的函数，将一个字符串作为传入参数，然后将这个字符串打印出来，源码如下。

```
def printme(str):
     print (str)
     return
```

Python 允许用户自己创建函数，称为用户自定义函数。自定义函数有两类：一类是把模块写成类，类中有要调用的方法；另一类写成单独的 py 文件，包含函数定义，也就是面向过程的函数，有类称为方法，无类称为函数。

例 8-70 编程实现第一类调用方法，在 b.py 中调用 a.py 的 class X，其中 X 有方法 a1 和 a2 等。

```
#导入类 A
from a import X
#调用类 A 的方法
testa=X()
testa.a1()
```

例 8-71 编程实现第二类调用方法，调用的时候导入模块，通过模块名.函数名( )进行调用，a.py

中有 a1，a2，a3 等函数，在 b.py 要调用模块 a 的函数，源码如下。

```
#导入模块 a
import a
#调用 a 模块的函数
a.a1()
a.a2()
```

8.3.2 函数调用

定义函数时给函数指定一个名称，以及函数中包含的参数和代码块结构。当函数的基本结构完成后，可以通过另一个函数调用执行，也可以直接在提示符中执行。

例 8-72 定义一个 printme 函数，并完成函数调用，源码如下。

```
def printme(str):
    print (str)
#调用函数
printme("第一次调用")
printme("第二次调用")
```

输出结果：

```
第一次调用
第二次调用
```

在 Python 中，类型属于对象，变量是没有类型的。

例 8-73 定义两个简单的类，源码如下。

```
a=[1,2,3]
a="sdau"
```

例 8-73 中[1,2,3]是列表类型，“sdau”是字符串类型，而变量 *a* 没有类型，仅仅是一个对象的引用，可以是指向列表类型对象，也可以指向字符串类型对象。

8.3.3 函数参数

函数的输入称为参数，函数的输出称为返回值。参数传递是将实参赋值给形参的过程。实参可以是常量、变量或表达式，实参的类型与形参兼容。

def 是函数定义的关键字，冒号表示函数定义的开始。函数参数列表可以为空，也可以包含多个参数，参数之间使用逗号分隔。return 语句返回函数的值并退出函数，返回值可以是任何数据类型。return 语句是可选的，可以在函数体内任何地方出现，表示函数调用执行到此结束。如果函数中没有 return 语句，则自动返回 None。

Python 按值传递参数，当调用函数时，将常量或变量的值传递给函数的参数。实参是指函数调用时传递进去的参数值，Python 实参分为关键字实参和位置实参。关键字实参是在调用函数时，以 name=value 的形式传递参数，name 就是参数的名字，也称为形参；位置实参就是只传递 value 的形式，这要靠实参的位置来匹配形参，关键字参数必须位于位置参数之后。

函数定义完成后，可以直接使用函数名调用函数，调用格式如下：

```
函数名（实参列表）
```

函数的实际参数按顺序传递给函数的形式参数，然后执行函数体。

例 8-74 编程实现函数的简单参数传递，源码如下。

```
def f(a,b,c):
    print(a+1,b+1,c+1)
print(f(7,8,9))
```

输出结果：

```
8 9 10
```

Python 函数的参数传递分为不可变类型和可变类型。

不可变类型：例如，fun(x)，传递的只是 x 的值，没有影响对象本身。在 fun(x)内部修改 x 的值，不影响 x 外部的值。

例 8-75 函数传递不可变类型参数实例，源码如下。

```
defChangeInt(x):
  x = 10
y = 2
ChangeInt(y)
print (y)
```

输出结果：

```
2
```

例 8-75 中 int 对象 2，指向它的变量是 y，在传递给 ChangeInt 函数时，按传值的方式复制了变量 y，x 和 y 都指向了同一个 int 对象。a=10 语句新生成一个 int 对象 10，并让 a 指向它。

可变类型：例如，fun(x)，将 x 真正传过去，在函数内部修改 x 的值，也会影响外部 x 的值。

例 8-76 函数传递可变类型参数实例，源码如下。

```
def changeme(list1):
    list1.append([1,2,3,4])
    print (list1)
    return
list1 = [1,2,3]
changeme(list1)
print (list1)
```

输出结果：

```
[1, 2, 3, [1, 2, 3, 4]]
[1, 2, 3, [1, 2, 3, 4]]
```

Python 调用函数时的参数类型可以分为：必备参数、关键字参数、默认参数、不定长参数。

1. 必备参数

必备参数必须以正确的顺序传入函数，且数量必须和声明时的一样，否则会报错。

例 8-77 必备参数应用实例，源码如下。

```
def printme(str):
    print (str)
    return
printme()
```

输出结果：

```
Traceback (most recent call last):
  File "test.py", line 11, in <module>
    printme()
TypeError: printme() takes exactly 1 argument (0 given)
```

2. 关键字参数

Python 函数调用使用关键字参数确定传入的参数值，使用关键字参数允许函数调用时参数的顺序与声明时不一致。

例 8-78 关键字参数应用实例，传递参数 str，源码如下。

```
def printme(str):
    print (str)
    return
printme( str = "sdau")
```

输出结果：

```
sdau
```

例 8-79 关键字参数应用实例，传递参数 age 与 name，源码如下。

```
def printinfo( name, age ):
   print ("Name: ", name)
   print ("Age :", age)
   return
printinfo( age=26, name="xiaoming" )
```

输出结果：

```
Name: xiaoming
Age:26
```

3. 默认参数

默认参数的值如果在调用函数时没有传入，则被认为是默认值。

例 8-80 默认参数应用实例，传递参数 age 与 name，源码如下。

```
def printinfo( name, age = 26 ):
    print ("Name: ", name)
    print ("Age: ", age)
    return
printinfo( age=35, name="mi" )
printinfo( name="mi" )
```

输出结果：

```
Name:  mi
Age:  35
Name:  mi
Age:  26
```

4. 不定长参数

不定长参数能够处理比当初声明时更多的参数，在声明时不会命名，基本语法如下：

```
def functionname([formal_args,] *var_args_tuple ):
    function_suite
    return
```

其中，加了星号（*）的变量名会存放所有未命名的变量参数。

例 8-81 默认参数应用实例，源码见二维码。

例 8-81

8.3.4 返回值

return 语句退出函数，选择性地向调用方返回一个表达式。不带参数值的 return 语句返回 None。

例 8-82 return 语句的简单使用，源码如下。

```
#可写函数说明
def sum( arg1, arg2 ):
    #返回 2 个参数的和."
    total = arg1 + arg2
```

```
    print ("函数内 : ", total)
    return total
#调用 sum 函数
total = sum(10, 20 )
```

输出结果：

```
函数内：30
```

8.3.5 变量作用域

变量起作用的范围称为变量的作用域，两种最基本的变量作用域是全局变量和局部变量。变量定义在函数内部和外部，其作用域是不同的。全局变量与局部变量本质区别就是作用域不同。定义在函数内部的变量拥有一个局部作用域，定义在函数外的变量拥有全局作用域。局部变量只能在其被声明的函数内部访问，而全局变量可以在整个程序范围内访问。调用函数时，所有在函数内声明的变量名称都将被加入到作用域中。

例 8-83 变量作用域应用实例，源码如下。

```
total = 0
def sum(x, y):
    total = x + y
    print("函数内是局部变量：", total)
    return total
sum( 10, 20 )
print("函数外是全局变量：", total)
```

输出结果：

```
函数内是局部变量：30
函数外是全局变量：0
```

8.4 类

Python 是一门面向对象的语言，在 Python 中创建一个类和对象比较容易，本节将介绍 Python 的面向对象编程。

8.4.1 类定义

类的定义主要包括对象的属性和方法。Python 中类的声明使用关键词 class，class 之后是一个空格，然后是类的名字和冒号，最后换行并定义类的内部实现。类名的首字母一般要大写，可以按照自己的习惯定义类名。类在定义时可以提供一个可选父类，如果没有基类，那默认 object 作为基类。类的定义语法格式如下。

```
class 类名:
    成员变量
    成员函数
```

例 8-84 定义一个简单的汽车类 Car，源码如下。

```
class Car:
        def infor(self):
        print(" This is a car ")
```

定义了类之后，可以用来实例化对象，并通过“对象名.成员”的方式访问其中的数据成员或成员方法。

例 8-85　调用例 8-84 中定义的汽车类 Car，源码如下。

```
>>> car = Car()
>>> car.infor()
 This is a car
```

在 Python 中，可以使用内置方法 isinstance()测试一个对象是否为某个类的实例。

例 8-86　使用 isinstance()方法测试 car 是否在类 Car 和 str 中，源码如下。

```
>>>isinstance(car, Car)
True
>>>isinstance(car, str)
False
```

Python 提供了一个关键字“pass”，可以用在类和函数的定义中或者选择结构中。当暂时没有确定如何实现功能，或为以后的软件升级预留空间时，可以使用该关键字来“占位”。

例 8-87　关键字 pass 应用实例，源码如下。

```
>>> class A:
    pass
>>> def demo():
    pass
>>> if 5>3:
    pass
```

类的所有实例方法都必须至少有一个名为 self 的参数，并且必须是方法的第一个形参，self 参数代表将来要创建的对象本身。在类的实例方法中访问实例属性时需要以 self 为前缀，但在外部通过对象名调用对象方法时并不需要传递这个参数，如果在外部通过类名调用对象方法则需要显式为 self 参数传递值。

属于实例的数据成员一般是指在构造函数__init__()中定义的，定义和使用时必须以 self 作为前缀，属于类的数据成员是在类中所有方法之外定义的。在主程序中，实例属性只能通过对象名访问，而类属性可以通过类名或对象名访问。

例 8-88

例 8-88　定义一个汽车类 Car，并完成一些类中常用的操作，源码见二维码。

8.4.2 类方法

在类中定义的方法可以粗略分为 4 大类：公有方法、私有方法、静态方法和类方法。公有方法、私有方法都属于对象，私有方法的名字以两个下划线“__”开始。每个对象都有自己的公有方法和私有方法，在这两类方法中可以访问属于类和对象的成员。

公有方法通过对象名直接调用，私有方法不能通过对象名直接调用，只能在属于对象的方法中通过 self 调用或在外部通过 Python 支持的特殊方式来调用。如果通过类名来调用属于对象的公有方法，需要显式为该方法的 self 参数传递一个对象名，用来明确指定访问哪个对象的数据成员。

静态方法和类方法都可以通过类名和对象名调用，但不能直接访问属于对象的成员，只能访问属于类的成员，静态方法可以没有参数。

例 8-89

例 8-89　类方法综合应用实例，源码见二维码。

8.4.3 继承与多态

1. 继承

继承是为代码复用和设计复用而设计的，是面向对象程序设计的重要特性之一。在继承关系中，已有的、设计好的类称为父类或基类，新设计的类称为子类或派生类。派生类可以继承父类的公有成员，但是不能继承其私有成员。

Python 支持多继承，如果父类中有相同的方法名，而在子类中使用时没有指定父类名，则 Python 解释器将从左向右按顺序进行搜索。

单继承语法格式如下：

```
class <类名>(父类名)
<语句>
```

多继承语法格式如下：

```
class 类名(父类 1,父类 2,…,父类 n)
<语句 1>
```

2. 多态

多态是指基类的同一个方法在不同派生类对象中具有不同的表现和行为。派生类继承了基类行为和属性之后，还会增加某些特定的行为和属性，同时还可能会对继承来的某些行为进行一定的改变，这都是多态的表现形式。

Python 大多数运算符可以作用于多种不同类型的操作数，并且对于不同类型的操作数往往有不同的表现，是通过特殊方法与运算符重载实现的。

例 8-90 多态的应用实例，源码见二维码。

例 8-90

8.4.4 应用举例

下面通过一个简单的学生教师类示例介绍类的定义和使用。

1. 定义类

定义类是通过 class 关键字，class 后面紧接着是类名，即 Student，类名通常是大写开头的单词，紧接着是（object），表示该类是从哪个类继承下来的。通常，如果没有合适的继承类，就使用 object 类，这是所有类最终都会继承的类。

创建类时，可以定义一个特定的方法，名为__init__()，只要创建这个类的一个实例就会运行这个方法。可以向__init__()方法传递参数，这样创建对象时就可以把属性设置为希望的值，__init__()这个方法会在创建对象时完成初始化，同时第一个参数必须为 self。

首先，定义 Student 类。

```
class Student(object):
        def __init__(self,sno,sname,ssex,sage,sdatamaing):
            self.sNo = sno
            self.sName = sname
            self.sSex = ssex
            self.sAge = sage
            self.sDataMaing = sdatamaing
```

sNo 表示学号，sName 表示姓名，sSex 表示性别，sAge 表示年龄，sDataMaing 表示数据挖掘课的成绩。

然后，定义 Teacher 类。

```
class Teacher(object):
      def __init__(self,tno,tname,tsex,tage,title):
          self.tNo = tno
          self.tName = tname
          self.tSex = tsex
          self.tAge = tage
          self.tTitle= title
```

tNo 表示教师工号，tName 表示教师姓名，tSex 表示教师性别，tAge 表示教师年龄，tTitle 表示职称。

2. 类方法成员

（1）Student 类

getNo( )获得学生学号；

```
def getNo(self):
        return (self.sNo)
```

getName( )获得学生姓名；

```
def getName(self):
        return (self.sName)
```

getSex( )获得学生性别；

```
def getSex(self):
        return (self.sSex)
```

getAge( )获得学生年龄；

```
def getAge(self):
        return (self.sAge)
```

getDataMaing( )获得学生数据挖掘课的成绩；

```
def getDataMaing(self):
        return (self.sDataMaing)
```

（2）Teacher 类

getNo( )获得教师工号；

```
def getNo(self):
        return(self.tNo)
```

getName( )获得教师姓名；

```
def getName(self):
        return(self.tName)
```

getSex( )获得教师性别；

```
def getSex(self):
        return(self.tSex)
```

getAge( )获得教师年龄；

```
def getAge(self):
        return(self.tAge)
```

getTitle( )获得教师职称；

```
def getTitle(self):
        return(self.tTitle)
```

3. 类实例

定义好 Student 类之后，就可以根据该类创建出 Student 的实例，创建实例是通过类名+()实现的。

```
a=Student("201102064","李明","男","22","94")
```

以上代码创建一个学生实例，学号 201102064，姓名李明，性别男，年龄 22，数据挖掘成绩 94。

```
print(a.getNo())
print(a.getName())
print(a.getSex())
print(a.getAge())
print(a.getDataMaing())
```

输出结果为：

```
201102064
李明
男
22
94
```

创建一个教师实例，工号为 20010513，姓名为张正，性别男，年龄 51，职称为教授。

```
b=Teacher("20010513","张正","男","51","教授")
print(b.getNo())
print(b.getName())
print(b.getSex())
print(b.getAge())
print(b.getTitle())
```

输出结果：

```
20010513
张正
男
51
教授
```

4. 类对象

创建 5 个学生类的对象，输出每个学生的信息，计算并输出这 5 个学生数据挖掘课的成绩，以及计算并输出数据挖掘课成绩的平均成绩、最高成绩、最低成绩。

首先，创建 5 个学生实例。

```
s1=Student("201602001","李明","男","22",94)
s2=Student("201602002","张亮","男","22",86)
s3=Student("201602003","赵红","女","21",99)
s4=Student("201602004","李鹏","男","22",91)
s5=Student("201602005","孙明","男","23",84)
```

然后，创建一个学生列表，将 5 位学生信息放入列表中。

```
Stu=[s1,s2,s3,s4,s5]
```

使用 for 循环输出每位学生的信息，使用类方法获得学生的信息：

```
for n in range(0,5):
        print(Stu[n].getNo()+Stu[n].getName()+Stu[n].getSex()+Stu[n].sAge+str(Stu[n].
getDataMaing()))
```

其中 getDataMaing()返回为 int 类型，需要强制转换为 str 类型。输出结果为：

```
201602001 李明 男 22 94
201602002 张亮 男 22 86
201602003 赵红 女 21 99
201602004 李鹏 男 22 91
201602005 孙明 男 23 84
```

直接调用类成员 sDataMaing 获得每位学生的成绩，使用循环计算学生的平均成绩：

```
total=0
for n in range(0,5):
        total=Stu[n].sDataMaing+total
average=total/5
Print("平均成绩为：")
print(average)
```

最终输出结果为：

```
平均成绩为:
90.8
```

计算所有学生中的最高成绩：

```
for n in range(0,5):
        if(Stu[n].sDataMaing>mix):
                mix=Stu[n].sDataMaing
print("最高成绩为：")
print(mix)
```

输出结果为：

```
最高成绩为:
99
```

计算所有学生中的最低成绩：

```
for n in range(0,5):
        if(Stu[n].sDataMaing<mix):
                mun=Stu[n].sDataMaing
print("最低成绩为：")
print(mun)
```

输出结果为：

```
最低成绩为:
84
```

5. 类继承

在学生类 Student 和教师类 Teacher 基础上，再派生出一个助教类 TeachAssistant，一个助教同时具有教师和学生的特征，并增加属性工资 wage。

TeachAssistant 类同时继承学生类 student 和教师类 Teacher，继承允许子类从父类那里获得属性和方法，同时子类可以添加新方法或者重载父类中的任何方法。

```
class TeachAssistant(Teacher,Student):
```

```
        def __init__(self,tno,tname,tsex,tage,title,sdatamaing,wage):
            Teacher.__init__(self,tno,tname,tsex,tage,title)
            Student.__init__(self,tno,tname,tsex,tage,sdatamaing)
            self.Wage = wage
```

TeachAssistant 类的__init__方法同时继承 Student 类和 Teacher 类的__init__构造方法，同时具有自己独特的属性 wage，然后创建一个 TeachAssistant 类实例：

```
d=TeachAssistant("20090511","王梅","女","30","助教",0,5000)
print(d.tName)
print(d.sName)
```

输出结果都为王梅，可知 TeachAssistant 同时继承了父类的 tName 属性与 sName 属性。

```
print(d.getTitle())
print(d.getDataMaing())
```

输出结果为：助教 0。可知 TeachAssistant 类又分别继承了父类的 getTitle()方法与 getDataMaing()方法。

TeachAssistant 新增方法查询助教的工资：

```
def getwage(self):
        return self.Wage
```

调用成员方法：

```
print(d.getwage())
```

可以得到查询的信息：

```
这位助教工资为
5000
```

8.5 文件

为了长期保存数据以便重复使用、修改和共享，必须将数据以文件的形式存储到外部存储介质中。文件操作在各类应用软件的开发中均占有重要的地位。按文件中数据的组织形式把文件分为文本文件和二进制文件两类。

文本文件存储的是常规字符串，由若干文本行组成。常规字符串是指记事本或其他文本编辑器能正常显示、编辑，且人类能够直接阅读和理解的字符串，如英文字母、汉字、数字字符串。

二进制文件把对象内容以字节串进行存储，无法用记事本或其他普通字处理软件直接进行编辑，通常也无法被人类直接阅读和理解，需要使用专门的软件进行解码后读取。常见的如图形图像文件、音视频文件、可执行文件等。

8.5.1 打开和关闭

打开文件是文件操作的第一步，Python 提供了 open 函数创建 file 对象，打开指定的文件。open 函数语法格式如下：

```
open(file, mode='r', buffering=-1, encoding=None, errors=None,
     newline=None, closefd=True, opener=None)
```

文件名指定了被打开的文件名称。打开模式（r）指定了打开文件后的处理方式。缓冲区（buffering）指定了读写文件的缓存模式，0 表示不缓存，1 表示缓存。参数 encoding 指定对文本进行编码和解码的方式，只适用于文本模式，可以使用 Python 支持的任何格式，如 GBK、utf8、CP936 等。open 函数返回 1 个文件对象。文件打开模式如表 8-13 所示。

表 8-13　文件打开模式

模式	功能
r	以只读方式打开文件
rb	以二进制格式打开一个文件用于只读
r+	打开一个文件用于读写
rb+	以二进制格式打开一个文件用于读写
w	打开一个文件只用于写入
wb	以二进制格式打开一个文件只用于写入
w+	打开一个文件用于读写
wb+	以二进制格式打开一个文件用于读写
a	打开一个文件用于追加
ab	以二进制格式打开一个文件用于追加
a+	打开一个文件用于读写
ab+	以二进制格式打开一个文件用于追加

8.5.2　读写

1. 读文件

read()方法从打开的文件中读取字符串，Python 字符串可以是文字或二进制数据。read()方法语法格式如下：

```
fileObject.read([count])
```

例 8-91　读取并显示文本文件所有行，源码如下。

```
with open('y.txt') as fx:
    for line in fx:
        print(line)
```

例 8-92　读取并显示文本文件的前 10 个字符，源码如下。

```
f=open( 'y.txt', 'r')
s=f.read(10)
f.close( )
print('s=',s)
print('字符串 s 的长度(字符个数)=', len(s))
```

2. 写文件

write()方法将任何字符串写入一个打开的文件，Python 字符串可以是文字或二进制数据。write()方法语法格式如下：

```
fileObject.write(string)
```

被传递的参数是要写入的内容，功能是把字符串写到文件中。

例 8-93

例 8-93　读取文本文件中所有整数，并将其按升序排序后再写入文本文件 asc.txt 中，源码见二维码。

8.5.3 其他操作

1. OS 模块

OS 模块除了提供使用操作系统功能和访问功能文件的简便方法之外，还提供了大量文件级的操作，OS 模块常见文件操作方法如表 8-14 所示。

表 8–14　　OS 模块常见文件操作方法

方法	功能说明
access()	测试是否可以按照指定的权限访问文件
chdir()	设为当前工作目录
chmod()	改变文件的访问权限
environ	包含系统环境变量和值的字典
get_exec_path()	返回可执行文件的搜索路径
getcwd()	返回当前工作目录
listdir()	返回 path 目录下的文件和目录列表
mkdir()	创建目录
makedirs()	创建多级目录

例 8-94　使用 OS 模块对文件进行一些基础操作，源码详见二维码。

例 8-94

2. shutil 模块

该模块的 copyfile()方法可以实现文件复制。

例 8-95　编程实现使用 copyfile()方法进行文件复制，源码如下。

```
>>> import shutil
>>>shutil.copyfile('D:\\dr.txt', 'D:\\ r1.txt')
>>>shutil.make_archive('D:\\b', 'zip', 'C:\\Python34', 'Dlls')
>>>shutil.unpack_archive('D:\\b.zip', 'D:\\ unpack')
>>>shutil.rmtree('D:\\ unpack')
```

8.5.4 目录操作

除了支持文件操作，OS 模块还提供了大量的目录操作方法，OS 模块常见的目录操作方法如表 8-15 所示。

表 8–15　　OS 模块常见目录操作方法

函数名称	使用说明
mkdir()	创建目录
rmdir()	删除目录

续表

函数名称	使用说明
removedirs()	删除多级目录
listdir()	返回指定目录下所有文件信息
getcwd()	返回当前工作目录
chdir()	设为当前工作目录
walk()	遍历目录树

例 8-96　使用 OS 模块的方法查看、改变和删除当前工作目录，源码见二维码。

例 8-97　使用 os.walk 函数对指定的目录进行遍历，源码见二维码。

例 8-96

例 8-97

09 第9章　Python数据处理与机器学习

本章主要介绍用 Python 进行数据处理和实现机器学习中常用算法的方法。

9.1　矩阵计算

矩阵在图像处理和机器学习中应用非常广泛。numpy 是 Python 中关于矩阵运算的库，能够完成矩阵加减乘除、矩阵转置、逆矩阵、行列式、矩阵的幂、伴随矩阵等功能。

9.1.1　基础知识

1. numpy 基础

numpy 包含数组和矩阵两种基本的数据类型，有许多创建数组的函数，只有创建数组才能对其进行相关的操作。通过给 array 函数传递对象来创建数组，首先需要使用 import 语句导入 numpy 库。若使用的是 import numpy 命令，则在创建数组时用 a = numpy.array([1, 2, 3, 4])的形式；若导入使用的是 import numpy as np 命令，则在创建数组时用 a = np.array([1, 2, 3, 4])。

例 9-1　使用 numpy 创建矩阵，然后打印出来，源码如下。

```
import numpy
import numpy as np
test1 =np.array([[1,2,3],[3,4,5]])
print(test1.shape)
print(test1.ndim)                    #打印数组维数
print(test1.min())                   #打印最小值
print(test1.sum())                   #打印矩阵所有元素的和
print(test1[0])                      #矩阵的取值，这里取第一行
print(test1[0,2])                    #打印第一行的第 3 个元素
```

使用 array 函数创建数组时，参数必须是由方括号括起来的列表，而不能是多个数值。可使用双重序列来表示二维数组，三重序列表示三维数组，以此类推。

例 9-2　使用 array 函数创建二维数组，源码如下。

```
>>> import numpy as np
>>> b = np.array( [ (1.5,2,3), (4,5,6) ])
>>> b
```

输出结果：

```
array([[ 1.5,  2. ,  3. ], [ 4. ,  5. ,  6. ]])
```

例 9-3　创建数组时显式指定数组中元素的类型，源码如下。

```
>>> import numpy as np
>>> c = np.array( [ [1,2], [3,4] ], dtype=complex)
>>> c
```

输出结果：

```
array([[ 1.+0.j,  2.+0.j], [ 3.+0.j,  4.+0.j]])
```

例 9-4　创建数组时自已定义数组中元素的类型，源码如下。

```
>>> np.ones( (2,3,4), dtype=int )  #手动指定数组中元素类型
```

输出结果：

```
array([[[1, 1, 1, 1], [1, 1, 1, 1], [1, 1, 1, 1]], [[1, 1, 1, 1], [1, 1, 1, 1], [1, 1,
1, 1]]])
>>> np.empty((2,3))
```

输出结果：

```
array([[ 0.,  0.,  0.],
       [ 0.,  0.,  0.]])
```

例 9-5　编程实现构建从 10 开始，差值为 5 的等差数列，该函数不仅接受整数参数，还接受浮点参数，源码如下。

```
>>> range(10, 30, 5)
```

输出结果：

```
range(10, 30, 5)
>>> np.array([10, 15, 20, 25])
```

输出结果：

```
array([10, 15, 20, 25])
```

（1）求矩阵大小

调用 shape 方法，可获取矩阵的大小，示例如下。

(4)：shape 有一个元素即为一维数组，数组中有 4 个元素。

(3, 4)：shape 有两个元素即为二维数组，数组为 3 行 4 列。

例 9-6　使用数组的 reshape 方法，创建改变了尺寸的新数组 a 和 b，原数组的 shape 保持不变，源码如下。

```
>>>a = np.array((1, 2, 3))
>>>a
```

输出结果：

```
array((1, 2, 3))
>>>b = a.reshape((2, 2))
>>>b
```

输出结果：

```
array([[1, 2],
       [3, 4]])
```

（2）矩阵行列计算

例 9-7 使用 sum(axis=1)方法对矩阵进行行求和，源码如下。

```
>>>test1 = np.array([[5, 10, 15],
   [20, 25, 30],
   [35, 40, 45]])
>>>test1.sum(axis=1)
```

输出结果：

```
array([30, 75, 120])
```

例 9-8 使用 sum(axis=0)方法对矩阵进行列求和，源码如下。

```
test1 = np.array([[5, 10, 15],
   [20, 25, 30],
   [35, 40, 45]])
test1.sum(axis=0)
#输出 array([60, 75, 90])
```

例 9-9 矩阵求和的应用实例，源码如下。

```
>>>a2=a1.sum(axis=0)         //列和，得到一个 1×2 的矩阵
matrix([[7, 6]])
>>>a3=a1.sum(axis=1)         //行和，得到一个 3×1 的矩阵
matrix([[2],
        [5],
        [6]])
>>>a4=sum(a1[1,:])           //计算第一行所有列的和，得到一个数值
matrix([[2, 3]])
```

例 9-10 计算矩阵 $\boldsymbol{a}_1$ 中的最大值，源码如下。

```
>>>a1=np.mat([[1,2],[2,3],[3,4]])
>>>np.argmat(a1)
```

输出结果：

```
5
```

（3）最值计算

例 9-11 计算矩阵 $\boldsymbol{a}_1$ 最值，源码见二维码。

例 9-11

（4）矩阵转置

T 表示矩阵的转置矩阵，也适用于高维向量。

例 9-12 求矩阵 ***test*** 的转置矩阵，源码如下。

```
>>>test.shape = (6, 2)
>>>print (test)
```

输出结果：

```
[[ 4.  8.]
 [8.  0.]
 [ 6.  9.]
 [ 9.  2.]
 [ 4.  0.]
 [ 0.  0.]]
>>>test.T                                    #计算转置
```

输出结果：

```
array([[ 4.,  8.,  6.,  9.,  4.,  0.],
       [ 8.,  0.,  9.,  2.,  0.,  0.]])
```

例 9-13　求矩阵 $\boldsymbol{a}_1$ 的转置矩阵，源码如下。

```
>>>a1=np.mat([[1,1],[0,0]])
>>>a2=a1.T
```

输出结果：

```
matrix([[1, 0],
        [1, 0]])
```

（5）矩阵乘法

例 9-14　对矩阵 $\boldsymbol{a}$ 和 $\boldsymbol{b}$ 进行乘法计算，源码如下。

```
import numpy as np
a = np.array([[1, 2],[3, 4]])
b = np.array([[5, 6], [7, 8]])
print (a*b)                              #对应位置元素相乘
print (a.dot(b))                         #矩阵乘法
print (np.dot(a, b))                     #矩阵乘法
#输出 [[5 12]
       [21 32]]
     [[19 22]
       [43 50]]
     [[19 22]
       [43 50]]
```

例 9-15　矩阵对应元素相乘实例，源码如下。

```
>>>a1=np.mat([1,1])
>>>a2=np.mat([2,2])
>>>a3=np.multiply(a1,a2)
matrix([[2, 2]])
>>>a1=np.mat([2,2])                      #矩阵点乘
>>>a2=a1*2
matrix([[4, 4]])
>>>a1=np.mat(np.eye(2,2)*0.5)            #矩阵求逆
>>>a2=a1.I
matrix([[ 2.,  0.],
        [ 0.,  2.]])
```

（6）创建矩阵

例 9-16　创建全 0 矩阵，源码如下。

```
>>>np.zeros((3, 3))                      #创建 3 行 3 列的全 0 矩阵
array([[ 0.,  0.,  0.],
       [ 0.,  0.,  0.],
       [ 0.,  0.,  0.]])
>>>np.zeros((3, 3), dtype=np.str)        #在创建时指定数据类型
```

输出结果：

```
array([['', '', ''],
       ['', '', ''],
       ['', '', '']],
dtype='<U1')
```

例 9-17　创建全 1 矩阵，源码如下。

```
np.ones((3, 3))                          #创建 3 行 3 列的全 1 矩阵
```

输出结果：

```
array([[ 1.,  1.,  1.],
```

```
       [ 1.,  1.,  1.],
       [ 1.,  1.,  1.]])
```

例 9-18 创建全 8 的矩阵，源码如下。

```
np.ones((2,3))*8
```

输出结果：

```
array([[ 8.,  8.,  8.],
       [ 8.,  8.,  8.]])
```

例 9-19 利用“==”判断数组或矩阵中是否存在某个值，源码如下。

```
>>>print (3 in [1, 2, 3] )
true
>>>data3=np.mat(np.random.rand(2,2))                      #使用 random 模块生成矩阵
>>>data4=np.mat(np.random.randint(1,size=(3,3)))          #生成一个 3×3 的随机整数矩阵
```

（7）对角矩阵

例 9-20 创建一个 2×2 的对角矩阵，一个对角线值为 2、4、6 的对角矩阵，源码如下。

```
>>>np.eye(2, dtype=int)
```

输出结果：

```
array([[1, 0],
       [0, 1]])
>>>a1=[2,4,6]
>>>np.diag(a1)
```

输出结果：

```
array([[2, 0, 0],
       [0, 4, 0],
       [0, 0, 6]])
```

（8）伴随矩阵

伴随矩阵的求法：把矩阵的各个元素都换成它相应的代数余子式，将所得到的矩阵转置便得到其伴随矩阵。

例 9-21 求矩阵 ***a*** 的逆矩阵，源码如下。

```
>>>a=np.linalg.inv(a)                    #矩阵 a 的逆矩阵
>>>b=np.linalg.det(a)                    #方阵的行列式
>>>a*b                                   #伴随矩阵为逆矩阵与方阵行列式的乘积
>>>np.linalg.norm(a,ord=None)            #计算矩阵 a 的范数
```

（9）数组的特征信息

例 9-22 求矩阵 ***a*** 的特征信息，源码见二维码。

例 9-22

（10）矩阵的分隔和合并

例 9-23 将矩阵 ***a*** 进行分隔，同列表和数组的分隔一致，源码如下。

```
>>>a=np.mat(np.ones((3,3)))
matrix([[ 1.,  1.,  1.],
        [ 1.,  1.,  1.],
        [ 1.,  1.,  1.]])
>>>b=a[1:,1:]                            //分割出第二行以后的行和第二列以后的列的所有元素
matrix([[ 1.,  1.],
        [ 1.,  1.]])
```

例 9-24 将矩阵 ***a*** 和 ***b*** 进行合并，源码如下。

```
>>>a=np.mat(np.ones((2,2)))
```

```
>>>b=np.mat(np.eye(2))
>>>c=np.vstack((a,b))                          //按列合并，即增加行数
matrix([[ 1.,  1.],
       [ 1.,  1.],
       [ 1.,  0.],
       [ 0.,  1.]])
>>>d=np.hstack((a,b))                          //按行合并，行数不变，扩展列数
matrix([[ 1.,  1.,  1.,  0.],
       [ 1.,  1.,  0.,  1.]])
```

（11）索引

numpy 中的数组索引形式和 Python 是一致的。

例 9-25　数组索引应用实例，源码见二维码。

例 9-25

2. 矩阵函数

（1）扩展矩阵函数 tile( )

tile 函数功能是重复某个数组，例如，tile(a,n)是将数组 a 重复 n 次，构成一个新的数组，函数语法格式如下：

```
tile(A,reps)
```

tile(a,x)：x 是控制 a 的重复次数，结果是一个一维数组。

tile(a,(x,y))：结果是一个二维矩阵，行数为 x，列数是一维数组 a 的长度和 y 的乘积。

tile(a,(x,y,z))：结果是一个三维矩阵，矩阵的行数为 x，矩阵的列数为 y，而 z 表示矩阵每个单元格中 a 重复的次数，三维矩阵可以看成一个二维矩阵，每个矩阵的单元格里存着一个一维矩阵 a。

例 9-26　tile()函数应用实例，源码见二维码。

例 9-26

（2）range()和 arange()函数

range 函数返回一个列表对象。arange()函数与 range()函数类似，但是返回一个 array 对象，并且 arange 可以使用 float 型数据。函数包含 3 个参数，前两个参数是等差数列的数据范围，第 1 个参数是等差数列第 1 个元素，第 2 个参数是等差数列最后一个元素，第 3 个参数是等差数列的公差，

例 9-27　range( )和 arange( )函数应用实例，源码如下。

```
>>>import numpy as np
>>>np.arange(1,10,0.5)
```

运行结果：

```
array([ 1. ,  1.5,  2. ,  2.5,  3. ,  3.5,  4. ,  4.5,  5. ,  5.5,  6. ,
6.5,  7. ,  7.5,  8. ,  8.5,  9. ,  9.5])
```

9.1.2　应用举例

numpy.linalg 模块包含各种线性代数的函数，可以实现逆矩阵、求特征值、解线性方程组及行列式等计算。

1. 计算逆矩阵

例 9-28　一个创建矩阵 ***A***，使用 inv 函数计算其逆矩阵，源码如下。

```
>>>A = np.mat("0 1 2;12 3;4 3 3")
>>>print (A)
```

输出结果：

```
matrix([[ 0,  1,  2],
 [ 1,  2,  3],
 [ 4, 3,  3]])
>>>inv = np.linalg.inv(A)
>>>print (inv)
```

输出结果：

```
matrix([[ 3., -3.,  1.],
        [-9.,  8., -2.],
        [ 5., -4.,  1.]])
```

检查原矩阵和求得的逆矩阵相乘的结果是否为单位矩阵：

```
>>>print (A * inv)
```

输出结果：

```
[[ 1.  0.  0.]
 [ 0.  1.  0.]
 [ 0.  0.  1.]]
```

需要注意的是，矩阵必须是方阵且可逆，否则会抛出 LinAlgError 异常。

2. 求解线性方程组

numpy.linalg 中的函数 solve 可以求解形如 $\boldsymbol{A}x = b$ 的线性方程组，其中 $\boldsymbol{A}$ 为矩阵，b 为一维或二维的数组，x 是未知变量。

例 9-29 使用 solve 函数求解线性方程组实例，源码如下。

```
import numpy as np                  #创建矩阵和数组
>>>B = np.mat("1 -2 1;0 2 -8;-4 5 9")
>>>b = np.array([0,8,-9])           #调用 solve 函数求解线性方程
>>>x = np.linalg.solve(B,b)
>>>print (x)
array([ 29.,  16.,   3.])           #使用 dot 函数检查求得的解是否正确
>>>print (np.dot(B , x))
[[ 0.  8.  -9.]]
```

3. 特征值和特征向量

特征值即方程 $\boldsymbol{A}x = ax$ 的根，其中 $\boldsymbol{A}$ 是一个二维矩阵，x 是一个一维向量。在 numpy.linalg 模块中，eigvals 函数可以计算矩阵的特征值，而 eig 函数可以返回一个包含特征值和对应的特征向量的元组。

例 9-30 使用 eigvals 函数求特征值和特征向量，源码如下。

```
import numpy as np                  #创建一个矩阵
>>>C = np.mat("3 -2;1 0")           #调用 eigvals 函数求解特征值
>>>c0 = np.linalg.eigvals(C)
>>>print (c0)
array([ 2.,  1.])
```

使用 eig 函数可以求解特征值和特征向量，该函数将返回一个元组，按列存放特征值和对应的特征向量，其中第一列为特征值，第二列为特征向量。

例 9-31 使用 eig 函数求特征值和特征向量，源码如下。

例如：

```
>>>c1,c2 = np.linalg.eig(C)
>>>print (c1)
```

```
array([ 2.,  1.])
>>>print (c2)
[[ 0.89442719  0.70710678]
 [ 0.4472136   0.70710678]]
```

4. 奇异值分解

奇异值分解是一种因子分解运算，将一个矩阵分解为 3 个矩阵的乘积。numpy.linalg 模块中的 svd 函数可以对矩阵进行奇异值分解。该函数返回 3 个矩阵 ***U***、***V*** 和 Sigma 矩阵，其中 ***U*** 和 ***V*** 是正交矩阵，Sigma 包含输入矩阵的奇异值。

例 9-32　使用 svd 函数进行奇异值分解，源码见二维码。

例 9-32

结果包含等式中左右两端的两个正交矩阵 ***U*** 和 ***V***，以及中间的奇异值矩阵 Sigma。使用 diag 函数可以生成完整的奇异值矩阵，将分解出的 3 个矩阵相乘。

```
>>>print (U * np.diag(Sigma) * V)
[[  4.  11.  14.]
 [  8.   7.  -2.]]
```

5. 广义逆矩阵

使用 numpy.linalg 模块中的 pinv 函数进行求解广义逆矩阵，inv 函数只接受方阵作为输入矩阵。

例 9-33　使用 pinv 函数求解广义逆矩阵，源码如下。

```
import numpy as np#创建一个矩阵
>>>E = np.mat("4 11 14;8 7 -2")
>>>pseudoinv = np.linalg.pinv(E)                #使用 pinv 函数计算广义逆矩阵
>>>print (pseudoinv)
matrix([[-0.00555556,  0.07222222],
        [ 0.02222222,  0.04444444],
        [ 0.05555556, -0.05555556]])            #将原矩阵和得到的广义逆矩阵相乘
>>>print (E * pseudoinv)
[[ 1.00000000e+00  -7.77156117e-16]
 [ -1.11022302e-16   1.00000000e+00]]
```

6. 行列式计算

numpy.linalg 模块中的 det 函数可以计算矩阵的行列式。

例 9-34　使用 det 函数对行列式进行计算，源码如下。

```
import numpy as np                              #计算矩阵的行列式
>>>F = np.mat("1 4;1 6")
matrix([[1, 4],
        [1, 6]])                                #使用 det 函数计算行列式
>>>print (np.linalg.det(F))
2.0
```

9.2 网络爬虫

9.2.1 基础知识

1. 基本概念

大数据背景下，各行各业都需要数据支持，在浩瀚的数据中获取感兴趣的数据成为研究热点。

在数据搜索方面，现在的搜索引擎虽然比刚开始有了很大的进步，但对于一些特殊数据搜索或复杂搜索，还不能很好地完成，因此所得到数据不能满足需求。网络安全、产品调研等研究都需要数据支持，而网络上没有现成的数据，需要自己手动去搜索、分析，格式化为满足需求的数据。利用网络爬虫技术能自动完成数据获取、汇总的工作，大大提升了工作效率。

网络爬虫能按照一定的规则，自动地抓取互联网信息的程序或者脚本。网络爬虫是利用标准的 http 协议，根据超级链接和 Web 文档检索的方法，遍历万维网信息空间的软件程序。网络爬虫被广泛用于互联网搜索引擎或其他类似网站，可以自动采集所有其能够访问到的页面内容，供搜索引擎做进一步处理，使得用户能更快地检索到他们需要的信息。

网络爬虫技术的应用范围较广，例如，可将爬虫获取的有价值数据资源进行整合，实现不同类型的垂直领域的应用，例如，图书价格比对、新闻主题聚合等。现今大数据时代，机器学习算法需要大量的网络数据作为训练数据，训练数据的质量高低一定程度上决定了机器学习算法效果的差异。而获取训练数据除了使用其他典型的统计数据外，网络爬虫也是提取数据重要的方法。

使用 Python 语言编写网络爬虫有很多优点。

① Python 语言简洁，简单易学。

② Python 使用方便，不需要笨重的 IDE，只需要一个文本编辑器，就可以进行大部分中小型应用的开发。

③ Python 有功能强大的爬虫框架 Scrapy。Scrapy 是一个为了爬取网站数据，提取结构性数据而编写的应用框架，可以应用在包括数据挖掘、信息处理或存储历史数据等一系列的程序中。

④ Python 有强大的网络支持库以及 HTML 解析器。使用网络支持库 requests，可以方便地下载网页；使用网页解析库 Beautiful Soup，可以方便地解析网页各个标签，再结合正则表达式抓取网页中的内容。

⑤ Python 十分擅长处理文字字符串。包含了常用的文本处理函数，支持正则表达式，可以方便地处理文本内容。

从功能上来讲，网络爬虫一般分为数据采集、处理、存储 3 个部分。爬虫从一个或者多个初始 URL 开始，下载网页内容，然后通过搜索或是内容匹配手段获取网页中感兴趣的内容，同时不断从当前页面提取新的 URL。程序根据网页抓取策略，按一定的顺序放入待抓取 URL 队列中，整个过程循环执行，直到满足系统相应的停止条件。然后对这些被抓取的数据进行清洗、整理、建立索引，存入数据库或文件中。最后根据查询需要，从数据库或文件中提取相应的数据，以可视化的方式展示出来。

2. 抓取策略

在网络爬虫系统中，由于待抓取 URL 队列是很重要的一部分，待抓取 URL 队列中的 URL 以什么样的顺序排列也是十分重要的问题，因此需考虑优先抓取哪个页面，再抓取哪个页面。而决定这些 URL 排列顺序的方法称为抓取策略，可以分为广度优先、深度优先和最佳优先 3 种。

（1）广度优先搜索策略。这种策略的主要思想是，由根节点开始，首先遍历当前层次的搜索，然后才进行下一层的搜索，依次类推逐层的搜索。这种策略多用在主题爬虫上，因为越是与初始 URL 距离近的网页，其具有的主题相关性越大。在宽度优先搜索中，先搜索完成一个 Web

页面中所有的超级链接，然后再继续搜索下一层，直到底层为止。例如，一个 HTML 文件中有 3 个超级链接，选择其中之一，处理相应的 HTML 文件，然后不再选择第二个 HTML 文件中的任何超级链接，而是返回，选择第二个超级链接，处理相应的 HTML 文件，再返回，选择第三个超级链接，并处理相应的 HTML 文件。一旦一层上的所有超级链接都被选择过，就开始在刚处理过的 HIML 文件中搜索其余的超级链接。这保证了对浅层的首先处理。当遇到一个无穷尽的深层分支时，不会导致陷进深层文档中无法出来，宽度优先搜索策略能在两个 HTML 文件之间找到最短路径。

（2）深度优先搜索策略。这种策略的主要思想是，从根节点出发找出叶子节点，然后以此类推。在一个网页中选择一个超链接，被链接的网页将执行深度优先搜索，形成单独的一条搜索链，当没有其他超链接时，搜索结束。深度优先搜索是在开发爬虫早期使用较多的方法，它的目的是要达到被搜索结构的叶节点。在一个 HTML 文件中，当一个超级链接被选择后，被链接的 HTML 文件将执行深度优先搜索，即在搜索其余的超级链接结果之前必须先完整地搜索单独的一条链。深度优先搜索沿着 HTML 文件上的超级链接走到不能再深入为止，然后返回到某一个 HTML 文件，再继续选择该 HTML 文件中的其他超级链接。当不再有其他超级链接可选择时，说明搜索已经结束。这种方法的优点是能遍历一个 Web 站点或深层嵌套的文档集合。

（3）最佳优先搜索策略。这种策略的主要思想是，聚焦爬虫的爬行策略只跳出某个特定主题的页面，根据“最好优先原则”进行访问，快速地获得更多的与主题相关的页面。主要通过内容与 Web 的链接结构指导进一步的页面抓取。聚焦爬虫会给它所下载的页面一个评价分，根据得分排序插入到一个队列中。最好的下一个搜索对弹出队列中的第一个页面进行分析后执行，这种策略保证爬虫能优先跟踪那些最有可能链接到目标页面的页面。决定网络爬虫搜索策略的关键是如何评价链接价值，不同的价值评价方法计算出的链接的价值不同，表现出的链接的“重要程度”也不同，从而决定了不同的搜索策略。由于链接包含于页面之中，而通常具有较高价值的页面包含的链接也具有较高价值，因而对链接价值的评价有时也转换为对页面价值的评价。这种策略通常运用在专业搜索引擎中，因为这种搜索引擎只关心某一特定主题的页面。

3. 常用组件和框架

（1）urlib

在 Python3 中，可以使用 urlib 组件抓取网页，urllib 是一个 URL 处理包，它集合了一些处理 URL 的模块，常用模块如下。

urllib.request 模块是用来打开和读取 URLs。

urllib.error 模块包含一些有 urllib.request 产生的错误，可以使用 try 进行异常处理。

urllib.parse 模块包含了一些解析 URLs 的方法。

urllib.robotparser 模块用来解析 robots.txt 文本文件，它提供了一个单独的 RobotFileParser 类，通过该类提供的 can_fetch()方法测试爬虫是否可以下载一个页面。

例 9-35 使用 urllib.request.urlopen()接口函数打开一个网站，读取并打印信息。

```
from urllib import request
if __name__ == "__main__":
    response = request.urlopen("http://www.baidu.com")
    html = response.read()
    print(html)
```

urllib 使用 request.urlopen()打开和读取 URLs 信息，返回的对象 response 是一个文本对象，可以用 read()方法进行读取，再通过 print()方法将读到的信息打印出来。这样成功获取了信息，但是显示的是二进制乱码，可以通过 decode()命令将网页的信息进行解码，并正确显示出来。

例 9-36 通过 decode()命令对网页的信息进行解码，源码如下。

```
from urllib import request
if __name__ == "__main__":
    response = request.urlopen("http://www.fanyi.baidu.com/")
    html = response.read()
    html = html.decode("utf-8")
    print(html)
```

url 不仅可以是一个字符串，也可以是一个 Request 对象，这就需要先定义一个 Request 对象，然后将这个 Request 对象作为 urlopen 的参数使用，

urlopen()返回的对象，可以使用 read()进行读取，同样也可以使用 geturl()方法、info()方法、getcode()方法。geturl()返回的是一个 url 的字符串，info()返回的是一些 meta 标记的元信息，包括一些服务器的信息，getcode()返回的是 HTTP 的状态码。

data 参数分为 GET 和 POST 两种，用于向服务器发送数据。根据 HTTP 规范，GET 用于信息获取，POST 用于向服务器提交数据。从客户端向服务器提交数据使用 POST，从服务器获得数据到客户端使用 GET。如果没有设置 urlopen()函数的 data 参数，默认采用 GET 方式，也就是从服务器获取信息，如果设置 data 参数为 POST，也就是向服务器传递数据。

例 9-37 编程使用爬虫技术在有道翻译上进行翻译，源码见二维码。

例 9-37

（2）Scrapy

Scrapy 是为了爬取网站数据并且提取结构性数据而编写的应用框架，可以应用于数据挖掘、信息处理或存储历史数据等一些程序中。使用 Scrapy 框架可以更方便地对爬取的数据进行管理。

直接使用 pip install scrapy 命令安装 Scrapy 所依赖的环境。找存放 Scrapy 文件的地方执行命令 scrapy start project get_pachong，然后生成一个包含了 Scrapy 必要文件的文件夹，在这个文件夹中新建一个 pachong.py 文件，用来编写爬虫的代码，例 9-38 是 pachong.py 的代码。

例 9-38

例 9-38 使用 Scrapy 框架爬取豆瓣网站电影前 250 名，源码见二维码。

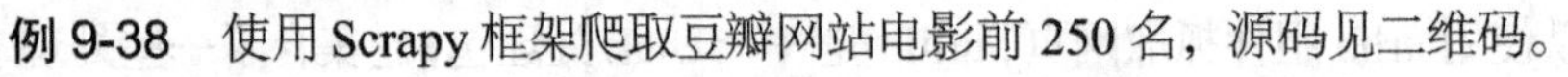

在 get_pachong 文件里面打开 cmd 输入执行文件的命令 scrapy crawl pachong，就可以得到运行的结果。

9.2.2 应用举例

（1）抓取双色球开奖数据，源码见二维码。

（2）抓取淘宝商品信息，源码见二维码。

（3）抓取淘宝电商商品图片，源码见二维码。

抓取双色球开奖数据

抓取淘宝商品信息

抓取淘宝电商商品图片

结果如图 9-1 所示，可以看到程序成功将淘宝电商图像抓取下来。

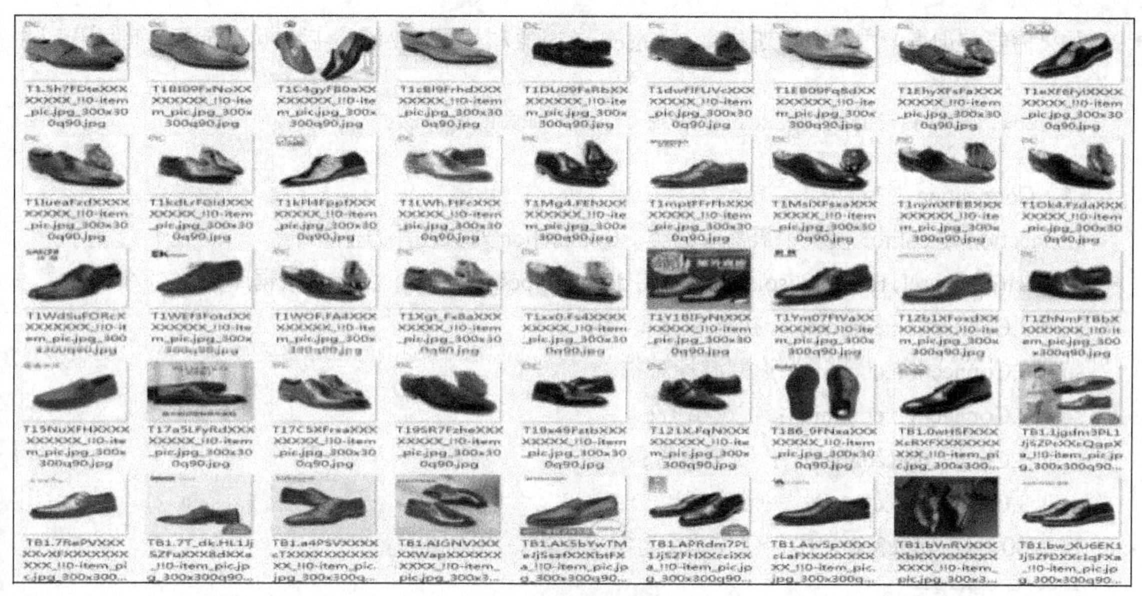

图 9-1　爬虫图像结果

9.3　数据库

数据库技术的发展为各行各业都带来了很大方便，金融行业、聊天系统、各类网站、办公自动化系统、各种管理信息系统等都少不了数据库技术的支持。本节主要介绍 Sqlite、MySQL 两种数据库的 Python 接口，并通过几个示例演示数据的增、删、改、查等操作。

9.3.1　Sqlite 数据库

Sqlite 是内嵌在 Python 中的轻量级、基于磁盘文件的数据库管理系统，不需要服务进程，支持使用 SQL 语句访问数据库。支持原子的、一致的、独立的和持久的事务，不支持外键限制。通过数据库级的独占性和共享锁定来实现独立事务，当多个线程同时访问同一个数据库并试图写入数据时，每一时刻只有一个线程可以写入数据。Sqlite 支持 140TB 的数据库，每个数据库完全存储在单个磁盘文件中，以 B+数据结构的形式存储。

访问和操作 SQLite 数据时，需要首先导入 sqlite3 模块，然后创建一个与数据库关联的 Connection 对象：

```
import sqlite3
conn = sqlite3.connect('example.db')
```

成功创建 Connection 对象以后，再创建一个 Cursor 对象，并且调用 Cursor 对象的 execute()方法执行 SQL 语句，创建数据表，以及查询、插入、修改或删除数据库中的数据。

例 9-39　使用 Cursor 对象进行简单数据库操作，源码如下。

```
c = conn.cursor()
c.execute('''CREATE TABLE stocks (date text, trans text, symbol text, qty real, price real)''')
c.execute("INSERT INTO stocks VALUES ('2006-01-05','BUY', 'RHAT', 100, 35.14)")
conn.commit()
conn.close()
```

如果需要查询表中内容，重新创建 Connection 对象和 Cursor 对象之后，可以使用下面的代码来查询：

```
for row in c.execute('SELECT * FROM stocks ORDER BY price'):
    print(row)
```

（1）Connection 对象

Connection 是 sqlite3 模块中最基本的类，Connection 对象使用方法如下：

connect(database[, timeout, isolation_level, detect_types, factory]) ：连接数据库文件；

sqlite3.Connection.execute()：执行 SQL 语句；

sqlite3.Connection.cursor()：返回游标对象；

sqlite3.Connection.commit()：提交事务；

sqlite3.Connection.rollback()：回滚事务；

sqlite3.Connection.close()：关闭连接。

例 9-40 在 sqlite3 连接中创建并调用自定义函数，源码如下。

```
import sqlite3
import hashlib
def md5sum(t):
    return hashlib.md5(t).hexdigest()
conn = sqlite3.connect(":memory:")
conn.create_function("md5", 1, md5sum)
cur = conn.cursor()
cur.execute("select md5(?)", ["山东农业大学".encode()])
print(cur.fetchone()[0])
```

（2）Cursor 对象

Cursor 也是 sqlite3 模块中重要的类，Cursor 对象使用方法如下：

close()：关闭游标（sqlite3.Connection 与上文一致）；

execute()：执行 SQL 语句；

executemany()：重复执行多次 SQL 语句；

executescript()：一次执行多条 SQL 语句；

fetchall()：从结果集中返回所有行记录；

fetchmany()：从结果集中返回多行记录；

fetchone()：从结果集中返回一行记录。

例 9-41 Cursor 对象方法应用实例，源码见二维码。

（3）Row 对象

例 9-42 Row 对象方法应用实例，源码见二维码。

例 9-41　　例 9-42

9.3.2 MySQL 数据库

Python 标准数据库接口为 Python DB-API，它提供了数据库应用的编程接口。

1. 安装 MySQLdb

MySQLdb 是用于 Python 链接 MySQL 数据库的接口，是基于 MySQL C API 建立的。它实现了 Python 数据库 API 规范 V2.0。安装 MySQLdb，可访问其官网选择适合平台的安装包进行安装。

2. 数据库连接

例 9-43　编程实现链接 MySQL 的 TESTDB 数据库，源码见二维码。

3. 创建数据库表

例 9-44　使用 execute()方法为数据库创建表 EMPLOYEE，源码见二维码。

例 9-43　例 9-44

4. 数据库增删改查

（1）数据增加

例 9-45　使用 SQL INSERT 语句向表中插入记录，源码见二维码。

（2）数据删除

删除操作用于删除数据表中的数据。

例 9-46　删除数据表中 AGE 大于 20 的所有数据，源码见二维码。

例 9-45

例 9-46

（3）数据修改

例 9-47　更新数据表中的数据，源码见二维码。

（4）数据删除

删除操作用于删除数据表中的数据。

例 9-48　删除数据表中 AGE 大于 20 的所有数据，源码见二维码。

例 9-47

例 9-48

5. 数据库执行事务

Python DB API 2.0 的事务提供了两个方法 commit 和 rollback。

例 9-49　使用 commit 方法执行 SQL 删除记录操作，源码见二维码。

例 9-49

9.4　OpenCV 图像编程

OpenCV（Open Source Computer Vision Library）诞生于 Intel 研究中心，是一个开放源码的计算机视觉库，采用 C 和 C++语言编写，可以运行在 Linux、Windows 和 Mac 等操作系统上。OpenCV 提供了 Python、Ruby、MATLAB 及其他语言的接口，其包含的函数有 500 多个，覆盖了计算机视觉的许多应用领域。下面介绍基于 Python 的 OpenCV 图像编程。

9.4.1　图像基础操作

1. 图像读入与显示

使用 cv2.imread()函数可以读入图像，图像路径需要在此程序的工作空间中，或者向函数提供图像完整的路径。图像的读入方式有两种参数：cv2.IMREAD_COLOR，以彩色模式读入图像，为默认读取方法；cv2.IMREAD_GRAYSCALE，以灰度模式读入图像。

例 9-50　使用 cv2.imread()方法读入图像，源码如下。

```
import numpy as np
import cv2
img = cv2.imread('messi5.jpg',0)
```

使用函数 cv2.imshow()显示图像时，窗口可以根据图像的尺寸自动调整大小，同时可以创建多个窗口。

例 9-51 使用 cv2.imshow 方法显示图像，源码如下。

```
cv2.imshow('image',img)
cv2.waitKey(0)
cv2.destroyAllWindows()
```

2. 修改像素值

例 9-52 读入一幅图像，然后对其像素值进行修改，源码如下。

```
import cv2
import numpy as np
img=cv2.imread('/home/duan/workspace/opencv/images/roi.jpg')
px=img[100,100]
print (px)
blue=img[100,100,0]
print (blue)
```

根据像素的行和列的坐标获取其像素值，RGB 图像的返回值为 B、G、R 的值，灰度图像的返回值是相应的灰度值。

3. 获取图像属性

图像的属性包括行、列、通道、图像数据类型和像素数目等，OpenCV 自带许多获取图像属性的函数。

img.shape 方法可以获取图像的形状，返回值是一个包含行数、列数和通道数的元组。

例 9-53 读入一幅图像，然后获取图像的形状属性，源码如下。

```
import cv2
import numpy as np
img=cv2.imread('/home/duan/workspace/opencv/images/roi.jpg')
print(img.shape)
```

img.size 方法返回值是图像的像素数目。

例 9-54 读入一幅图像，然后获取图像的像素数目，源码如下。

```
import cv2
import numpy as np
img=cv2.imread('/home/duan/workspace/opencv/images/roi.jpg')
print (img.size)
```

9.4.2 图像几何变换

1. 缩放

图像缩放是指改变原始图像的尺寸，在 OpenCV 中可以使用 cv2.resize( )方法实现图像的缩放。

例 9-55 读入一个图像，并进行缩放操作，源码如下。

```
import cv2
import numpy as np
img=cv2.imread('messi5.jpg')
res=cv2.resize(img,None,fx=2,fy=2,interpolation=cv2.INTER_CUBIC)
height,width=img.shape[:2]
res=cv2.resize(img,(2*width,2*height),interpolation=cv2.INTER_CUBIC)
while(1):
```

```
    cv2.imshow('res',res)
    cv2.imshow('img',img)
    if cv2.waitKey(1) & 0xFF == 27:
        break
    cv2.destroyAllWindows()
```

2. 平移

图像平移将对象向某个方向移动一定距离，如果沿（x，y）方向移动，移动的距离是（t_x，t_y），可以使用下面的移动矩阵：

$$\boldsymbol{M}=\begin{bmatrix}1 & 0 & t_x\\0 & 1 & t_y\end{bmatrix}$$

例 9-56　读入一个图像，并进行平移操作，源码如下。

```
import cv2
import numpy as np
cap=cv2.VideoCapture(0)
while(1):
    ret,frame=cap.read()
    hsv=cv2.cvtColor(frame,cv2.COLOR_BGR2HSV)
    lower_blue=np.array([110,50,50])
    upper_blue=np.array([130,255,255])
    mask=cv2.inRange(hsv,lower_blue,upper_blue)
    res=cv2.bitwise_and(frame,frame,mask=mask)
    cv2.imshow('frame',frame)
    cv2.imshow('mask',mask)
    cv2.imshow('res',res)
k=cv2.waitKey(5)&0xFF
if k==27:
break
cv2.destroyAllWindows()
```

3. 旋转

旋转是把一个图像旋转一定角度，可以使用下面形式的旋转矩阵：

$$\boldsymbol{M}=\begin{bmatrix}1 & 0 & t_x\\0 & 1 & t_y\end{bmatrix}$$

OpenCV 允许在任意坐标进行旋转，此时旋转矩阵的形式如下：

$$\boldsymbol{M}=\begin{bmatrix}\alpha & \beta & (1-\alpha)center\cdot x-\beta center\cdot y\\-\beta & 1 & \beta center\cdot x+(1-\alpha)\cdot center\cdot x\end{bmatrix}$$

OpenCV 提供 cv2.getRotationMatrix2D 函数构建图像旋转矩阵。

例 9-57　读入一幅图像，并将图像旋转 90°，源码如下。

```
import cv2
import numpy as np
img=cv2.imread('messi5.jpg',0)
rows,cols=img.shape
M=cv2.getRotationMatrix2D((cols/2,rows/2),45,0.6)
dst=cv2.warpAffine(img,M,(2*cols,2*rows))
while(1):
cv2.imshow('img',dst)
if cv2.waitKey(1)&0xFF==27:
```

```
break
cv2.destroyAllWindows()
```

9.4.3 图像滤波

OpenCV 可以对图像进行低通滤波、高通滤波等操作，低通滤波帮助去除图像噪声，高通滤波用于寻找图像的边缘。

1. 均值滤波

均值滤波需要使用一个归一化卷积框，将卷积框覆盖区域所有像素的平均值代替中心元素的值。在 OpenCV 中可以使用 cv2.blur()函数和 cv2.boxFilter()函数完成均值滤波操作。

例 9-58 使用 3×3 的归一化卷积框对图像进行均值滤波，源码如下。

$$K=\frac{1}{9}\begin{bmatrix}1 & 1 & 1\\ 1 & 1 & 1\\ 1 & 1 & 1\end{bmatrix}$$

```
import cv2
import numpy as np
from matplotlib import pyplot as plt
img = cv2.imread('opencv_logo.png')
blur = cv2.blur(img,(3,3))
plt.subplot(121),plt.imshow(img),plt.title('Original')
plt.xticks([]), plt.yticks([])
plt.subplot(122),plt.imshow(blur),plt.title('Blurred')
plt.xticks([]), plt.yticks([])
plt.show()
```

2. 高斯滤波

高斯滤波可以有效地从图像中去除高斯噪声。Python 中使用 cv2.GaussianBlur()函数完成图像高斯滤波操作，需要指定高斯核宽和高，以及高斯函数沿 x，y 方向的标准差。

例 9-59 使用 3×3 的归一化卷积框对图像进行高斯滤波，源码如下。

```
import cv2
import numpy as np
from matplotlib import pyplot as plt
img = cv2.imread('opencv_logo.png')
blur = cv2.GaussianBlur(img,(5,5),0)
plt.subplot(121),plt.imshow(img),plt.title('Original')
plt.xticks([]), plt.yticks([])
plt.subplot(122),plt.imshow(blur),plt.title('Blurred')
plt.xticks([]), plt.yticks([])
plt.show()
```

3. 中值滤波

中值滤波使用卷积框中所有像素的中值替代中心像素的值，经常用来去除椒盐噪声，Python 中使用 cv2.medianBlur ()函数完成图像中值滤波操作。

例 9-60 向原始图像加上 50%的噪声，然后进行中值滤波操作。

```
import cv2
import numpy as np
from matplotlib import pyplot as plt
img = cv2.imread('opencv_logo.png')
blur = cv2.medianBlur(img,5)
```

```
plt.subplot(121),plt.imshow(img),plt.title('Original')
plt.xticks([]), plt.yticks([])
plt.subplot(122),plt.imshow(blur),plt.title('Blurred')
plt.xticks([]), plt.yticks([])
plt.show()
```

9.4.4　数学形态学

形态学转换是对图像形状进行操作，两个基本的形态学操作是腐蚀和膨胀。

（1）腐蚀就像土壤侵蚀一样，会把前景物体的边界腐蚀掉。卷积核沿着图像滑动，如果与卷积核对应的原图像中所有像素值都为 1，那么中心元素就保持原来的像素值，否则变为 0。因此腐蚀操作会使前景物体会变小，整幅图像的白色区域减少。腐蚀经常用于去除白噪声，或者用来断开两个相连的物体。

例 9-61　使用一个 5×5 的卷积核进行图像腐蚀，源码如下。

```
import cv2
import numpy as np
img = cv2.imread('j.png',0)
kernel = np.ones((5,5),np.uint8)
erosion = cv2.erode(img,kernel,iterations = 1)
```

（2）膨胀与腐蚀相反，与卷积核对应的原图像的像素值中只要有一个是 1，中心元素的像素值就是 1，膨胀操作会增加图像中的白色区域。膨胀通常用来连接两个分开的物体。

一般对图像进行去噪时先进行腐蚀再用膨胀，因为腐蚀在去掉白噪声的同时，也会使前景对象变小。

例 9-62　使用一个 5×5 的卷积核进行图像膨胀，源码如下。

```
import cv2
import numpy as np
img = cv2.imread('j.png',0)
kernel = np.ones((5,5),np.uint8)
dilation = cv2.dilate(img,kernel,iterations = 1)
```

9.4.5　应用举例

例 9-63　计算一张二值化图像中黑色部分面积所占比例，源码如下。

```
import cv2
import numpy as np
img=cv2.imread("xp2.jpg")
b=0
w=0
for i in range(img.shape[0]):
        for j in range(img.shape[1]):
            if img[i,j,0]==0:
                w=w+1
all=img.shape[0]*img.shape[1]
print(w/all)
cv2.imshow("",img)
cv2.waitKey(0)
```

例 9-64　使用 SVM 进行手写数据 OCR，源码见二维码。

例 9-65　使用 *K* 值聚类的方法进行颜色量化，源码见二维码。

运行结果如图 9-2 所示。

例 9-64

例 9-65

图 9-2　图像量化结果

9.5　数据可视化

9.5.1　matplotlib 可视化

matplotlib 模块依赖于 numpy 模块和 tkinter 模块，可以绘制多种形式的图形，包括线图、直方图、饼状图、散点图、误差线图等。

例 9-66　使用 matplotlib 绘制曲线图，源码见二维码。

例 9-66

例 9-67　使用 matplotlib 绘制散点图，源码如下。

```
a = np.arange(0, 2.0*np.pi, 0.1)
b = np.cos(a)
pl.scatter(a,b)
pl.show()
```

例 9-68　使用随机数生成数值，绘制散点图，并根据数值大小计算散点的大小。

```
>>> import matplotlib.pylab as pl
>>> import numpy as np
>>> x = np.random.random(100)
>>> y = np.random.random(100)
>>> pl.scatter(x,y,s=x*500,c=u'r',marker=u'*')
>>> pl.show()
```

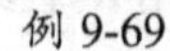

例 9-69　　例 9-70

例 9-69　使用 matplotlib 绘制饼状图，源码见二维码。

例 9-70　使用 matplotlib 绘制三维图，源码见二维码。

9.5.2　Plotly 可视化

Plotly 是一种使用 JavaScript 开发的制图工具，提供了与 Python 交互的 API。Plotly 能够绘制具有用户交互功能的精美图表。

例 9-71

例 9-71　使用 Plotly 绘制折线图，源码见二维码。

运行结果如图 9-3 所示。

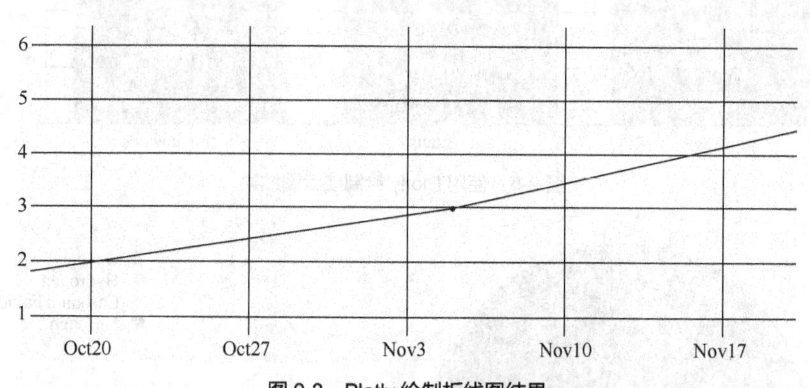

图 9-3　Plotly 绘制折线图结果

例 9-72

例 9-72　使用 Plotly 绘制散点图，源码见二维码。

运行结果如图 9-4 所示。

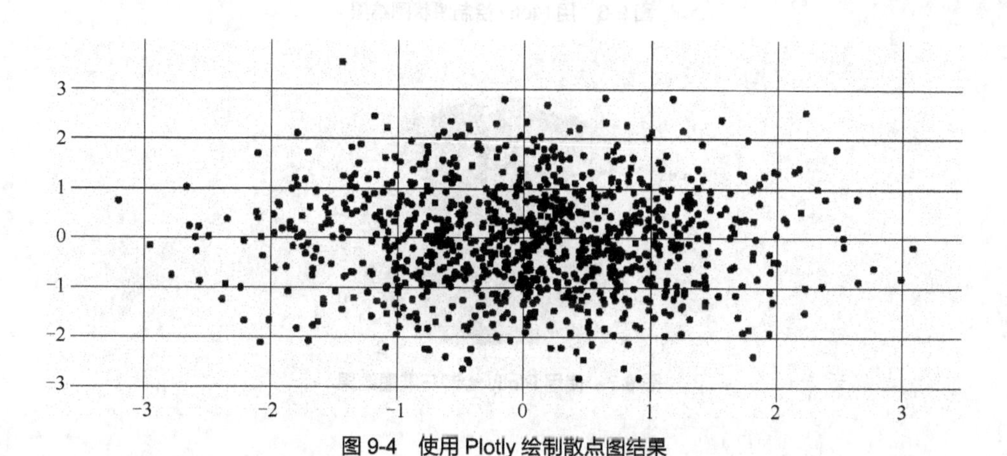

图 9-4　使用 Plotly 绘制散点图结果

例 9-73　使用 Plotly 绘制柱状图，源码见二维码。

运行结果如图 9-5 所示。

例 9-74　使用 Plotly 绘制饼状图，源码见二维码。

运行结果如图 9-6 所示。

例 9-75　使用 Plotly 绘制三维图，源码见二维码。

运行结果如图 9-7 所示。

例 9-73

例 9-74

例 9-75

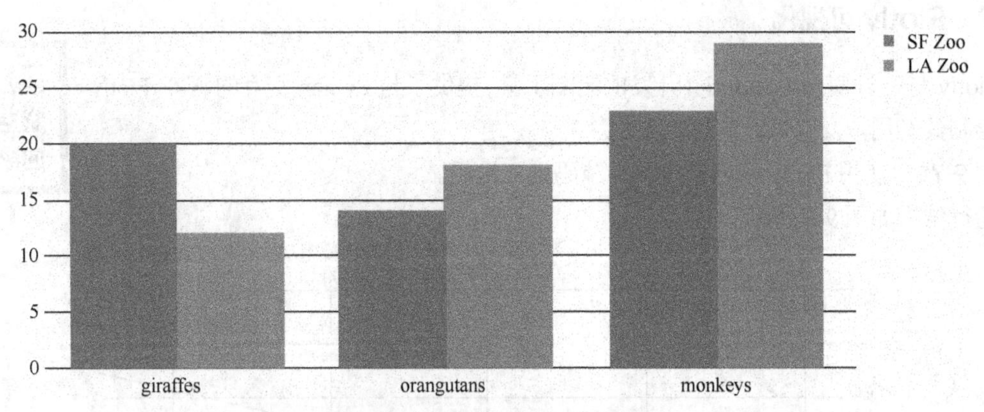

图 9-5 使用 Plotly 绘制柱状图结果

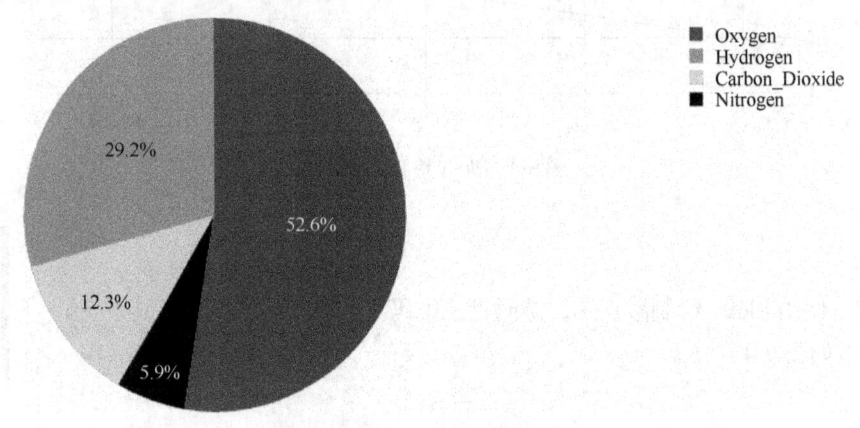

图 9-6 用 Plotly 绘制饼状图结果

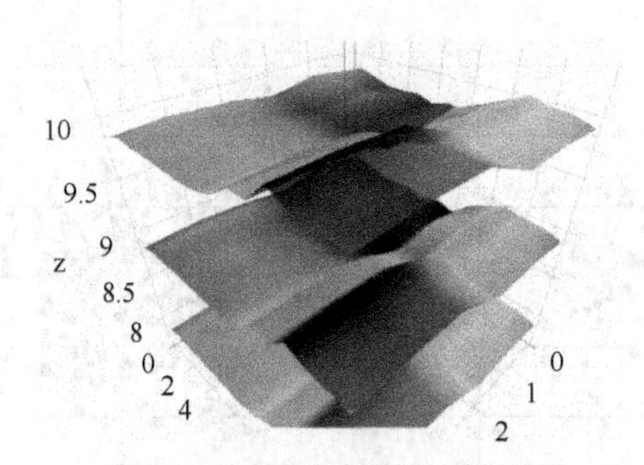

图 9-7 使用 Plotly 绘制三维图结果

9.6 基于 Python 的机器学习算法

9.6.1 线性回归

测试数据集为一组二维平面上的随机点集，保存为 txt 格式，其中第二列为横坐标值，第三列为纵坐标值，如图 9-8 所示。编程实现使用线性回归的方法对其进行拟合。

ex0.txt - 记事本

文件(F)　编辑(E)　格式(O)　查看(V)　帮助(H)

1.000000	0.067732	3.176513
1.000000	0.427810	3.816464
1.000000	0.995731	4.550095
1.000000	0.738336	4.256571
1.000000	0.981083	4.560815
1.000000	0.526171	3.929515
1.000000	0.378887	3.526170
1.000000	0.033859	3.156393
1.000000	0.132791	3.110301
1.000000	0.138306	3.149813
1.000000	0.247809	3.476346
1.000000	0.648270	4.119688
1.000000	0.731209	4.282233
1.000000	0.236833	3.486582
1.000000	0.969788	4.655492
1.000000	0.607492	3.965162
1.000000	0.358622	3.514900
1.000000	0.147846	3.125947
1.000000	0.637820	4.094115
1.000000	0.230372	3.476039
1.000000	0.070237	3.210610
1.000000	0.067154	3.190612
1.000000	0.925577	4.631504
1.000000	0.717733	4.295890
1.000000	0.015371	3.085028
1.000000	0.335070	3.448080
1.000000	0.040486	3.167440
1.000000	0.212575	3.364266
1.000000	0.617218	3.993482
1.000000	0.541196	3.891471
1.000000	0.045353	3.143259

图 9-8　线性回归测试数据

相关导入如下：

```
import numpy as np
from pylab import *
```

训练 w 和 b 的值，返回（w，b）的向量：

```
def train_wb(X, y):
    if np.linalg.det(X.T * X) != 0:
        wb = ((X.T.dot(X).I).dot(X.T)).dot(y)
        return wb
def test(x, wb):
return x.T.dot(wb)
```

Getdata 函数读入数据集，保存在 x 和 y 数组中：

```
dcf getdata():
    x = []; y = []
    file = open("ex0.txt", 'r')
    for line in file.readlines():
        temp = line.strip().split("\t")
        x.append([float(temp[0]), float(temp[1])])
        y.append(float(temp[2]))
return (np.mat(x), np.mat(y).T)
```

draw()是一种画图方法，把数据样本的散点图和回归直线图绘制出来。

```
def draw(x, y, wb):
    #绘制回归直线 y = wx+b
```

```
a = np.linspace(0, np.max(x)) #横坐标的取值范围
    b = wb[0] + a * wb[1]
    plot(x, y, '.')
    plot(a, b)
    show()
X, y = getdata()
wb = train_wb(X, y)
draw(X[:, 1], y, wb.tolist())
```

线性回归拟合的结果如图 9-9 所示。

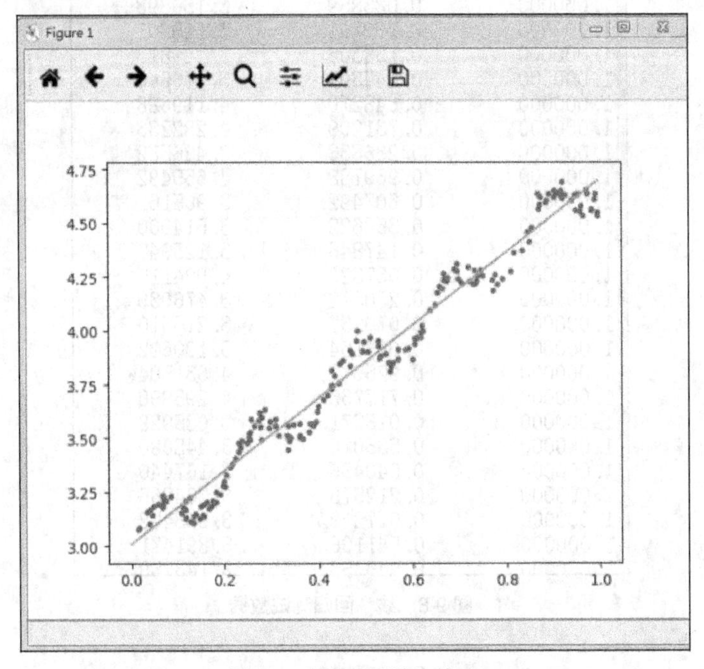

图 9-9　线性回归拟合结果

9.6.2　Logistic 回归

导入以下相关包：

```
import pandas as pd
import statsmodels.api as sm
import pylab as pl
import numpy as np
```

源文件为对 400 名参与入学考试的研究生信息进行的统计。

其中，admit 表示该考生是否被录取，1 表示被录取，0 表示未被录取；gre 表示学生分数，rank 表示学生本科母校的声望；gpa 表示学生平均成绩点数。其中，gre、rank、gpa 为预测变量，admit 为目标变量。

然后需要对数据进行预处理，其中一列属性名为 rank，但因为 rank 也是 pandas dataframe 中一个方法的名字，因此需要将该列重命名，重命名为“prestige”。

```
df.columns = ["admit", "gre", "gpa", "prestige"]
print (df.describe()
```

使用 pandas 的函数 describe 描述数据的摘要，结果如图 9-10 所示。

	admit	gre	gpa	prestige
count	400.000000	400.000000	400.000000	400.00000
mean	0.317500	587.700000	3.389900	2.48500
std	0.466087	115.516536	0.380567	0.94446
min	0.000000	220.000000	2.260000	1.00000
25%	0.000000	520.000000	3.130000	2.00000
50%	0.000000	580.000000	3.395000	2.00000
75%	1.000000	660.000000	3.670000	3.00000
max	1.000000	800.000000	4.000000	4.00000

图 9-10　数据摘要结果

count 为每种数据的总个数，mean 为每种数据的平均数，std 为每种数据的标准差，min 和 max 分别为每种数据的最大值和最小值。

用虚拟变量取代源数据中的 rank。虚拟变量可用来表示分类变量、非数量因素可能产生的影响。在计量经济学模型中，需要经常考虑属性因素的影响。例如，职业、文化程度、季节等属性因素往往很难直接度量它们的大小，只能给出它们的“Yes–D=1”或“No–D=0”的形式。为了反映属性因素和提高模型的精度，必须将属性因素“量化”。通过构造 0–1 型的人工变量来量化属性因素。Pandas 包提供了一系列分类变量的控制，可以用 get_dummies 方法将“prestige”一列虚拟化。

get_dummies 方法为每个指定的列创建了新的带二分类预测变量的 DataFrame，在本实验中，prestige 有 4 个级别：1，2，3，4，其中，1 代表最有声望。因此 prestige 作为分类变量更合适。当调用 get_dummies 方法时，会产生 4 列的 dataframe，每一列表示 4 个级别中的一个。

将 prestige 设为虚拟变量：

```
dummy_ranks = pd.get_dummies(df['prestige'], prefix='prestige')
print (dummy_ranks.head())
```

结果如图 9-11 所示。

	prestige_1	prestige_2	prestige_3	prestige_4
0	0	0	1	0
1	0	0	1	0
2	1	0	0	0
3	0	0	0	1
4	0	0	0	1

图 9-11　设置虚拟变量结果

数据原本的 prestige 属性就被 prestige_x 代替了，例如，原本的数值为 2，则 prestige_2 为 1，prestige_1、prestige_3、prestige_4 都为 0。

指定用于做预测样本的列和用于做训练样本的列。本例中要预测的是 admin 列，使用 gre、gpa 和虚拟变量 prestige_2、prestige_3、prestige_4、prestige_1 作为训练列。因此训练时排除掉 admit 列。

```
cols_to_keep = ['admit', 'gre', 'gpa']
data = df[cols_to_keep].join(dummy_ranks.ix[:, 'prestige_2':])
print (data.head())
```

将新的虚拟变量加入到原始的数据集中后，不再需要原本的 prestige 列。原数据的 prestige 属性就被 prestige_x 代替了。

```
data['intercept'] = 1.0 #自行添加逻辑回归所需的 intercept 变量
train_cols = data.columns[1:]
```

对数据进行拟合：

```
logit = sm.Logit(data['admit'], data[train_cols])
```

```
result = logit.fit()
```

将拟合后的模型保存在 result 中：

```
import copy
combos = copy.deepcopy(data)  #复制一份数据作为预测集
```

数据集中的列要跟预测时用到的列保持一致：

```
predict_cols = combos.columns[1:]
```

预测集也需要添加 intercept 变量，保持数据一致性：

```
combos['intercept'] = 1.0
```

进行预测，并将预测评分存入 predict 列中：

```
combos['predict']=result.predict(combos[predict_cols])
```

预测完成后，predict 的值是介于[0，1]间的概率值。可以根据需要，提取预测结果，本实验中假定 predict 大于 0.5 时该学生会被录取。

最后计算预测结果的准确率，total 表示预测结果为录取的学生数量，hit 表示 total 中实际被录取的学生数量。

```
total = 0
hit = 0
for value in combos.values:
predict = value[-1]
admit = int(value[0])
```

假定 predict 大于 0.5 表示该学生被录取：

```
if predict> 0.5:
total += 1
if admit == 1:
hit += 1
```

输出预测结果，hit/total 为最终的准确率。

```
Print('Total: %d, Hit: %d, Precision: %.2f' % (total, hit, 100.0*hit/total))
```

结果如图 9-12 所示。

```
Optimization terminated successfully.
         Current function value: 0.573147
         Iterations 6
Total: 49, Hit: 30, Precision: 61.22
```

图 9-12 Logistic 回归输出结果

从图 9-12 可以看出预测录取学生为 49 人，其中实际录取学生为 30 人，预测准确率为 61.22%。

9.6.3 *K* 近邻算法

使用 Tensorflow 完成 *K* 近邻，使用的数据为 MNIST 数据集。

导入如下相关库：

```
import numpy as np
import tensorflow as tf
```

导入如下 MNIST 数据集：

```
from tensorflow.examples.tutorials.mnist import input_data
mnist = input_data.read_data_sets("/tmp/data",one_hot=True)
print(mnist)
```

从 MNIST 数据集中筛选出 5000 条数据用作训练：

```
train_X,train_Y = mnist.train.next_batch(5000)
```

从 MNIST 数据集中筛选出 200 条数据用作测试：

```
test_X,test_Y = mnist.test.next_batch(200)
```

MNIST 是一个入门级的计算机视觉数据集，它包含各种手写数字图片。每一个 MNIST 数据单元有两部分组成，手写数字图片和对应的标签。下列代码中 train_X 为图像数据，train_Y 为图像对应的标签。

图输入：

```
train2_X = tf.placeholder("float",[None,784])
test2_X = tf.placeholder("float",[784])
```

使用曼哈顿距离计算 KNN 距离，这里的 x 和 y 并不是特定的值，只是一个占位符，可以在 TensorFlow 运行时输入具体的值。

输入图片 x 是一个二维的浮点数张量。这里分配的 shape 为[None，784]，其中 784 是一张展平的 MNIST 图片的维度，每一张图片包含 28×28 个像素点。None 表示其值大小不确定，这里作为第一个维度值，用以指代 batch 的大小。输出类别值 y 是一个二维张量，其中每一行为一个十维的 one-hot 向量，用于代表对应的 MNIST 图片的类别。

placeholder 的 shape 参数是可选的，TensorFlow 能够利用其自动捕捉因数据维度不一致而导致的错误。

```
distance = tf.reduce_sum(tf.abs(tf.add(train2_X,tf.negative(test2_X))),reduction_
indices=1)
```

曼哈顿距离：在平面上坐标（$x1$，$y1$）的 i 点与坐标（$x2$，$y2$）的 j 点的曼哈顿距离为：

$$d(i,j)=|x1-x2|+|y1-y2|$$

取得最近的邻居节点：

```
pred = tf.arg_min(distance,0)    arg_min 求数组最小值的下标，0 代表第一维度
accuracy = 0
```

对变量进行初始化：

```
init = tf.global_variables_initializer()
```

启动图：

```
with tf.Session() as sess:
  sess.run(init)
```

遍历测试数据集：

```
for i in range(len(test_X)):
```

获取最近的邻居节点：

```
nn_index = sess.run(pred,feed_dict={train2_X:train_X,test2_X:test_X[i,:]})
```

获取最近的邻居节点的类别标签，并将其与该节点的真实类别标签进行比较。

```
print("测试数据", i, "预测分类:", np.argmax(train_Y[nn_index]), "真实类别:", np.argmax
(test_Y[i]))
```

计算准确率：

```
if np.argmax(train_Y[nn_index]) == np.argmax(test_Y[i]):
            accuracy += 1./len(test_X)
      print("分类准确率为:",accuracy)
print(distance.shape)
```

输出结果，对 200 条测试数据成功进行预测，准确率为 92.5%，如图 9-13 所示。

```
测试数据 186 预测分类: 6 真实类别: 6
测试数据 187 预测分类: 2 真实类别: 2
测试数据 188 预测分类: 6 真实类别: 6
测试数据 189 预测分类: 1 真实类别: 1
测试数据 190 预测分类: 3 真实类别: 3
测试数据 191 预测分类: 1 真实类别: 1
测试数据 192 预测分类: 4 真实类别: 4
测试数据 193 预测分类: 0 真实类别: 0
测试数据 194 预测分类: 6 真实类别: 6
测试数据 195 预测分类: 4 真实类别: 4
测试数据 196 预测分类: 1 真实类别: 1
测试数据 197 预测分类: 4 真实类别: 4
测试数据 198 预测分类: 9 真实类别: 9
测试数据 199 预测分类: 8 真实类别: 8
分类准确率为: 0.9250000000000007
```

图 9-13　*K* 近邻算法预测结构

9.6.4　*K* 均值聚类

测试数据的维度是 2，共 80 个样本，分为 4 个类。

导入相关包：

```
from numpy import *
import time
import matplotlib.pyplot as plt
```

计算欧氏距离：

```
def euclDistance(vector1, vector2):
    return sqrt(sum(power(vector2 - vector1, 2)))
```

随机选取 *k* 个聚类质心点：

```
def initCentroids(dataSet, k):
    numSamples, dim = dataSet.shape
    centroids = zeros((k, dim))
    for i in range(k):
        index = int(random.uniform(0,numSamples))
        centroids[i, :] = dataSet[index, :]
    return centroids
```

使用 *K* 均值聚类方法对点进行聚类：

```
def kmeans(dataset, k):
numSamples = dataSet.shape[0]
clusterAssment = mat(zeros((numSamples, 2)))
clusterChanged = True
```

初始化聚类质心：

```
centroids = initCentroids(dataset, k)
while clusterChanged:
    clusterChanged = False
    for i in range(numSamples):
        minDist  = 100000.0
        minIndex = 0
```

寻找每个点最近的质心：

```
for j in range(k):
```

```
                distance = euclDistance(centroids[j, :], dataSet[i, :])
                if distance <minDist:
                    minDist  = distance
                    minIndex = j
```

根据结果更新每个聚类质心：

```
if clusterAssment[i, 0] != minIndex:
          clusterChanged = True
          clusterAssment[i, :] = minIndex,minDist**2
    for j in range(k):
         pointsInCluster = dataSet[nonzero(clusterAssment[:, 0].A == j)[0]]
         centroids[j, :] = mean(pointsInCluster, axis = 0)
print ('Congratulations, cluster complete!')
return centroids, clusterAssment
```

使用二维的方式展示聚类结果：

```
def showCluster(dataset, k, centroids, clusterAssment):
   numSamples, dim = dataSet.shape
   if dim != 2:
      print ("Sorry! I can not draw because thedimension of your data is not 2!")
      return 1
   mark = ['or', 'ob', 'og', 'ok', '^r', '+r', 'sr', 'dr', '<r', 'pr']
   if k > len(mark):
      print ("Sorry! Your k is too large! please contact Zouxy")
      return 1
```

绘制出全部点：

```
for i in range(numSamples):
    markIndex = int(clusterAssment[i, 0])
    plt.plot(dataSet[i, 0], dataSet[i, 1], mark[markIndex])
mark = ['Dr', 'Db', 'Dg', 'Dk', '^b', '+b', 'sb', 'db', '<b', 'pb']
```

画出质心点：

```
for i in range(k):
    plt.plot(centroids[i, 0], centroids[i, 1], mark[i], markersize = 12)
plt.show()
```

新建 test_kmeans.py，导入相应包以及 kmeans.py：

```
from numpy import *
import time
import matplotlib.pyplot as plt
import kmeans
```

下载数据：

```
print ("step 1: load data...")
dataSet = []
```

测试数据保存在 test.txt 中。

```
fileIn = open('d:/233/test.txt')
for line in fileIn.readlines():
lineArr = line.strip().split('\t')
```

逐行读出对应数据，并保存到 dataSet 中。

```
dataSet.append([float(lineArr[0]), float(lineArr[1])])
```

调用函数完成聚类过程：

```
print ("step 2: clustering...")
dataSet = mat(dataSet)
```

设置聚类算法簇的个数为 4：

```
k = 4
centroids,clusterAssment = kmeans.kmeans(dataSet, k)
```

输出结果：

```
print ("step 3: show the result...")
kmeans.showCluster(dataSet, k, centroids, clusterAssment)
```

K 均值聚类运行结果如图 9-14 所示。

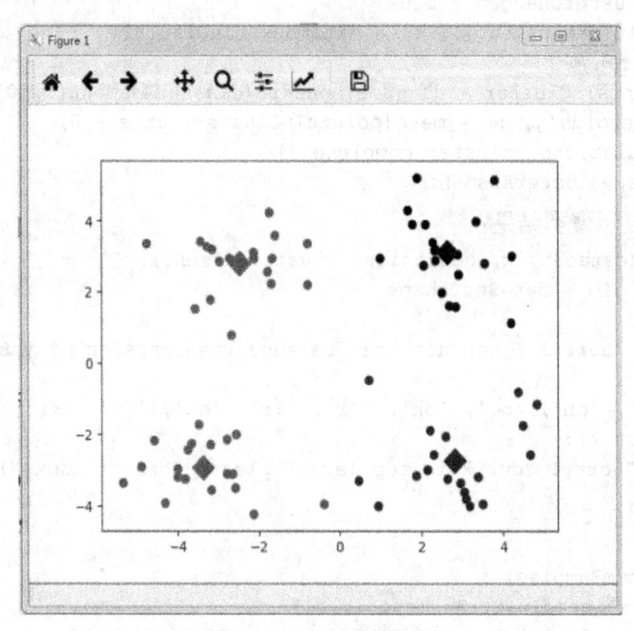

图 9-14　*K* 均值聚类结果

9.6.5　决策树

原始数据需要满足两个要求：①数据必须是由列表元素组成的列表，而且所有列表元素都要具有相同的数据长度；②数据的最后一列或者每个实例的最后一个元素是当前实例的类别标签。

导入模块：

```
from math import log
import operator
```

创建简单的数据集：

```
def createDataSet():
        dataSet = [[1, 1, 0, 'fight'], [1, 0, 1, 'fight'], [1, 0, 1, 'fight'], [1, 0, 1,
'fight'], [0, 0, 1, 'run'], [0, 1, 0, 'fight'], [0, 1, 1, 'run']]
        lables = ['weapon', 'bullet', 'blood']
        return dataSet, lables
```

属性字段说明如表 9-1 所示。

表 9–1　　属性字段说明

数值	武器类型	子弹	血量
0	步枪	少	少
1	机枪	多	多

数据标签字段说明如表 9-2 所示。

表 9-2　数据字段说明

值	行为类别
fight	战斗
run	逃跑

计算给定数据集的香农熵：

```
def calcShannonEnt(dataSet):
    numEntries = len(dataSet)
    lableCounts = {}
    for featVec in dataSet:
        currentLable = featVec[-1]
        if currentLable not in lableCounts.keys():
            lableCounts[currentLable] = 0
        lableCounts[currentLable] += 1
    shannonEnt = 0
    for key in lableCounts:
        shannonEnt -= prob * log(prob, 2)
return shannonEnt
```

在构建决策树时，根据属性划分数据集是重要的步骤。使用属性的优先级，是衡量决策树构建质量的重要标准。信息增益是参考的重要标准，这里使用信息熵概念。熵表示随机变量不确定性，即混乱程度的量化指标。熵越大，不确定性越大，越无序；熵越小，确定性越大，越有序。熵越高表示混合的数据越多。

```
def printData(myData):
    for item in myData:
        print ('%s' %(item))
```

输出对应的数据列表，计算香农熵为 0.863120568566。

按照给定特征划分数据集：

```
def splitDataSet(dataSet, axis, value):
    retDataSet = []
    for featVec in dataSet:
        if featVec[axis] == value:
            reducedFeatVec = featVec[:axis]
            reducedFeatVec.extend(featVec[axis+1:])
            retDataSet.append(reducedFeatVec)
return retDataSet
```

分别提取武器类型为机枪 1 和步枪 0 的行为：

```
print(splitDataSet(myDat, 0, 1))
print(splitDataSet(myDat, 0, 0))
```

输出结果为如图 9-15 所示。

```
[[1, 0, 'fight'], [0, 1, 'fight'], [0, 1, 'fight'], [0, 1, 'fight']]
[[0, 1, 'run'], [1, 0, 'fight'], [1, 1, 'run']]
```

图 9-15　武器类型输出结果

选择最优的数据集划分方式：

```
def chooseBestFeatureToSplit(dataSet):
    numFeatures = len(dataSet[0]) - 1
```

```
    baseEntropy = calcShannonEnt(dataSet)
    bestInfoGain = 0
    bestFeature = -1
    for i in range(numFeatures):
        featList = [example[i] for example in dataSet]
        uniqueVals = set(featList)
        newEntropy = 0
        for value in uniqueVals:
            subDataSet = splitDataSet(dataSet,i,value)
            prob = len(subDataSet)/float(len(dataSet))
            newEntropy += prob * calcShannonEnt(subDataSet)
        infoGain = baseEntropy - newEntropy
        if (infoGain>bestInfoGain):
            bestInfoGain = infoGain
            bestFeature = i
    return bestFeature
```

调用的数据需要满足的要求：

① 数据必须是一种由列表元素组成的列表；

② 所有列表元素都要具有相同的数据长度；

③ 数据的最后一列是当前数据的类别标签。

在开始划分数据集之前，先计算整个数据集的原始香农熵，保存最初的无序度量值，用于与处理后的数据集香农熵进行比较，从而计算信息增益。

遍历当前特征中所有的唯一属性值，对每个特征划分一次数据集，然后计算数据集的新熵值，并对所有唯一特征值所得到的熵求和。

最后，比较所有特征中的信息增益，返回最优特征划分的索引值。

计算的 3 个特征属性的信息增益结果如表 9-3 所示，其中属性“武器类型”的信息增益最大，因此被选为划分属性。

表 9–3　　特征信息增益

特征	信息增益
武器类型	0.469565211115
子弹数量	0.00597771122377
血量	0.16958442967

图 9-16 给出了基于“武器类型”对根节点进行划分的结果，各分支节点所包含的子集显示在节点中。

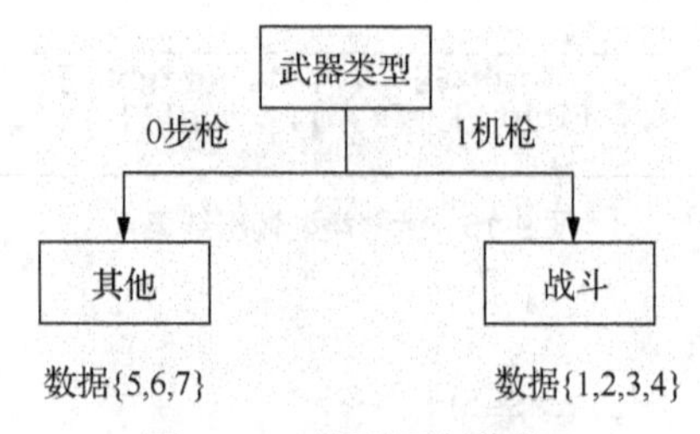

图 9-16　武器类型划分结果

使用递归构建决策树代码见二维码。

递归构建决策树

递归结束的条件：

① 遍历完所有划分数据集的属性；

② 每个分支下的素有实力都有相同的分类。

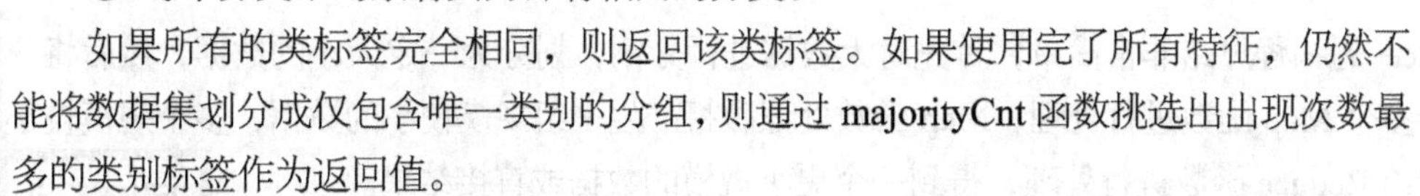

如果所有的类标签完全相同，则返回该类标签。如果使用完了所有特征，仍然不能将数据集划分成仅包含唯一类别的分组，则通过 majorityCnt 函数挑选出出现次数最多的类别标签作为返回值。

```
    def majorityCnt(classList):
        classCount = {}
        for vote in classList:
            if vote not in classCount.keys():classCount[vote] = 0
            classCount[vote] += 1
        sortedClassCount = sorted(classCount.iteritems(),key = operator.itemgetter(1),
reverse=True)
        return sortedClassCount[0][0]
```

最终输出结果如图 9-17 所示。

```
0.46956521111470695
0.005977114237739015
0.16958442967043919
0.2516291673878229
0.9182958340544896
{'weapon': {0: {'blood': {0: 'fight', 1: 'run'}}, 1: 'fight'}}
```

图 9-17　决策树算法输出结果

createTree 函数返回的嵌套字典包含了很多代表树结构的信息，从左边开始，第 1 个关键字是第 1 个划分数据集的特征名称，该关键字的值也是另一个数据字典。第 2 个关键字是 weapon 特征划分的数据集，这些关键字的值是 weapon 节点的子节点。这些值可能是类标签，也可能是另一个数据字典。如果值是类标签，则该节点是叶子节点；如果值是另一个数据字典，则子节点是一个判断节点，这种格式结构不断重复就构成了整棵决策树，最终构建结果如图 9-18 所示。

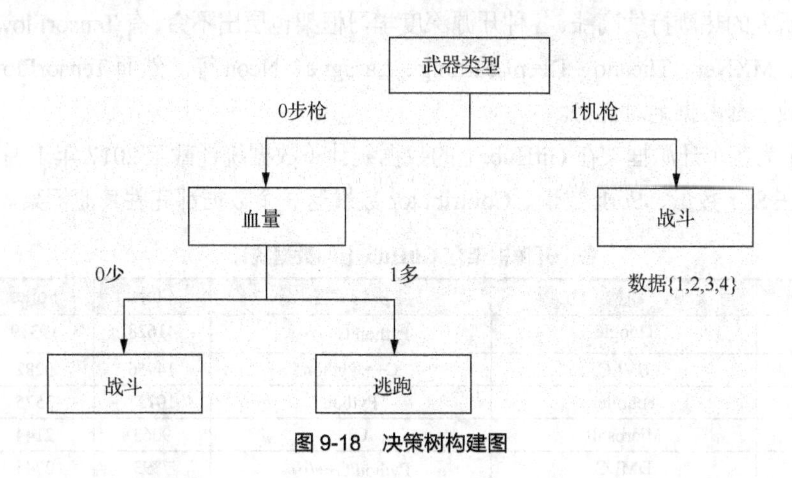

图 9-18　决策树构建图

9.7 基于 Python 的大数据处理技术

9.7.1 MapReduce 编程

MapReduce 的编程思路非常简单，首先对大数据进行分割，划分为一定大小的数据，然后将分割的数据交给多个 Map 函数进行处理，Map 函数处理后将产生一组规模较小的数据，多个规模较小的数据再提交给 Reduce 函数进行处理，得到一个更小规模的数据或直接结果。

通过一个例子演示 MapReduce 的应用。例如，Windows 系统的升级日志文件一般较大，现要求统计一下日志文件中不同日期有关的记录条数。首先将大文件切分成多个小文件，然后对每个小文件进行 Map 处理，再对得到的处理结果进行 Reduce 处理，最终得到所需要的数据和结论。源码见二维码。

MapReduce 编程

9.7.2 应用举例

Hadoop 模式的 MapReduce 应用，不需要对大文件进行切分，改写 Map.py 代码见二维码。

改写 Map.py

9.8 Tensorflow 编程

9.8.1 简介

1. Tensorflow 简介

TensorFlow 是一个实现机器学习算法的接口和框架，可以用来实现支持向量机、决策树、线性回归、逻辑回归、随机森林等机器学习算法。同时 Tensorflow 还建立了深度学习模型，对于大规模的神经网络训练，TensorFlow 可以让用户简单地实现并行计算，同时使用不同的硬件资源进行训练，同步或异步地更新全局共享的模型参数和状态。

2. 其他深度学习框架

深度学习研究的热潮持续高涨，各种开源深度学习框架也层出不穷，有 TensorFlow、Caffe、Keras、CNTK、Torch、MXNet、Theano、DeepLearning、Lasagne、Neon 等。然而 TensorFlow 却脱颖而出，在关注度和户数上都占据绝对优势。

表 9-4 所示为各个开源框架在 GitHub 上的数据统计（数据统计截至 2017 年 1 月 3 日），可以看到 Tensorflow 在 Star 数量、Fork 数量、Contributor 数量这 3 个数据都完胜其他框架。

表 9-4 各个开源框架在 GitHub 上的数据统计

框架	机构	支持语言	Stars	Forks	Contributors
Tensorflow	Google	Python/C++/···	41628	19339	568
Caffe	BVLC	C++/Python	14956	9282	221
Keras	Fchollet	Python	10727	3575	322
CNTK	Microsoft	C++	9063	2144	100
MXNet	DMLC	Python/C++/···	7393	2745	241

续表

框架	机构	支持语言	Stars	Forks	Contributors
Torch7	Facebook	Lua	6111	1784	113
Theano	U.Montreal	Pyhon	5352	1868	271
DeepLearning4J	DeepLearning4J	Java/Scala	5053	1927	101
Leaf	AutumnAI	Rust	4562	216	14
Lasagne	Lasagne	Python	2749	761	55
Neon	NervanaSystems	Python	2633	573	52

下面对常用的深度学习框架 Caffe 和 Theano 进行介绍。

（1）Caffe

Caffe 是一个清晰快速、可读性高的开源深度学习框架，目前由伯克利视觉学中心进行维护。Caffe 可以应用在视觉、语音识别、机器人、神经科学和天文学等领域。Caffe 提供了一个完整的工具包，用来训练、测试、微调和部署模型。Caffe 的优势主要包括如下 4 点。

① 简单易学，网络结构以配置文件形式定义，不需要用代码设计网络。

② Caffe 拥有大量的训练好的经典模型，且每一个单一的模块对应一个测试。

③ 训练速度快，同时提供 Python 和 Matlab 接口。

④ 组件模块化，允许对新数据格式、网络层和损失函数进行扩展。

Caffe 的核心概念是 Layer，Layer 是模型的本质和计算的基本单元。每一个神经网络的模块都是一个 Layer。每一个 Layer 类型定义了 3 个至关重要的计算分别是：设置、前向和反向。其中，前向和反向分别对应模型的预测过程和训练过程。

① 设置：初始化这个 Layer 及在 Model 初始化时连接一次。

② 前向：从输入数据计算输出结果。

③ 反向：对于给定的梯度，顶端输出计算这个梯度到输入并传送到底端。

Layer 接收输入数据，同时经过内部计算产生输出数据。例如卷积的 Layer，把图片的全部像素点作为输入，内部进行的操作是各种像素值与 Layer 参数的卷积操作，最后输出所有卷积核滤波的结果。

（2）Theano

Theano 是一个高性能的符号计算及深度学习库，由蒙特利尔大学 Lisa Lab 团队开发并维护。可以通俗的理解为，Theano 是一个 Python 库，专门用于定义、优化、求值数学表达式，效率高，适用于多维数组。它可以将用户定义的各种计算编译为高效的底层代码，并链接各种可以加速的库，例如 BLAS、CUDA 等。Theano 的主要优势如下。

① 可以直接使用 NumPy 的 ndaray，API 接口学习成本低。

② 计算稳定性好，可以识别一些数值不稳定表达式并且选用更稳定的算法计算。

③ 可以自动建立符号图来计算导数。

Theano 是一个完全基于 Python 的代数符号系统。用户定义的各种运算，Theano 可以自动求导，能够减少花在推导数和实现算法上的精力，也不需要像 Caffe 一样为 Layer 写 C++或 CUDA 代码。

3. 安装 Tensorflow

（1）首先安装 Anaconda。下载 Linux 对应的 Anaconda 版本，下载到自己的路径：PATH。

（2）安装 Anaconda。

（3）Anaconda 安装成功之后，安装 Tensorflow，打开终端，在终端直接输入 condainstall -c https://conda.anaconda.org/jjhelmustensorflow（版本自己选）就可以了。

（4）如果上述方法均未成功，可以下载 Tensorflow。

将 whl 文件放到 anaconda2/lib/python2.7/site-packages/里面，然后打开终端执行安装：pip installtensorflow-0.8.0rc0-cp27-none-linux_x86_64.whl。

安装成功之后，在终端输入 spyder，就可以使用了。

9.8.2 基础知识

1. Tensorflow 计算模型

Tensorflow 是一个通过计算图的形式来表述计算的编程系统。Tensorflow 中的每一个计算都是计算图上的一个节点，而节点之间的边描述了计算之间的依赖关系。

在 Tensorflow 程序中，系统会自动维护一个默认的计算图，可以通过 tf.get_default_graph()函数获取。以下代码展示了如何获取默认计算图以及如何查看一个运算所属的计算图：

```
import tensorflow as tf
a=tf.constant([1.0,3.0], name='a')        #定义一个常量使用 tf.constant 方法
b=tf.constant([1.0,3.0], name='b')
result = a+b #通过 a.graph 可以查看张量所属的计算图，如果没有特别指定，则属于当前默认的计算图
print(a.graph is tf.get_default_graph())     #输出为 True
```

Tensorflow 可以通过 tf.Graph 函数生成新的计算图，代码如下：

```
import tensorflow as tf
g1=tf.Graph()
with g1.as_default():
#在计算图 g1 中定义变量'v'，并设置初始值为 1。
v=tf.get_variable("v",initializer=tf.ones_initializer()(shape = [1]))
#在计算图 g1 中读取变量'v'的取值
with tf.Session(graph=g1) as sess:
        tf.global_variables_initializer().run()
    with tf.variable_scope("",reuse=True):
    #在计算图 g1 中，变量'v'的取值应该为 1，下一行代码会输出[1.]。
        print(sess.run(tf.get_variable('v')))
```

上述代码产生了一个计算图 g1，定义了一个名字为“v”的变量，在计算图 g1 中，将 v 初始化为 1。

2. Tensorflow 数据模型

张量是 Tensorflow 管理数据的形式，是 Tensorflow 的数据模型。在 Tensorflow 中，所有的数据都通过张量的形式来表示。其中，零阶张量表示标量（scalar），代表一个数；一阶张量表示向量（vector），代表一维数组；*n* 阶张量表示一个 *n* 维数组。代码示例如下：

```
import tensorflow as tf
# tf.constant 是一个计算，计算的结果为一个张量，保存在变量 a 中。
a=tf.constant([1.0,2.0], name='a')
b=tf.constant([1.0,2.0], name='b')
result = tf.add(a,b,name='add')
print(result)
```

输出结果：Tensor("add:0", shape=(2,), dtype=float32)

从上述输出可以看出一个张量主要保存了 3 个属性：名字（name）、维度（shape）和类型（type）。其中，name 属性以“node：src_output”的形式表示，node 表示节点的名称，src_output 表示当前张量来自节点的第几个输出。还可以通过 result.get_shape 函数来获取结果张量的维度信息。

3. Tensorflow 运行模型

Tensorflow 中的会话可以执行定义好的运算。会话拥有并管理 Tensorflow 程序运行时的所有资源，能够在计算完成后及时的帮助系统回收资源。一般有两种模式，第一种是需要明确指出调用会话生成函数和关闭会话函数，但是当程序因为异常退出时，关闭会话的函数就不会执行从而导致资源泄露。第二种是通过 Python 的上下文管理器来使用会话，目前倾向于选择第二种。代码示例如下。

创建一个会话，并通过 Python 中的上下文管理器来管理这个会话：

```
with tf.Session() as sess:
    #使用创建好的会话来计算关心的结果
    sess.run(…)
```

不需要再调用“session.close()”函数来关闭会话，当上下文退出时，会话关闭和资源释放也自动完成。

为了更加方便地获取张量的取值，Tensorflow 提供了一种在交互式环境下直接构建默认会话的函数——tf.InteractiveSession。代码示例如下：

```
sess= tf.InteractiveSession()
print(result.eval())
sess.close()
```

9.8.3 应用举例

本节讲解如何使用 Tensorflow 实现一个简单的卷积神经网络，使用的数据集是 MINIST，预期可以达到 99.2%左右的准确率。网络模型代码见二维码。

网络模型代码

参考文献

[1] Abadi M, Agarwal A, Barham P, et al. TensorFlow: Large-Scale Machine Learning on Heterogeneous Distributed Systems[J]. 2016.

[2] Abadi M, Barham P, Chen J, et al.TensorFlow: a system for large-scale machine learning[J]. 2016.

[3] Al-Jarrah O Y, Yoo P D, Muhaidat S, et al. Efficient Machine Learning for Big Data: A Review[J]. Big Data Research, 2015, 2(3):87-93.

[4] Arel I, Rose D C, Karnowski T P.Research frontier: deep machine learning—a new frontier in artificial intelligence research[J]. IEEE Computational Intelligence Magazine, 2010, 5(4):13-18.

[5] Bai L. Image recognition technology using SVM algorithm based on Hadoop platform[J]. Modern Electronics Technique, 2016.

[6] Bengio Y, Courville A, Vincent P. Representation Learning: A Review and New Perspectives[J]. IEEE Transactions on Pattern Analysis & Machine Intelligence, 2013, 35(8):1798-1828.

[7] Bishop C M. Pattern recognition and machine learning[J]. IEEE Transactions on Automatic Control, 2012, 9(4):257-261.

[8] Breiman L, Friedman J H, Olshen R, et al. Classification and Regression Trees[J]. Encyclopedia of Ecology, 2015, 40(3):582-588.

[9] Camargo A, Smith J S. Image pattern classification for the identification of disease causing agents in plants [J]. Computers and Electronics in Agriculture, 2009, 66 (2): 121-125.

[10] Carlos R C, Kahn C E, Halabi S. Data Science: Big Data, Machine Learning, and Artificial Intelligence[J]. Journal of the American College of Radiology, 2018, 15(3):497-498.

[11] Chandola V, Banerjee A, Kumar V. Anomaly detection: A survey[M]. ACM, 2009.

[12] Chandra M A, Bedi S S. Survey on SVM and their application in image classification[J]. International Journal of Information Technology, 2018(2):1-11.

[13] Chang C C, Lin C J. LIBSVM: A library for support vector machines [J]. ACM Transactions on Intelligent Systems and Technology, 2011, 2(3): 75-102.

[14] Chen M Y, Shi L. Study the Survey in Multi-Class Classifier based on SVM Decision Tree[J]. Computer Knowledge & Technology, 2008.

[15] Chen Y, Alspaugh S, Katz R. Interactive Analytical Processing in Big Data Systems: A Cross-Industry Study of MapReduce Workloads[J]. Proceedings of the Vldb Endowment, 2012, 5(12):1802-1813.

[16] Cheng H, Tan P N, Jin R. Efficient Algorithm for Localized Support Vector Machine [J]. IEEE Transactions on Knowledge & Data Engineering, 2010, 22(4):537-549.

[17] Cheng H, Tan P N, Jin R. Localized Support Vector Machine and Its Efficient Algorithm[C]// Siam International Conference on Data Mining, Minneapolis, Minnesota, USA. DBLP, April 2007, 26-28.

[18] Cielen D, Meysman A, Ali M. Introducing Data Science: Big Data, Machine Learning, and more, using Python tools[M]. Manning Publications Co. 2016.

[19] Claesen M, Smet F D, Suykens J A K, et al.Ensemble SVM: a library for ensemble learning using support vector machines[J]. Journal of Machine Learning Research, 2014, 15(1):141-145.

[20] Condie T, Mineiro P, Polyzotis N, et al. Machine learning for big data[C]// ACM SIGMOD International Conference on Management of Data. ACM, 2013:939-942.

[21] Dahl G E, Mohamed A, Hinton G.Phone Recognition with the Mean-Covariance Restricted Boltzmann Machine[J]. Advances in Neural Information Processing Systems, 2010:469-477.

[22] Dan C C, Meier U, Gambardella L M, et al. Convolutional Neural Network Committees For Handwritten Character Classification[C]// International Conference on Document Analysis and Recognition. IEEE Computer Society, 2011:1135-1139.

[23] Daniel Aloise, Amit Deshpande, Pierre Hansen, Preyas Popat. NP-hardness of Euclidean sum-of-squares clustering[J]. Machine Learning, 2009, 75(2): 245-248.

[24] Dean J, Ghemawat S. MapReduce: simplified data processing on large cluster [J]. Communications of the ACM, 2008, 51 (1): 107-113.

[25] Deza M M, Deza E. Encyclopedia of Distances[J]. Reference Reviews, 2009, 24(6):1-583.

[26] Eckroth J. A course on big data analytics[J]. Journal of Parallel& Distributed Computing, 2018.

[27] Eric Matthes. Python 编程：从入门到实践[M]. 北京：人民邮电出版社，2016.

[28] Fan R E, Chang K W, Hsieh C J, et al. LIBLINEAR: A Library for Large Linear Classification[J]. Journal of Machine Learning Research, 2008, 9(9):1871-1874.

[29] Fernández A, Río S D, López V, et al. Big Data with Cloud Computing: An insight on the computing environment, MapReduce, and programming frameworks[J]. Wiley Interdisciplinary Reviews Data Mining & Knowledge Discovery, 2014, 4(5):380-409.

[30] Fletcher S. Machine learning[J]. Scientific American, 2013, 309(2): 14-20.

[31] Geng L, Sun J, Xiao Z, et al. Combining CNN and MRF for Road Detection[J]. Computers & Electrical Engineering, 2017.

[32] Glorot,X.,Bordes,A.,andBengio,Y.Deep sparse rectifier neural networks.In JMLR W & CP:Proceedings of the Fourteenth International Conference on Artificial Intelligence and Statistics, 2011: 315-323.

[33] Gong M, Wu H, Sun Z. Survey on Android application security detection based on SVM[J]. Application Research of Computers, 2017.

[34] Grolinger K, Hayes M, Higashino W A, et al. Challenges for MapReduce in Big Data[C]// Services. IEEE, 2014:182-189.

[35] Gu R, Tang Y, Dong Q, et al. Unified Programming Model and Software Framework for Big Data Machine Learning and Data Analytics[C]// Computer Software and Applications Conference. IEEE, 2015:562-567.

[36] Han D, Liu Q, Fan W. A new image classification method using CNN transfer learning and web data augmentation[J]. Expert Systems with Applications, 2018, 95:43-56.

[37] Hao W, Bie R, Guo J, et al. Optimized CNN based image recognition through target region selection[J]. Optik – International Journal for Light and Electron Optics, 2017, 156.

[38] Haykin S, Kosko B. GradientBased Learning Applied to Document Recognition[C]// IEEE. Wiley-IEEE Press, 2009:306-351.

[39] He Q, Du C, Wang Q, et al. A parallel incremental extreme SVM classifier[J]. Neurocomputing, 2011, 74(16):2532-2540.

[40] Henderson D, Williams C J, Miller J S. Forecasting late blight in potato crops of southern idaho using logistic regression analysis [J]. Plant Disease, 2007, 91(8):951-956.

[41] Hinton G E, Osindero S, Teh Y W. A Fast Learning Algorithm for Deep Belief Nets[J]. Neural Computation, 2014, 18(7):1527-1554.

[42] Hinton G E. A Practical Guide to Training Restricted Boltzmann Machines[J].Momentum, 2012, 9(1):599-619.

[43] Hu Shanshan,Research and application of unstructured data storage based on cloud storage[D].Guangdong University of Technology,2014.

[44] Huang G, Li Z, Computer S O.Research of SVM_WNB classification algorithm based on Hadoop platform[J].Application Research of Computers, 2016.

[45] Iverson L R, Prasad A M, Matthews S N, et al. Estimating potential habitat for 134 eastern US tree species under six climate scenarios[J]. Forest Ecology & Management, 2008, 254(3):390-406.

[46] Jin Lin-Peng, Dong Jun. Ensemble deep learning for biomedical time series classification. Computational Intelligence and Neuroscience,2016, 2016(3):1-13.

[47] Khairnar J, Kinikar M.Sentiment Analysis Based Mining and Summarizing Using SVM-MapReduce[J]. International Journal of Computer Science & Information Technolo, 2014.

[48] Khan S S, Singh D, Khan S S, et al. A Survey on Effective Classification for Text Mining using one-class SVM[J].International Journal of Computer Applications, 2013, 69(16):25-30.

[49] Krizhevsky A, Sutskever I, Hinton G E.ImageNet classification with deep convolutional neural networks[C]// International Conference on Neural Information Processing Systems. Curran Associates Inc. 2012:1097-1105.

[50] Larochelle H, Mandel M, Pascanu R, et al. Learning algorithms for the classification restricted Boltzmann machine[J]. Journal of Machine Learning Research, 2012, 13(1):643-669.

[51] Lee H, Grosse R, Ranganath R, et al. Unsupervised learning of hierarchical representations with convolutional deep belief networks[J]. Communications of the Acm, 2011, 54(10):95-103.

[52] Li J, Luong M T, Dan J. A Hierarchical Neural Autoencoder for Paragraphs and Documents[J]. Computer Science, 2015.

[53] Lu Y, Zhu Y, Han M, et al. A survey of GPU accelerated SVM[J]. 2014:1-7.

[54] Ma C, Zhang H H, Wang X. Machine learning for Big Data analytics in plants[J]. Trends in Plant Science, 2014, 19(12):798-808.

[55] Michael Dawson. Python 编程初学者指南 [M]. 北京：人民邮电出版社，2014.

[56] Murphy K P. Machine Learning: A Probabilistic Perspective[M]. MIT Press, 2012.

[57] Murthy S K, Kasif S, Salzberg S. A System for Induction of Oblique Decision Trees[J]. Journal of Artificial Intelligence Research, 2012, 2(1):1-32.

[58] Qing H E, Ning L I, Luo W J, et al. A Survey of Machine Learning Algorithms for Big Data[J]. Pattern Recognition &Artificial Intelligence, 2014, 27(4):327-336.

[59] Ravinderreddy R, Kavya B, Ramadevi Y. A Survey on SVM Classifiers for Intrusion Detection[J]. International Journal of Computer Applications, 2014, 98(12):34-44.

[60] Río S D, López V, Benítez J M, et al. On the use of MapReduce for imbalanced big data using Random Forest[J]. Information Sciences An International Journal, 2014, 285(C):112-137.

[61] Sainath T N, Kingsbury B, RamabhadranB. Auto-encoder bottleneck features using deep belief networks[C]// IEEE International Conference on Acoustics, Speech and Signal Processing. IEEE, 2012:4153-4156.

[62] Segata N, Blanzieri E. Fast and scalable local kernel machines [J], Journal of Machine Learning Research, 2010, 11 (6): 1883-1926.

[63] Sellamanickam S. A dual coordinate descent method for large-scalelinear SVM[J]. Icml, 2016, 9(3):1369-1398.

[64] Shan S. Big data classification:problems and challenges in network intrusion prediction with machine learning[J].Acm Sigmetrics Performance Evaluation Review, 2014, 41(4):70-73.

[65] Shen D R, Yu G, Wang X T, et al. Survey on NoSQL for management of big data[J]. Journal of Software, 2013, 24(8):1786-1803.

[66] Shim K. MapReduce Algorithms for Big Data Analysis[C]// International Workshop on Databases in Networked Information Systems. Springer Berlin Heidelberg, 2013:44-48.

[67] Shustanov A, Yakimov P. CNN Design for Real-Time Traffic Sign Recognition[J]. Procedia Engineering, 2017, 201:718-725.

[68] Shvachko K, Kuang H, Radia S, et al. The Hadoop Distributed File System[C]// MASS Storage Systems and Technologies. IEEE, 2010:1-10.

[69] Srdjan S, Marko A, Andras A, et al. Deep Neural Networks Based Recognition of Plant Diseases by Leaf Image Classification:[J]. Computational Intelligence and Neuroscience,2016,(2016-6-22), 2016, 2016(6):1-11.

[70] Surhone L M, Tennoe M T, Henssonow S F, et al. Random Forest[J]. Machine Learning, 2010, 45(1):5-32.

[71] Trelea I C. The particle swarm optimization algorithm: convergence analysis and parameter selection[J]. Information Processing Letters, 2016, 85(6):317-325.

[72] Triguero I, Peralta D, Bacardit J, et al. MRPR: A MapReduce solution for prototype reduction in big data classification[J]. Neurocomputing, 2015, 150(150):331-345.

[73] Walker S J. Big Data: A Revolution That Will Transform How We Live, Work, and Think[J]. Mathematics & Computer Education, 2013, 47(17):181-183.

[74] Woodsend K, Gondzio J. Hybrid MPI/OpenMP parallel linear support vector machine training [J]. Journal of Machine Learning Research, 2009, 10 (12): 1937-1953.

[75] Wu X, Zhu X, Wu G Q, et al. Data Mining with Big Data[J]. IEEE Transactions on Knowledge & Data Engineering, 2014, 26(1):97-107.

[76] Yang B, Zhang T. A Scalable Feature Selection and Model Updating Approach for Big Data Machine Learning[C]// IEEE International Conference on Smart Cloud. IEEE, 2016:146-151.

[77] Yang L, Peng L, Zhang L, et al. A prediction model for population occurrence of paddy stem borer (Scirpophaga incertulas), based on Back Propagation Artificial Neural Network and Principal Components Analysis[J]. Computers and electronics in agriculture, 2009, 68(2): 200-206.

[78] Yue G H, Zhao J J. Research of Multimedia Data Type Operating in SQL Level Based on ORACLE Database[J].Computer Technology & Development, 2011.

[79] Zaharia M, Chowdhury M, Das T, et al. Resilient distributed dataset: A fault-tolerant Abstraction for in-memory cluster computing [C]//Proceedings of the USENIX Conference on Networked Systems Design an¬d Implementation. Berkeley: USENIX Association, 2012, 141-146.

[80] Zaharia M, Chowdhury M, Franklin M J, et al. Spark: cluster computing with working sets [C]//proceedings of the 2nd USENIX Conference on Hot Topics in Cloud Computing. CA:USENIX Association Berkeley, (Boston, MA), 2010: 10-10.

[81] Zhang J, Shan S, Kan M, et al. Coarse-to-Fine Auto-Encoder Networks (CFAN) for Real-Time Face Alignment[C]// European Conference on Computer Vision. Springer, Cham, 2014:1-16.

[82] Zhang J, Shan S, Kan M, et al. Coarse-to-Fine Auto-Encoder Networks (CFAN) for Real-Time Face Alignment[J]. Lecture Notes in Computer Science, 2014, 8690:1-16.

[83] Zhou L, Pan S, Wang J, et al. Machine learning on big data: Opportunities and challenges[J]. Neurocomputing, 2017, 237:350-361.

[84] 毕华，梁洪力，王珏．重采样方法与机器学习[J]．计算机学报，2009，32（05）：862-877.

[85] 卞维新，徐德琴．指纹图像细化的复合式算法[J]．中国图像图形学报，2011，16（06）：1015-1021.

[86] 蔡秀梅，孙鹏．基于模板的指纹图像细化算法[J]．西安邮电大学学报，2016，21（03）：59-63.

[87] 曹宏成，孔祥华．棉蚜的发生及综合防治[J]．现代农业科技，2010，（05）：162.

[88] 曹军威，袁仲达，明阳阳，等．能源互联网大数据分析技术综述[J]．南方电网技术，2015，9（11）：1-12.

[89] 陈桂香．大数据对我国高校教育管理的影响及对策研究[D]．武汉大学，2017.

[90] 陈少杰，麻莉娜．蚁群算法基本原理及综述[J]．科技创新与应用，2016（31）：41.

[91] 陈伟宏，安吉尧，李仁发，李万里．深度学习认知计算综述[J]．自动化学报，2017，43（11）：1886-1897.

[92] 陈先昌．基于卷积神经网络的深度学习算法与应用研究[D]．浙江工商大学，2014.

[93] 陈友．K 均值聚类算法的研究与并行化改进[J]．测绘与空间地理信息，2015，38（09）：42-44.

[94] 程豪，吕晓玲，钟琰，等．大数据背景下智能手机 APP 组合推荐研究[J]．统计与信息论坛，2016，31（6）：86-91.

[95] 程学旗，靳小龙，王元卓，等．大数据系统和分析技术综述[J]．软件学报，2014，25（09）：1889-1908.

[96] 丁蔚．基于词典和机器学习组合的情感分析[D]．西安邮电大学，2017.

[97] 董付国．Python 程序设计[M]．北京：清华大学出版社，2015.

[98] 董峻妃，郑伯川，杨泽静．基于卷积神经网络的车牌字符识别[J]．计算机应用，2017，37（7）：2014-2018.

[99] 杜宇．基于深度机器学习的体态与手势感知计算关键技术研究[D]．浙江大学，2017.

[100] 范敏，王芬，李泽明，等．K 近邻的自适应谱聚类快速算法[J]．重庆大学学报，2015，38（06）：147-152.

[101] 冯登国，张敏，李昊．大数据安全与隐私保护[J]．计算机学报，2014，37（1）：246-258.

[102] 甘鹭．基于机器学习算法的信用风险预测模型研究[D]．北京交通大学，2017.

[103] 高蓓．基于 Python 的图表自动生成系统[D]．山西大学，2017.

[104] 宫夏屹，李伯虎，柴旭东，等．大数据平台技术综述[J]．系统仿真学报，2014，26（03）：489-496.

[105] 龚丁禧，曹长荣．基于卷积神经网络的植物叶片分类[J]．计算机与现代化，2014，4：12-15.

[106] 龚声蓉．数字图像处理与分析[M]．清华大学出版社，2014.

[107] 顾荣．大数据处理技术与系统研究[D]．南京大学，2016.

[108] 郭承坤，刘延忠，陈英义，等．发展农业大数据的主要问题及主要任务[J]．安徽农业科学，2014，42（27）：9642-9645.

[109] 郭雷风．面向农业领域的大数据关键技术研究[D]．中国农业科学院，2016.

[110] 郭丽蓉．基于 Python 的网络爬虫程序设计[J]．电子技术与软件工程，2017（23）：248-249.

[111] 郭山清，高丛，姚建，等．基于改进的随机森林算法的入侵检测模型[J]．软件学报，2005，16（8）：1490-1498.

[112] 郭欣欣．基于分布式计算的 SVM 算法优化[D]．西安电子科技大学，2014.

[113] 韩家琪，毛克彪，夏浪，等．基于空间数据仓库的农业大数据研究[J]．中国农业科技导报，2016，18（05）：17-24.

[114] 韩建峰，宋丽丽．改进的字符图像细化算法[J]．计算机辅助设计与图形学学报，2013，25（01）：62-66.

[115] 韩小虎，徐鹏，韩森森．深度学习理论综述[J]．计算机时代，2016，06：107-110.

[116] 何清，李宁，罗文娟，等．大数据下的机器学习算法综述[C] 中国计算机学会人工智能会议．2013.

[117] 贺丹，杨凤芸，李育柱．基于 Hadoop 的 SVM 算法改进及在农作物遥感监测中的应用[J]．科研，2016，6：00307-00308.

[118] 侯敬儒．基于 Spark 的机器学习模型分析与研究[D]．昆明理工大学，2017.

[119] 侯一民，周慧琼，王政一．深度学习在语音识别中的研究进展综述[J]．计算机应用研究，2017，34（08）：2241-2246.

[120] 胡丽，陈斌，赖启明，等．BP 神经网络的改进[J]．计算技术与自动化，2015，34（04）：86-89.

[121] 胡珊珊．面向云存储的非结构化数据存储研究与应用[D]．广东工业大学，2014.

[122] 胡正平，陈俊岭，王蒙，等．卷积神经网络分类模型在模式识别中的新进展[J]．燕山大学学报，2015，39（4）：283-291.

[123] 黄立威，江碧涛，吕守业，等．基于深度学习的推荐系统研究综述[J/OL]．计算机学报，

2018：1-29[2018-03-27].

[124] 黄刘生，田苗苗，黄河. 大数据隐私保护密码技术研究综述[J]. 软件学报，2015，26（04）：945-959.

[125] 黄文坚，唐源. Tensorflow 实战[M]. 北京：电子工业出版社，2017：75-94.

[126] 贾静平，覃亦华. 基于深度学习的视觉跟踪算法研究综述[J]. 计算机科学，2017，44（S1）：19-23.

[127] 金弟，杨博，刘杰，等. 复杂网络簇结构探测——基于随机游走的蚁群算法[J]. 软件学报，2012，23（3）：000451-464.

[128] 金连文，钟卓耀，杨钊，等. 深度学习在手写汉字识别中的应用综述[J]. 自动化学报，2016，42（08）：1125-1141.

[129] 金众威. 基于机器学习的个性化信息检索的研究[D]. 吉林大学，2017.

[130] 靳然，李生才. 基于小波神经网络的麦蚜发生量预测研究[J]. 天津农业科学，2015，21（04）：127-131.

[131] 亢良伊，王建飞，刘杰，等. 可扩展机器学习的并行与分布式优化算法综述[J]. 软件学报，2018，29（01）：109-130.

[132] 黎玲萍，毛克彪，付秀丽，等. 国内外农业大数据应用研究分析[J]. 高技术通讯，2016，26（04）：414-422.

[133] 黎爽. 基于 Python 科学计算包的金融应用实现[D]. 江西财经大学，2017.

[134] 李传朋，秦品乐，张晋京. 基于深度卷积神经网络的图像去噪研究[J]. 计算机工程，2017，43（3）：253-260.

[135] 李建中，刘显敏. 大数据的一个重要方面：数据可用性[J]. 计算机研究与发展，2013，50（06）：1147-1162.

[136] 李杰，彭月英，元昌安，等. 基于数学形态学细化算法的图像边缘细化[J]. 计算机应用，2012，32（02）：514-516，520.

[137] 李俊清，宋长青，周虎. 农业大数据资产管理面临的挑战与思考[J]. 大数据，2016，2（01）：35-43.

[138] 李宁. 基于机器学习算法的 IGBT 模块故障预测技术研究[D]. 北京交通大学，2017.

[139] 李强，白建荣，李振林，等. 基于 Python 的数据批处理技术探讨及实现[J]. 地理空间信息，2015，13（02）：54-56+11.

[140] 李秀峰，陈守合，郭雷风. 大数据时代农业信息服务的技术创新[J]. 中国农业科技导报，2014，16（04）：10-15.

[141] 李学龙，龚海刚. 大数据系统综述[J]. 中国科学：信息科学，2015，45（01）：1-44.

[142] 李彦冬，郝宗波，雷航. 卷积神经网络研究综述[J]. 计算机应用，2016，36（9）：2508-2515.

[143] 李以志. 基于粒子群优化的局部支持向量回归短期电力负荷预测建模方法研究[D]. 华东理工大学，2012.

[144] 梁吉业，冯晨娇，宋鹏. 大数据相关分析综述[J]. 计算机学报，2016，39（01）：1-18.

[145] 林庆，徐柱，王士同，等. HSV 自适应混合高斯模型的运动目标检测[J]. 计算机科学，

2010，37（10）：254-256.

[146] 林中琦，牟少敏，时爱菊，等. 基于 Spark 的支持向量机在小麦病害图像识别中的应用[J]. 河南农业科学，2017，46（07）：148-153.

[147] 刘栋，李素，曹志冬. 深度学习及其在图像物体分类与检测中的应用综述[J]. 计算机科学，2016，43（12）：13-23.

[148] 刘建伟，刘媛，罗雄麟. 深度学习研究进展[J]. 计算机应用研究，2014，31（7）：1921-1930.

[149] 刘敏，郎荣玲，曹永斌. 随机森林中树的数量[J]. 计算机工程与应用，2015，51（5）：126-131.

[150] 刘明春，蒋菊芳，史志娟，等. 小麦蚜虫种群消长气象影响成因及预测[J]. 中国农业气象，2009，30（3）：440-444.

[151] 刘勍，毛克彪，马莹，等. 农业大数据浅析及与 Web GIS 结合应用[J]. 遥感信息，2016，31（01）：124-128.

[152] 刘晓莉，戎海武. 基于遗传算法与神经网络混合算法的数据挖掘技术综述[J]. 软件导刊，2013，12（12）：129-130.

[153] 刘雅辉，张铁赢，靳小龙，等. 大数据时代的个人隐私保护[J]. 计算机研究与发展，2015，52（01）：229-247.

[154] 刘泽燊，潘志松. 基于 Spark 的并行 SVM 算法研究[J]. 计算机学报. 2016，43（5）：238-242.

[155] 刘智慧，张泉灵. 大数据技术研究综述[J]. 浙江大学学报（工学版），2014，48（06）：957-972.

[156] 卢宏涛，张秦川. 深度卷积神经网络在计算机视觉中的应用研究综述[J]. 数据采集与处理，2016，31（1）：1-17.

[157] 陆化普，孙智源，屈闻聪. 大数据及其在城市智能交通系统中的应用综述[J]. 交通运输系统工程与信息，2015，15（05）：45-52.

[158] 马世龙，乌尼日其其格，李小平. 大数据与深度学习综述[J]. 智能系统学报，2016，11（06）：728-742.

[159] 马莹莹，王黎明，王世卿. 基于 MapReduce 的并行增量迭代支持向量机算法[J]. 计算机应用与软件，2015，32（04）：288-291.

[160] 孟祥宝，谢秋波，刘海峰，等. 农业大数据应用体系架构和平台建设[J]. 广东农业科学，2014，41（14）：173-178.

[161] 孟小峰，慈祥. 大数据管理：概念、技术与挑战[J]. 计算机研究与发展，2013，50（01）：146-169.

[162] 牟少敏. 核方法的研究及其应用[D]. 北京交通大学，2008.

[163] 邱仲潘. Python 程序设计教程[M]. 北京：清华大学出版社，2016.

[164] 任磊，杜一，马帅，等. 大数据可视分析综述[J]. 软件学报，2014，25（09）：1909-1936.

[165] 商强. 基于机器学习的交通状态判别与预测方法研究[D]. 吉林大学，2017.

[166] 申宇. 大数据环境下我国农业信息服务研究[D]. 华中师范大学，2015.

[167] 宋杰，孟朝晖. 图像场景识别中深度学习方法综述[J]. 计算机测量与控制，2018，26（01）：6-10.

[168] 宋新慧. 基于深度学习的人脸表情识别算法研究[D]. 浙江大学，2017.

[169] 宋长青，高明秀，周虎. 高等农业院校农业大数据研究现状及发展思路[J]. 中国农业教育，2014（05）：16-20.

[170] 孙瑜阳. 深度学习及其在图像分类识别中的研究综述[J]. 信息技术与信息化，2018（01）：138-140.

[171] 孙志军，薛磊，许阳明，等. 深度学习研究综述[J]. 计算机应用研究，2012，29（8）：2806-2810.

[172] 孙志远，鲁成祥，史忠植，等. 深度学习研究与进展[J]. 计算机科学，2016，43（02）：1-8.

[173] 孙忠富，杜克明，郑飞翔，等. 大数据在智慧农业中研究与应用展望[J]. 中国农业科技导报，2013，15（6）：63-71.

[174] 覃雄派，王会举，杜小勇，等. 大数据分析——RDBMS 与 MapReduce 的竞争与共生[J]. 软件学报，2012，23（1）：55-56.

[175] 谭明交，张红梅. 粒子群优化算法及其在神经网络中的应用[J]. 计算机与信息技术，2008，07：6-8.

[176] 谭文学. 基于机器学习的作物病害图像处理及病变识别方法研究[D]. 北京工业大学，2016.

[177] 唐振坤. 基于 Spark 的机器学习平台设计与实现[D]. 厦门大学，2014.

[178] 陶雪娇，胡晓峰，刘洋. 大数据研究综述[J]. 系统仿真学报，2013，25（S1）：142-146.

[179] 王斌. 基于深度学习的行人检测[D]. 北京交通大学，2015.

[180] 王丹，赵文兵，丁治明. 大数据安全保障关键技术分析综述[J]. 北京工业大学学报，2017，43（03）：335-349+322.

[181] 王东杰，李哲敏，张建华，等. 农业大数据共享现状分析与对策研究[J]. 中国农业科技导报，2016，18（03）：1-6.

[182] 王璐，孟小峰. 位置大数据隐私保护研究综述[J]. 软件学报，2014，25（04）：693-712.

[183] 王朋，张有光，张烁. 指纹图像细化的综合化算法[J]. 计算机辅助设计与图形学学报，2009，21（02）：179-182+189.

[184] 王珊，王会举，覃雄派，等. 架构大数据：挑战、现状与展望[J]. 计算机学报，2011，34（10）：1741-1752.

[185] 王伟凝，王励，赵明权，等. 基于并行深度卷积神经网络的图像美感分类[J]. 自动化学报，2016，42（6）：904-914.

[186] 王文生，郭雷风. 关于我国农业大数据中心建设的设想[J]. 大数据，2016，2（1）：28-34.

[187] 王文生，郭雷风. 农业大数据及其应用展望[J]. 江苏农业科学，2015，43（9）：43-46.

[188] 王元卓，靳小龙，程学旗. 网络大数据：现状与展望[J]. 计算机学报，2013，36（06）：1125-1138.

[189] 王振，高茂庭. 基于卷积神经网络的图像识别算法设计与实现[J]. 现代计算机：普及版，2015（7）：61-66.

[190] 魏玮，刘亚宁. 改进的脱机手写汉字细化算法[J]. 计算机系统应用，2011，20（6）：184-187.

[191] 温孚江. 农业大数据研究的战略意义与协同机制[J]. 高等农业教育，2013（11）：3-6.

[192] 文燕. 基于 Hadoop 农业大数据管理平台的设计[J]. 计算机系统应用，2017，26（05）：74-79.

[193] 吴重言，吴成伟，熊燕玲，等. 农业大数据综述[J]. 现代农业科技，2017，17：290-292.

[194] 奚雪峰，周国栋. 面向自然语言处理的深度学习研究[J]. 自动化学报，2016，42（10）：1445-1465.

[195] 夏亚梅，程渤，陈俊亮，等. 基于改进蚁群算法的服务组合优化[J]. 计算机学报，2012，35（2）：270-281.

[196] 谢敏. 基于 Hadoop 的 SVM 的设计和实现[D]. 复旦大学，2011.

[197] 谢润梅. 农业大数据的获取与利用[J]. 安徽农业科学，2015，43（30）：383-385.

[198] 徐勇. 农业大数据平台的实现与数据分析算法[D]. 东北农业大学，2017.

[199] 许可. 卷积神经网络在图像识别上的应用的研究[D]. 浙江大学，2012.

[200] 薛丽霞，李涛，王佐成. 一种自适应的 Canny 边缘检测算法[J]. 计算机应用研究. 2010，27（9）：3588-3590.

[201] 严婷，文欣秀，赵嘉豪，等. 基于 Python 的可视化数据分析平台设计与实现[J]. 计算机时代，2017（12）：54-56.

[202] 杨本辉. 基于规则的智能农业大数据聚合平台的设计与实现[D]. 云南师范大学，2017.

[203] 杨帆，林琛，周绮凤，等. 基于随机森林的潜在 *K* 近邻算法其在基因表达数据分类中的应用[J]. 系统工程理论与实践，2012，32（4）：815-825.

[204] 杨林楠，郜鲁涛，林尔升，等. 基于 Android 系统手机的甜玉米病虫害智能诊断系统[J]. 农业工程学报，2012，28（18）：163-168.

[205] 杨柳，王钰. 泛化误差的各种交叉验证估计方法综述[J]. 计算机应用研究，2015，5：1287-1290.

[206] 姚登举，杨静，詹晓娟. 基于随机森林的特征选择算法[J]. 吉林大学学报（工学版），2014，01：137-141.

[207] 姚芳. 基于 Python 的中文文本分类研究[D]. 华中科技大学，2016.

[208] 殷瑞刚，魏帅，李晗，等. 深度学习中的无监督学习方法综述[J]. 计算机系统应用，2016，25（08）：1-7.

[209] 尹宝才，王文通，王立春. 深度学习研究综述[J]. 北京工业大学学报，2015，1：48-59.

[210] 尹传环，牟少敏，田盛丰，等. 局部支持向量机的研究进展[J]. 计算机科学，2012，39（01）：170-174，189.

[211] 余凯，贾磊，陈雨强，等. 深度学习的昨天、今天和明天[J]. 计算机研究与发展，2013，50（09）：1799-1804.

[212] 俞宏峰. 大规模科学可视化[J]. 中国计算机学会通讯，2012.

[213] 张春霞，张讲社. 选择性集成学习算法综述[J]. 计算机学报，2011，34（8）：1399-1410.

[214] 张帆，彭中伟，蒙水金. 基于自适应阈值的改进 Canny 边缘检测方法[J]. 计算机应用. 2012，32（8）：2296-2298.

[215] 张锋军. 大数据技术研究综述[J]. 通信技术，2014，47（11）：1240-1248.

[216] 张浩然，李中良，邹腾飞，等. 农业大数据综述[J]. 计算机科学，2014，41（S2）：387-392.

[217] 张建华，孔繁涛，李哲敏，等. 基于最优二叉树支持向量机的蜜柚叶部病害识别[J]. 农业工程学报. 2014，30（19）：222-231.

[218] 张进，丁胜，李波．改进的基于粒子群优化的支持向量机特征选择和参数联合优化算法[J]．计算机应用，2016，36（5）：1330-1335.

[219] 张军阳，王慧丽，郭阳，等．深度学习相关研究综述[J/OL]．计算机应用研究，2018（07）：1-12[2018-02-26].

[220] 张凯姣．基于 Python 机器学习的可视化麻纱质量预测系统[D]．东华大学，2017.

[221] 张琦．利用 Python 统计数据包特征值的研究[J]．计算机安全，2011（06）：15-16.

[222] 张润，王永滨．机器学习及其算法和发展研究[J]．中国传媒大学学报（自然科学版），2016，23（02）：10-18，24.

[223] 张巍，张功萱，王永利，等．基于 CUDA 的 SVM 算法并行化研究[J]．计算机科学，2013，40（4）：69-72.

[224] 张伟，何金国．Hu 不变矩的构造与推广[J]．计算机应用．2010，30（9）：2449-2452.

[225] 张新宇．基于互动理论的深度学习研究[D]．扬州大学，2014.

[226] 张燕妮．Python 即学即用[M]．北京：机械工业出版社，2016.

[227] 张奕武．基于 Hadoop 分布式平台的 SVM 算法优化及应用[D]．中山大学，2012.

[228] 张引，陈敏，廖小飞．大数据应用的现状与展望[J]．计算机研究与发展，2013，50（S2）：216-233.

[229] 张永生，支持向量机在害虫预测预报中的应用[J]．现代农业科技，2009，14：147-148.

[230] 张治斌，刘威．浅析数据挖掘中的数据预处理技术[J]．数字技术与应用，2017，10：216-217.

[231] 赵东．基于群智能优化的机器学习方法研究及应用[D]．吉林大学，2017.

[232] 赵冬斌，邵坤，朱圆恒，等．深度强化学习综述：兼论计算机围棋的发展[J]．控制理论与应用，2016，33（06）：701-717.

[233] 郑胤，陈权崎，章毓晋．深度学习及其在目标和行为识别中的新进展[J]．中国图像图形学报，2014，19（02）：175-184.

[234] 郑勇，孟磊，李文静．山东省农业大数据发展刍议[J]．大数据，2016，2（01）：44-52.

[235] 职为梅，郭华平，范明，等．非平衡数据集分类方法探讨[J]．计算机科学，2012，39（b06）：304-308.

[236] 周飞燕，金林鹏，董军．卷积神经网络研究综述[J]．计算机学报，2017，40（06）：1229-1251.

[237] 朱莹莹．局部支持向量机的研究[D]．北京交通大学，2013.

[238] 朱煜，赵江坤，王逸宁，等．基于深度学习的人体行为识别算法综述[J]．自动化学报，2016，42（06）：848-857.

[239] 庄福振，罗平，何清，等．迁移学习研究进展[J]．软件学报，2015，26（01）：26-39.

[240] 宗德才，王康康，丁勇．蚁群算法求解旅行商问题综述[J]．计算机与数字工程，2014，42（11）：2004-2013.